JIS使い方シリーズ

塗料の選び方・使い方

改訂3版

編集委員長　植木　憲二

日本規格協会

編集・執筆者名簿

編集委員長	植木　憲二	職業能力開発総合大学校名誉教授
執　筆	櫻庭　壽彦	櫻庭技術士事務所
	角田　哲夫	（元）日本ペイント株式会社
	中道　敏彦	日本化学塗料株式会社
	長谷川　謙三	（元）関西ペイント株式会社
	吉田　豊彦	財団法人日本塗料検査協会

まえがき

　塗ることのルーツは原始狩猟民時代と言われる．気の遠くなるほどの昔，石器時代（約1万年〜1万5千年前）の洞くつ壁画の遺跡が西南フランスや北スペインにたくさん分布していることが，前後して発見された．東洋特産の漆の利用も，少なくとも今から5千年〜6千年前からと思われている．

　油絵具の出現は14世紀頃，ワニス類が家屋や家具に使われるようになったのは16世紀以降であった．調合ペイントの出現は19世紀半ばであった．ニトロセルロースラッカーは19世紀にも多少使われていたが，本格的製造は20世紀に入ってからであった．ニトロセルロースラッカーの最大の特徴は乾燥が極端に速いことである．その速乾性のおかげで，スプレー塗装技術が生みだされ，自動車生産のライン化が可能になった．

　第二次世界大戦前後から，塗膜の主成分となるアルキド・エポキシ・メラミン・ポリエステル・変性アルキド・アクリル・シリコーン・ウレタン・ふっ素樹脂など多くの合成樹脂が登場して合成樹脂塗料の最盛期を作った．日進月歩の塗料技術であるから，改良塗料は絶えず登場するが，本質的に新しい塗料用合成樹脂の出現は一応終わったように思われる．塗料・塗装技術の主体は塗装法——塗装機器・硬化設備・省力化・省エネルギー化——に移行しつつある．

　一方，環境問題は人類共通の緊急課題である．極言すれば，硬化塗膜の成分とならない溶剤は用いず，また塗り替えを必要としない塗装システムの開発が緊急課題である．前者は大気汚染の防止とエネルギー（石油）の節約に直接寄与する．塗料の製造及び塗装は大なり小なり環境に有害であり，エネルギーを消費するため，後者は常に環境保全と省力・省エネルギーに貢献する．

　本書は初版を1980年9月に発行して以来，技術の進歩に対応してその都度改訂を重ねてきた．塗料に関する類書は数多くあるが，専門書の分野で長期に渡って活用されてきているのは，またとない慶びである．

本書の特徴は，前版同様，執筆陣を極力少人数として，内容の一貫性を保ち，かつ執筆者の個性を出やすくした．

　第1章では重要な材料についての基本的知識を平易に述べた．第2章は原料樹脂や用途により非常に複雑・広範囲の塗料を需要に応じ大別して説明した．各種塗料を同一ウェイトで羅列することを避けた．第3章はともすると経験にのみ頼りがちの塗料・塗装技術に対し，科学的必然性を強調してその基礎を解説した．第4章はつかみどころがないほど広範囲の塗装分野を，被塗物の種類によって分類した点にも新鮮な工夫がある．第5章は重要課題である安全環境について，限られた紙面で必要かつ十分な知識を与えるであろう．第6章は塗料JISの国際整合化の流れに沿って適切に解説した．

　このような特色のある本書は，塗料・塗装関係の技術者・実務管理者・研究者に有用と考えられ，活用されんことを切望する．

　この改訂3版の発行にあたり，執筆者各位のご協力に大きな敬意と感謝を捧げる．

2002年9月

職業能力開発総合大学校名誉教授
社団法人色材協会名誉会員
植木　憲二

目　次

まえがき

1. 塗料概論

1.1　よい塗装のために ……………………………………………(植木)…… 11
1.2　塗料の構成と分類 ………………………………………………………… 13
1.3　塗料の性質とその評価 …………………………………………………… 16
1.4　塗料・塗装の展望 ………………………………………………………… 20

2. 各種塗料の特性

2.1　般用 JIS 塗料 ………………………………………(長谷川)…… 23
　2.1.1　アクリル樹脂塗料 …………………………………………………… 23
　2.1.2　ビニル樹脂塗料 ……………………………………………………… 25
　2.1.3　合成樹脂エマルションペイント …………………………………… 27
　2.1.4　アルキド樹脂塗料 …………………………………………………… 29
　2.1.5　さび止めペイント …………………………………………………… 31
　2.1.6　アミノアルキド樹脂塗料 (JIS K 5651) …………………………… 33

2.2　特定用途向け JIS 塗料 …………………………………………………… 36
　2.2.1　塩化ゴム系塗料 (JIS K 5639) ……………………………………… 36
　2.2.2　エポキシ樹脂塗料 …………………………………………………… 36
　2.2.3　ポリウレタン樹脂塗料 ……………………………………………… 38
　2.2.4　ふっ素樹脂塗料 ……………………………………………………… 40
　2.2.5　高濃度亜鉛末塗料 …………………………………………………… 42

2.2.6	雲母状酸化鉄塗料	43
2.2.7	建築用特殊塗料	45
2.2.8	建築用仕上塗材	46
2.2.9	船舶用塗料	51
2.2.10	路面標示用塗料 (JIS K 5665)	53
2.2.11	発光塗料・蛍光塗料	55

2.3 伝統的 JIS 塗料 …… 56

2.3.1	ニトロセルロースラッカー	56
2.3.2	セラックニス類（セラックニス・白ラックニス）(JIS K 5431)	59
2.3.3	精製漆 (JIS K 5950)	60
2.3.4	カシュー樹脂塗料	62
2.3.5	油性ペイント・油ワニス	63

2.4 JIS にない高性能塗料 …… 65

2.4.1	不飽和ポリエステル樹脂塗料	65
2.4.2	熱硬化性アクリル樹脂塗料	66
2.4.3	シリコーン樹脂塗料	67
2.4.4	電着塗料	68
2.4.5	粉体塗料	70
2.4.6	特殊機能性塗料	71

3. 塗料・塗装技術の基礎

3.1 塗料の流動性 …… (中道) …… 77

3.1.1	ずり応力とずり速度, ニュートン流動	77
3.1.2	構造粘性, 降伏値, チキソトロピー	78
3.1.3	濃度の影響, 温度の影響	81
3.1.4	塗装時のずり速度	82

3.1.5　はけ塗り ·· 83
　3.1.6　スプレー塗装 ··· 84
　3.1.7　レベリングとたるみ ·· 88

3.2　塗膜の機械的性質 ·· 91
　3.2.1　機械的性質とは ··· 91
　3.2.2　引張特性，粘弾性 ·· 91
　3.2.3　ガラス状態，ゴム状態 ··· 95
　3.2.4　硬さ，たわみ性，耐衝撃性 ···································· 96
　3.2.5　耐摩耗性 ·· 99
　3.2.6　付着性 ·· 100
　3.2.7　不粘着性，耐汚染性，耐洗浄性 ··························· 105

3.3　塗膜の機能 ·· (吉田) ······ 106
　3.3.1　保　　護 ·· 106

3.4　色と光沢（塗膜の光学的効果） ····································· 120
　3.4.1　色知覚のしくみ ··· 122
　3.4.2　標準の光 ·· 123
　3.4.3　色の見方 ·· 124
　3.4.4　測　　色 ·· 125
　3.4.5　表　　色 ·· 125
　3.4.6　混　　色 ·· 131
　3.4.7　色　　差 ·· 132
　3.4.8　光　　沢 ·· 134

4．塗料設計と塗料の使い方

4.1　塗装の基礎と環境対応 ························· (櫻庭) ······ 139

4.1.1　前処理と処理方法 ……………………………………………… 139
　4.1.2　塗装方法 ………………………………………………………… 141
　4.1.3　塗装ブースなどの塗装関連機器 ……………………………… 157
　4.1.4　乾燥方法，機器及びその仕組みについて …………………… 166
　4.1.5　塗装コストミニマムを達成するための幾つかのチェックポイント … 174
　4.1.6　塗料・塗装と環境対応について ……………………………… 180
4.2　金属の塗装 …………………………………………………………… 186
　4.2.1　金属の種類・前処理・塗料との関係 ………………………… 186
　4.2.2　金属の化成処理・種類・特徴 ………………………………… 199
　4.2.3　前処理のスプレー法と浸せき法の比較 ……………………… 208
　4.2.4　用途別での前処理の選定 ……………………………………… 208
　4.2.5　金属のブラスト処理 …………………………………………… 211
　4.2.6　手動式研磨 ……………………………………………………… 216
4.3　金属製品の塗装工程（塗装ライン）の実際 ……………………… 218
　4.3.1　自動車の塗装ライン …………………………………………… 218
　4.3.2　自動車補修塗装工程 …………………………………………… 219
　4.3.3　船舶の塗装工程 ………………………………………………… 221
　4.3.4　重防食塗装，鋼構造物の防せい・防食塗装 ………………… 225
　4.3.5　鉄道車両の塗装 ………………………………………………… 225
　4.3.6　粉体塗装 ………………………………………………………… 229
4.4　コンクリートの塗装 ………………………………………………… 230
　4.4.1　コンクリートの性質 …………………………………………… 232
　4.4.2　コンクリート用塗料・塗装の必要条件 ……………………… 235
　4.4.3　コンクリートの外装 …………………………………………… 236
　4.4.4　コンクリート建物の内装 ……………………………………… 243
　4.4.5　コンクリートの舗装 …………………………………………… 243

4.4.6　プレハブ住宅の塗装 …………………………………………… 245
4.5　木材の塗装 ………………………………………………………… 246
　4.5.1　木材の膨張収縮性と塗膜の関係 …………………………… 247
4.6　その他の塗装 ……………………………………………………… 255
　4.6.1　プラスチックの塗装 ………………………………………… 255
　4.6.2　工芸塗装，高意匠形塗装 …………………………………… 258
　4.6.3　機能性塗料・塗装 …………………………………………… 262
　4.6.4　マーキングフィルム ………………………………………… 262

5．塗料・塗装の安全環境管理

5.1　はじめに ……………………………………………（角田）…… 267
5.2　塗料・塗装に関する法規制 ……………………………………… 267
　5.2.1　関連法規などの概要 ………………………………………… 267
　5.2.2　関連法規などの各論 ………………………………………… 270
5.3　安全衛生管理 ……………………………………………………… 272
　5.3.1　作業場所の管理 ……………………………………………… 272
　5.3.2　作業者の指導・管理 ………………………………………… 278
　5.3.3　設備機器の保守点検と危険・有害品の貯蔵 ……………… 282
　5.3.4　危険物・有害物表示など …………………………………… 282
　5.3.5　製品安全データシート ……………………………………… 284
5.4　塗料の構成成分と有害性・危険性の程度 ……………………… 285
　5.4.1　顔　　料 ……………………………………………………… 285
　5.4.2　樹脂など ……………………………………………………… 285
　5.4.3　有機溶剤 ……………………………………………………… 286

5.4.4 その他の添加剤 …………………………………………… 286
5.5 塗料の危険・有害性とその注意事項 …………………………… 287
5.5.1 主として有機溶剤を使用した塗料 ……………………… 287
5.5.2 特別な注意が必要な塗料，構成成分など ……………… 288
5.5.3 許容濃度（TLV）………………………………………… 290
5.5.4 救急措置 …………………………………………………… 291
5.6 環境汚染防止 ……………………………………………………… 292
5.6.1 環境汚染防止に係る法規制動向 ………………………… 292
5.6.2 汚染防止対策 ……………………………………………… 296
5.7 むすび ……………………………………………………………… 298

6. 塗料と塗装の評価試験

6.1 塗料と塗装の評価試験の現状 ……………………（吉田）…… 301
6.1.1 塗料・塗装の試験法の特徴 ……………………………… 301
6.1.2 塗料試験法の分類 ………………………………………… 302
6.2 国際規格と JIS …………………………………………………… 306
6.2.1 JIS ………………………………………………………… 306
6.2.2 ISO ………………………………………………………… 307
6.2.3 JIS と ISO の主な相違 …………………………………… 307

参考 1. 原子量表 …………………………………………………………… 311
参考 2. 主な SI 単位への換算率表 ……………………………………… 313
参考 3. 塗料 JIS …………………………………………………………… 314

索　引 ……………………………………………………………………… 321

1. 塗料概論

よい塗装のためには，まず，材料である塗料について十分な知識が必要なことは言うまでもない．したがって，塗料についての基本的事項を説明する．

1.1 よい塗装のために

塗装の一般的目的は被塗物の保護と美観を与えることである．塗料・塗装工業に限らず，省資源(省エネルギー)・環境保全は全世界的課題である．安価な低品質塗料を使用し，不適切な塗装系の選択や作業管理では，被塗物の耐用年数を縮め，すぐ塗り替えなければならない．このことは塗装作業や塗料（原料の70％以上が石油化学製品である．）を浪費するばかりでなく，環境を汚染する．高価でも高性能な塗料を使用する方が結局は経済的であると同時に，環境保全にもなる．近年，半永久的保護を企図したメンテナンスフリー塗装の方向に進むのも当然と思われる．

よい塗装，すなわち十分な塗装効果を発揮するためには，
 ① 材料である塗料の品質（性能）が優秀（よい材料）
 ② 適切な塗装系の選択（よい設計）
 ③ 十分な塗装作業管理（よい作業）
の三つが満たされなければならない．

（1）塗装系の選択

よい塗装効果を望むなら，1回塗りでは不十分で，通常，下塗り──中塗り──上塗りのように2回以上塗装する．また，被塗物表面の塗装前処理（素地調整・脱脂・表面処理など）を必要とする．このような塗装工程の組合せを塗装系（coating system）という．

例えば，プライマー（primer）は素地への付着と防食を主目的とする塗料で

ある．サーフェーサー（surfacer）やパテ（putty）は塗面を平滑にするための中塗りであり，上塗り（top coat）には主として耐久性と美観の賦与が当然要求される．このように，各種塗料はそれぞれ固有の特性をもつ．したがって，塗装作業の前に最も適切な塗装系の設計が必要であり，塗料の種類の選択を誤ってはならない．層間はく離（intercoat adhesion failure）・膨れ（blister）・割れ（crack, check）・変退色（discoloration, fading）その他塗装上の欠陥の大部分は，塗料の選択と塗装系の不適切さに起因するといっても過言ではない．

もちろん，塗装系を決めるのに重要な要因の一つは費用である．しかし，安価な塗装系にも適切と不適切とがある．必ずしも高性能・高価格の塗装系が常によいとは限らない．むしろ高価な塗料を使用しながら不適切な塗装系のために，その性能を十分発揮できない事例の方が多い．例えば，ステンレス鋼の素地調整において，高価な蒸気脱脂・アルカリ洗浄あるいは硫酸エッチングより，簡便なサンドブラスト処理の方がビニル/フェノール系樹脂の付着強度が大きいことがある．また焼付け不十分なエポキシエステル/アミノ樹脂系プライマーより，適切に焼付けたアミノアルキドプライマーの方が性能がよい．

（2） **塗装作業の管理**

塗装環境（温度・湿度）・膜厚（塗布量）・素地の表面粗さ（粗度）・乾燥硬化条件・研磨など作業条件の管理が徹底しなければ，塗装効果を 100 % 発揮させることはできない．ちなみに塗装時の温湿度，特に湿度は塗膜の付着性・塗面状態に鋭敏に反映しやすい．また同一条件で乾燥しても，膜厚の管理が不十分では，塗膜性能に大きなばらつきを生じる．

（3） **万能な塗料はない**

合成樹脂塗料が全盛を極めている現在でも，ニトロセルロースラッカー・漆・油性ペイントなど伝統的塗料も相変わらず使用されている．

塗料は広範囲な分野で使われるので，たかだか数十 μm の塗膜に要求される性質は多種多様である．これらの要求される性質の中には互いに矛盾する性質もある．例えば，硬い塗膜は一般にもろい．厚塗りすればたれ（sag 又は run）やすい．たれにくい塗料は平たん化（leveling）しにくい．耐水性がよければ耐

油性が劣る傾向があることがある．このようないろいろな性能を同時に満足させることは困難である．実用塗料はこれら諸性質のバランスを考えた実用的妥協の産物である．

　多種の性質を一つの塗料に要求すると，どの性質も中途半端になり，結局不満足な性能の塗料しかできない．塗料の需要者はまず塗料に要求する性質をできる限り絞るよう努めなければならない．適材適所の使用と用途に応じた塗料の選択に妙味がある．

　また，塗料が乾燥硬化するのは単に溶剤が揮発することによって硬くなるのではなく，その過程で種々複雑な化学反応を伴う場合が多い．焼付け（加熱）も2液混合も面倒だし，さび落としや前処理作業も省きたいなど，手数を省略して優秀な仕上りを望むのは"木によって魚を求める"に似る．塗装系・塗装作業のセットによって，仕上がりの良否が決定する．

　よい塗装効果を望むなら，まず塗料の本質を十分理解しなければならない．

1.2　塗料の構成と分類

　塗料はどんな原料から成りたっているだろうか？　近年は，水系・無溶剤・粉体塗料など新しいタイプの塗料が種々登場しているが，塗料の構成は一般的には次のようである．

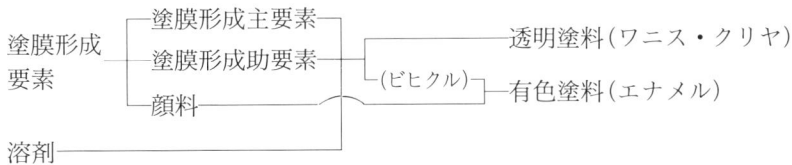

　すなわち，塗膜になる主成分（塗膜形成主要素）と副成分（塗膜形成助要素）を溶剤に溶解すると透明塗料ができる．透明塗料を普通ワニス（varnish）又はクリヤ（clear）と呼ぶ．

　塗膜形成主要素には重合油・天然又は合成樹脂・繊維素やゴムの誘導体など高分子物質（polymer）が使われる．塗装して塗膜に残る成分――塗膜形成主

要素と助要素，それにエナメル（enamel）の場合は顔料——を不揮発分（non-volatile）という．塗料の性能はこの塗膜形成要素の性質に大きく左右され，とりわけ塗膜形成主要素の特性が重要な鍵になる．

主要素は古くは漆や天然樹脂・油系であったが，現在は各種合成樹脂がその主流を占めている．

塗膜形成助要素には可塑剤（plasticizer）・乾燥剤（drier）・硬化剤（curing agent）・皮張り防止剤（anti-skinning agent）・増粘剤（bodying agent）・はけ目防止又は平たん化剤（leveling agent）・たれ防止剤（anti-sagging agent）・防腐剤（presevative）・防かび剤（anti-mildew agent）・防食剤（anti-corrosive agent）・紫外線吸収剤（UV absorber）など多種類の化合物がある．これらを総称して塗料添加剤（paint additive）ともいう．

普通，このような添加剤には最適添加量があって，過多の添加は塗料の性質に大なり小なり悪影響を与えるので，最小限に使用するように心がけなければならない．例えば，油性塗料に配合する乾燥剤（金属石けん類）の使用量が過多だと，塗面にしわ・縮みが発生しやすく，塗料の増粘・ゲル化・皮張りを起こしやすい．たれ防止剤の過多の使用はレベリング性を悪くする．したがって，原則として塗料の他の成分（樹脂・溶剤・顔料）の選択，添加量を工夫し，添加剤の使用は極力避ける．

顔料は水・溶剤・油類に不溶性の微粉末で，塗料に着色と隠ぺい力を与える．顔料の主な役割をまとめると次のとおりである．

① 着色（蛍光・りん光なども含む．）と隠ぺい力を与える．
② さび止め・防汚・防かび・磁性・導電性など顔料特有の性能を与える．
③ 塗料に塗装作業性のための流動性を与え，たれを防止して所期の膜厚になるようにする．
④ 塗膜の機械的性質を向上させ，耐候性もよくする．

顔料をその性能によって分類すると，着色顔料と体質顔料に分けられる．また，無機顔料・有機顔料にも分類する．体質顔料は色や隠ぺい力を目的とするものではなく，着色顔料の着色効果を上げ（展色材），通常安価で増量並びに顔

1.2 塗料の構成と分類

料充てんの諸効果を目的に使用する．無機顔料は耐候性と隠ぺい力の点で有機顔料や染料より優れるので，広く利用される．

溶剤は塗膜形成要素を溶解又は分散させて，流動させる成分である．有機溶剤や水（水系塗料）が用いられる．塗料用溶剤の重要な特性は，その溶解力と揮発速度である．溶解力については溶剤（又は真溶剤）・助溶剤・希釈剤に分けられる．真溶剤は塗膜形成主要素を単独で溶解するが，助溶剤は単独では溶解力がなく，真溶剤と併用すると溶剤として作用する．希釈剤（沈殿剤ということもある．）は単独では溶解力がなく，単に溶液の粘度低下作用のある非溶剤である．例えば，ニトロセルロースに対しては，次のとおりである．

① 溶剤（真溶剤）……ケトン・エステル・グリコール類
② 助溶剤……アルコール類
③ 希釈剤……炭化水素系溶剤類

また，蒸発速度（沸点がその目安になる．）について分類すると表1.1のとおりである．ラッカーの混合溶剤組成はできるだけ蒸発速度に急激な変化がなく，溶剤揮発過程の各段階において溶剤/希釈剤比に大きな変化のないことが好ましい．一般的な溶剤配合例を表1.1に示す．

塗料はその分類の方法によって表1.2に示すようにいろいろな種類がある．JISでは主として塗膜形成主要素別並びに用途別分類を採用している．塗料の大体の性質を知るうえからも塗膜主要素別分類が適当であろう．ただこの分類だけでは不十分なことが多い．ちなみに，フタル酸樹脂エナメルといっても，機械類や車両用と船舶や鋼構造物用とでは，その成分・性質に大きな開きがある．また，エポキシ樹脂又はポリウレタン塗料といっても，多数の種類があり，それぞれ成分及び硬化方法などが異なり，そのため性質・用途も違う．したがって，普通，〇〇用××塗料と用途も併記することが多い．

表1.1 溶剤配合例

名　　称	沸点範囲（℃）	配　合　例
低沸点溶剤（軽溶剤）	～100	15～30％（助溶剤を含む）
中沸点溶剤	110～145	20～45
高沸点溶剤（重溶剤）	145～	5～10
希　釈　剤		35～55

表1.2 塗料の分類

Ⅰ．塗膜主要素別分類	Ⅱ．用途別分類
油ペイント	建築塗料
油エナメル	石材塗料
フェノール又はマレイン酸樹脂塗料	車両塗料
アルキド樹脂塗料	船舶及び船底塗料
アミノアルキド樹脂塗料	木材塗料
尿素樹脂塗料	機具塗料
酒精塗料	標識塗料
ラッカー	電気絶縁塗料
ビニル樹脂塗料	導電又は半導電塗料
アクリル樹脂塗料	耐薬品性塗料
ポリエステル樹脂塗料	防食塗料
エポキシ樹脂塗料	耐熱塗料
ポリウレタン樹脂塗料	防火塗料
シリコーン樹脂塗料	示温塗料
（エマルション塗料）	発光塗料
（水溶性樹脂塗料）　など	殺虫塗料　など

Ⅲ．塗装法別分類	Ⅳ．乾燥法別分類
はけ用塗料	自然乾燥塗料 ┤ 1液形塗料 / 2液形塗料 / 多液形塗料
吹付用塗料	
ロール用塗料	
フローコーター用塗料	焼付け塗料
浸せき用塗料	紫外線硬化塗料
静電用塗料	電子線硬化塗料　など
電着用塗料	
粉末流動塗料　など	

1.3　塗料の性質とその評価

塗料に要求される性質は主として被塗物の種類に応じ，次のように広範囲にわたる．

① 光学的性質……色・光沢・隠ぺい力など
② 流動的性質……はけさばき性・吹付け作業性など
③ 機械的性質……硬さ・耐衝撃性・付着性など
④ 化学的性質……耐薬品性・防さび性・耐候性など
⑤ 電気的性質……静電又は電着塗装適性・電気絶縁性など

これらは般用塗料に要求される性質の一例であるが，特殊機能性塗料についてはその機能の特性が追加されるのは当然である．例えば，磁気塗料については硬化塗膜の磁気特性や付着性・耐摩耗性が重視される．路面標示用塗料（トラフィックペイント）では不粘着乾燥性・耐摩耗性・付着性が重視される．

塗料の性質を決める主な要因は次の三つである．

① 原料の種類，とりわけ塗膜形成主要素（樹脂などポリマー）の種類
② その配合割合
③ 硬化条件

原料の種類，例えば塗膜形成主要素・添加剤・溶剤・顔料について，何を選択するかによって塗料の性質は大きく変化することは当然である．木工製品に油ワニスを塗るか，ラッカー又はウレタン塗料を塗るかにより，製品の塗装効果が異なる．木材用のウレタンクリヤにしても，その主原料であるウレタンポリマーの選択，2液形・油変性・湿気硬化形などにより性質は著しく異なる．

原料の配合割合によっても塗料の性質が大きく違うことは言うまでもない．例えば，乾燥剤や可塑剤など塗料添加剤の添加量は重要である．

塗料に要求される性質は多種多様なため，1種類のポリマーでそれを満足させることは困難なことが多い．最近の合成樹脂塗料（正しくは反応形合成樹脂塗料）は2種以上のポリマー又はプレポリマーを混合し，硬化過程で共反応させる方法がとられている．例えば，アミノアルキド樹脂塗料はアミノ樹脂とア

ルキド樹脂の混合物を主要素にしており，2種樹脂の配合比によって硬化塗膜の物性が変化する．熱硬化性アクリル樹脂塗料もアミノ樹脂/熱硬化性アクリル樹脂の混合物で，これらの配合比を調節して要求される塗膜物性を満足させる．

一口にアルキド樹脂あるいはアクリル樹脂などと言っても，原料成分や構成比・樹脂の重合度などにより，塗料メーカごとに異なるから，塗料の性質も同一ではない．すなわち，塗料の性質は要望に応じて調整できるものである．

硬化の条件も塗膜物性の重要な支配要因である．塗膜形成機構（造膜のからくり）から塗料を大別すると，溶液形塗料と橋かけ形塗料とすることができる．

溶液形塗料は塗膜形成主要素が十分高分子量で，単に溶剤（又は水）の揮発によって連続塗膜を形成する塗料．塗膜はその溶剤で再び溶解する．したがって，塗液⇄塗膜が可逆的である．エマルション塗料も便宜上溶液形に入れる．

例：ラッカー・ビニル樹脂系塗料・エマルション塗料

橋かけ形塗料は塗膜主要素の分子量が比較的小さく（プレポリマー），塗装後空気中の酸素あるいは触媒や加熱などにより，橋かけ反応が進行して高分子の連続塗膜になる塗料．塗液→塗膜が不可逆である．

例：油性塗料・アルキド樹脂塗料・アミノアルキド樹脂塗料・エポキシ又はウレタン樹脂のような2液形又は焼付合成樹脂塗料

溶液形塗料と橋かけ形塗料では，塗膜の硬化・劣化過程が異なる．

焼付け塗料はその焼付け温度・時間によって塗膜物性が当然異なる．2液形塗料は化学反応により硬化が進むから，乾燥時の温度を3℃でも5℃でも，できるだけ高めるように努めることが好ましい．エマルション塗料でもラテックス粒子の融着は少しでも高温の方がよいので，高めの温度が好ましい．

塗料の性質は上述したように広範囲にわたるため，その評価法も極めて多種類ある．しかし，塗料の性質は使用目的によって軽重があるはずである．不必要な評価（試験）をいかに正確に繰り返しても，使用目的への当否は評価できない．例えば，プライマーの使用目的は素地への付着と防食であるから，光沢や色の変化は問題ではない．自動車用トップコートは外観と耐候性が，コンク

リート用塗料は耐アルカリ性が強く要望されるなどである．

　評価の具体的方法が試験方法であるが，試験には規格試験とそれ以外の試験がある．JIS 及び会社内における出荷・購入試験などは規格試験である．規格試験は塗料・塗膜そのものの性質を評価するというよりは，商取引の規準としての製品管理的要素に重点がある．したがって，試験方法の物理的意義が不明確であっても，再現性がよく迅速簡便なことが必要である．これに反し，塗料・塗膜の本質を究明するための試験法は測定時間が多少かかっても，測定機構の物理的意義が明確で正確かつ定量的に結果を表示できることが要求される．このような規格試験以外の測定方法については，第 6 章で述べる．

　塗料のような材料については，試験方法の物理的意義の明確な評価方法を適用することが困難な場合が非常に多く，その性質に多少とも関連のある数値を求めて満足しなければならないことが多い．

　例えば，硬さは押込みに対する抵抗であるから，塗膜に物体を押し込み，その抵抗を測定すればよい．しかし塗膜のような薄膜では，押込みを正確に測定することが困難であるので，JIS では鉛筆引っかき試験及び荷重針引っかき試験を採用している．その測定機構から考え，測定値は純粋な硬さではなく，塗膜の強じん性や付着性を加味した硬さである．また塗膜の付着強さを測定する適切な試験方法は見当たらない．

　JIS では付着性を碁盤目試験及びプルオフ試験で評価するが，この方法も付着性評価というより，塗膜の付着強さ/塗膜の凝集強さ比の評価である．すなわち，プライマーやサーフェーサーのような凝集力の弱い塗膜は付着強さが大きく，ビニル樹脂塗膜のような凝集力の大きい塗膜は付着強さが小さく表示される．このようなことは，鉛筆引っかき試験や碁盤目試験などが不適切であるということではなく，これらによる結果を単純に塗膜の硬さあるいは付着性に結びつけることの不合理なことを指摘したに過ぎない．むしろ，このような試験方法は簡便な利点があるうえ，実用的に有用な評価方法である．

　塗料に限らず"ものの性質は試験方法の数だけある"と極言されるほど，試験の方法が異なれば，評価される性質も変わることを十分記憶しなければなら

ない．

塗料試験にあたっての心がまえを，多少重複があるが，箇条書きに列挙する．

① 塗料・塗膜の性質は常に変化する．したがって，試験時の性質は塗料の一生のどこに位置づけられるかを考えなければならない．
② 塗料の性質は定性的評価が多い．できるだけ定量的結果が得られるよう工夫することが必要である．
③ 試験方法の吟味と信頼性を常に考慮すること．測定条件によって左右されるから，測定値に影響を及ぼす諸因子に十分配慮しなければならない．
④ 試験片を正しく調製すること．正しい結果が得られるかどうかは90%，試験片調製の良否にかかっている．
⑤ 結果について常に常識的判断を忘れないこと．
⑥ 常に実用的性質との関係を考えること．
⑦ 試験機や試験方法を工夫すること．

試験の意義をよく理解し，新しい試験方法や試験機を開発する意欲をもちたい．

1.4 塗料・塗装の展望

有史前からの人類の営みである"塗ること"は美に対する人間性の表れと同時に，身近な生活用品を長持ちさせたい願望に対する手段であった．したがって，時代がいかに変化しようとも"塗装"が消滅することは考えられないし，塗装本来の任務——美観の付与と物体の保護——に加え，種々多様な機能が要望されるようになった．いわゆる機能性塗料の分野である．

元来，塗装は最も経済的手段であるから，今後ともいろいろな形態をとりながらも順調に発展しよう．

しかし，この発展を継続するためには二つの基本的問題を解決しなければならない．すなわち省資源（省エネルギー）と，環境保全である．1973年のオイ

ルショック以来，わが国の経済指向は高度消費型から資源節約型に移行した．石油資源事情を考えると資源節約が強く要求される．塗料・塗装の省資源対策については化学品審議会塗料部会の通産大臣に対する答申（1974年）はいまだ十分生きている．答申の骨子は次の四方策からなる．

① 省資源塗料への転換（資源の有効利用）
   溶剤節約形・無溶剤形・水系塗料への転換
② 合理的塗装システムの採用による被塗物保護機能の向上
   長期防食塗装システムの活用，下級品質塗料の排除と塗装品質の確保
③ 塗装工法の改善
   塗装装置（電着・静電など）・塗膜硬化装置（UV あるいは電子線硬化など）を効率的にする．
④ 塗料製造における資材及びエネルギーの節約

また，最近その緊急性が叫ばれる環境保全問題は省資源問題と表裏一体である．石油資源をばらまかねば，大気汚染を減少できる．下級品質塗料を排除したり長期防食塗装システムを採用して，塗り替え期間を伸ばせば大気・水質汚染や産業廃棄物を減少できる．

最後に，省資源も環境問題ももはや地球規模の課題である．単に塗料・塗装の技術や規格標準化の問題にかかわらず，好むと好まざるとにかかわらず国際化の重要性は急速に増大しよう．一国内に閉鎖することなく世界各国の関係者と協力して問題を地道に解決していけば，塗料・塗装の将来は洋々たるものがあろう．このような，真の国際化を一日も早く達成しなければならない．

2. 各種塗料の特性

　塗料は化学製品であり，それ自身は液状又は粉状あるいは固状の形態をした半製品材料である．この材料を塗装又は施工することによって，被塗物の素材の表面に単層ないし複層の塗膜を形成させ複合した製品となる．

　塗料から塗膜への変態のためには種々の乾燥・硬化方法があり，最も効率的・経済的な手法がとられる．塗料の特性は形成した最終塗膜の性質によって発揮されるのである．この塗膜は種類によっていろいろな機能を有し，現代社会の様々なニーズに応じる適応性をもっている．したがって，塗料は多くの分野で使用されており，更に新規分野への展開もみられる．そのために塗料の品種は細分化されているのが特色であり，JIS塗料もその種類が多い．

　JIS塗料には歴史的に伝統のあるものから，近年急速に展開したものまで含まれており，また一般に広く使用されているものから，ごく限られた用途に使われるものまである．一方，いまだJIS化されていない塗料で，その高性能や特殊機能の点から急速に伸展しているものや，将来の発展が見込まれるものが多い．これらを5段階に分類して，その一般的性質・組成・種類と用途の概要を述べる．

2.1 般用 JIS 塗料

2.1.1 アクリル樹脂塗料

　常温乾燥形アクリル樹脂塗料には，繊維素誘導体を含有するものとしないものがある．前者は一般にアクリルラッカーと呼ばれ金属用に使われており，後者は建築の内外装用に使われる．JISに規定されるアクリル樹脂塗料はこの後者に属する塗料で，ワニスは主として下塗りシーラーとして，またエナメルは仕上げ塗り用として使われる．

揮発乾燥形塗料の代表であるニトロセルロースラッカーは現在使用率が低迷しつつあるが，半面アクリルラッカーの伸長には目覚ましいものがある．初期にはニトロセルロース変性のアクリルラッカーが普及したが，自動車補修塗料としてメタリック塗装の需要が増加してきたため，一般にストレートアクリルラッカー(実際は無変性のものをいう．) と呼ばれるセルロース・アセテート・ブチレート(CAB)変性アクリルラッカーが本命となりつつある．なお，いわゆるアクリルラッカーには JIS の規定はまだない．

(1) 一般的性質

アクリル重合体の無変色性・光沢保持性などを特徴とする．モノマーの組合せによって性質は多様性に富むが，自然乾燥で比較的短時間に硬質塗膜を形成する．

(2) 組　成

アクリル酸・メタクリル酸のエステルを主体とした共重合体（熱可塑性アクリル樹脂）を主成分とし，変性には各種セルロース誘導体・ビニル樹脂・ウレタン樹脂などが用いられる．塗膜の機械的性質は DOP・DOS などの可塑剤の添加により，調整される．

(3) 種類と用途

(a) **アクリル樹脂ワニス・エナメル**　熱可塑性アクリル樹脂を主体として構成され，詳細の品質は JIS K 5653 (アクリル樹脂ワニス)，K 5654 (アクリル樹脂エナメル) に規定されている．繊維素誘導体で変性されていないもので，主としてコンクリート面・モルタル面・かわら・プレキャストコンクリート板など建築物・建材の外装用として用いる．

(b) **NC 変性アクリルラッカー**　NC (ニトロセルロース) の存在により多少の黄変を避けられないが，作業性がよく，乗用車・バス・トラック・産業機械などに使用されている．

(c) **CAB 変性アクリルラッカー**　塗膜の変色が少なく，短時間内でポリッシングができ，光沢保持性がよいので，乗用車・バスに好適である．特にメタリック塗装では，アクリルラッカー本来の特色がみられる．

（d） ビニル樹脂変性アクリルラッカー　このタイプは軽金属に対し，付着性がよく，素地の美しさを低下させないので，クリヤの形で，バス・車両・サッシなどに用いられる場合が多い．もちろんエナメル塗装もできる．

2.1.2　ビニル樹脂塗料

ビニル樹脂にはビニルブチラール樹脂（PVB）・塩化ビニル樹脂・塩化ビニリデン樹脂をはじめ種々のタイプがあり，他の樹脂との変性樹脂も少なくない．ここでは前二者を主体とする塗料について述べる．

（1）　一般的性質

速乾性で，耐薬品性・タフネスが優れていることなどの長所をもつ半面，高濃度の溶液が得がたく膜厚が薄くなること，金属への付着が劣るためエッチングプライマーを併用する必要があること，塗料製造時の顔料分散性がよくないことなどが短所である．

（2）　組　成

次の2品種について示す．

（a）　エッチングプライマー　生地の金属と反応するためのりん酸あるいはそれとクロム酸塩顔料とを含み，PVBなどのアルコール溶液を主なビヒクルとする液状の塗料で，成分を分けて主剤と添加剤との2液とし，使用の直前に混合する．

（b）　塩化ビニル樹脂塗料　次の2種に大別される．

① 塩化ビニルと他のモノマーとの共重合樹脂に可塑剤を加え，溶剤に溶解した溶液形塗料

② 塩化ビニル樹脂を可塑剤あるいはミネラルスピリットなどの非溶剤中に分散したビニルゾル塗料

塗料用塩化ビニル樹脂は，溶剤形では塩化ビニル/酢酸ビニル共重合樹脂が一般に用いられる．実用されるのは重合度が300〜800で，酢酸ビニル10〜30％の共重合体が多い．なお，ビニルゾル用には重合度1 000〜1 700程度の塩化ビニルホモポリマー，あるいは5％程度酢酸ビニルを共重合した微粒樹脂が用いら

れる．また，可塑剤には DBP・DOP・TCP などが用いられる．塩化ビニル樹脂は熱や紫外線のエネルギーで脱塩酸反応を起こし，着色あるいは物性劣化を生じやすいので，すず系・エポキシ系・キレートなどの化合物が必ず配合される．

(3) 種類と用途

(a) エッチングプライマー　JIS K 5633（エッチングプライマー）には1種と2種が規定されている．1種は塗装後数日以内に次の塗料を塗り重ねるように作ったもの，2種は塗装後数か月以内に次の塗料を塗り重ねるように作ったものである．後者は長期暴露形といわれる．いずれも金属生地に対する塗膜の付着性と防食性向上の目的で用いる金属表面処理用の地肌塗り塗料で，生地をサンドブラストなどで清浄にした後，直ちに塗装する．その後にさび止め塗料，上塗り塗料などを塗り重ねて塗装系を構成する．

(b) 塩化ビニル樹脂ワニス・エナメル　JIS K 5581（塩化ビニル樹脂ワニス）は主にはけ塗りで用い，塗膜は難燃性で，概して水分を透過しない．また，JIS K 5582（塩化ビニル樹脂エナメル）ははけ塗り又は吹付け塗りで用い，塗膜は難燃性で，耐薬品性に優れているのが特徴である．規格では，用途によって2種類に区分されている．1種は主として屋内のコンクリート・モルタル・木材などに用いる．2種は主として屋外のコンクリート・モルタル・木材などに用いる．2種の試験項目には，耐屈曲性，耐衝撃性，促進耐候性，屋外暴露耐候性が付加される．

(c) 塩化ビニル樹脂プライマー　JIS K 5583（塩化ビニル樹脂プライマー）は塩化ビニル樹脂エナメル塗装の際の地肌塗りに用いる．金属生地の場合は，エッチングプライマーを下塗りすることにより付着性を向上させる．

(d) ビニル樹脂ゾル塗料　塩化ビニル樹脂の微粉末を可塑剤あるいは揮発性の溶剤に分散した懸濁液をビヒクルとする塗料である．重合度の高い樹脂を用いるため，耐薬品性・機械的性質に優れており，高品質なプレコートメタル用として需要が急速に伸びている．また，ステンレス鋼などのストリッパブル塗料，鋼管内外面の防食塗料としても特徴が認められ，実用されている．

（e）**缶内面用ビニル樹脂塗料** 塩化ビニル樹脂は無味・無臭であり，耐アルコール性がよいなどの長所があるので，ビール・酒・ジュースなど飲料缶の内面塗装に広く用いられている．

なお，(d)と(e)についてはJISの規定はない．

2.1.3 合成樹脂エマルションペイント

低公害塗料・省資源形塗料の一翼を担うものとして，無溶剤あるいは低溶剤形塗料がある．その代表的な塗料の一つが水系塗料で，特に合成樹脂エマルションペイントは古くからあるが，建築物及び構築物内外部の壁面用としてその将来は更に期待される．

（1） **一般的性質**

水で薄めることができるので取扱いが容易である．火災や衛生上の危険がない点も長所である．乾燥後は，カセイン系など古来の水性塗料にはみられない耐水性の塗膜になる．ラテックス粒子の融合により塗膜を形成するので，光沢は概して少ないが，JISでは鏡面光沢度70以上のJIS K 5660（つや有合成樹脂エマルションペイント）と，光沢の規定がないJIS K 5663（合成樹脂エマルションペイント及びシーラー）に分けている．モノマーの選択は比較的自由であり，コンクリート壁等のアルカリ性素地に塗ることも可能である．

（2） **組　成**

合成樹脂エマルションは重合性モノマーの乳化重合によって作る．重合体粒子は直径0.1〜1μmの微粒子となって水中に懸濁している．使用される重合体は，ポリ酢酸ビニル・アクリル酸エステル・エチレンなどからなる．エマルション塗料には，塗膜形成材の主体である合成樹脂エマルションの安定性の保持・改質などのため，水溶性保護コロイド・可塑剤・凍結防止剤・消泡剤・防かび剤・防腐剤など各種の助剤が添加される．また，着色顔料・体質顔料のほか，模様づけ用として寒水砂・けい砂・陶磁器細粒・色砂・パーライト・バーミキュライトなどの無機質骨材を混合するものがある．

（3） **種類と用途**

（**a**）　**合成樹脂エマルションペイント**　JIS K 5663（合成樹脂エマルションペイント）は1種（屋外用），2種（屋内用）の2種類に分かれている．1種には耐候性のよいアクリル樹脂エマルションが，2種には安価な酢酸ビニル樹脂エマルションが用いられることもある．1種は耐アルカリ性，耐洗浄性で2種より厳しい試験条件が与えられ，更に促進耐候性，屋外暴露耐候性が付加される．

（**b**）　**合成樹脂エマルション模様塗料**　JIS K 5668（合成樹脂エマルション模様塗料）は3種類に区分され，1種（主として屋外用），2種（主として屋内用），3種（主として屋内の天井用）となっていて，建築物の内外装としてスチップル仕上げ，ゆず肌仕上げ，月面仕上げなど立体模様を形成する．

（**c**）　**家庭用屋内壁塗料**　JIS K 5960（家庭用屋内壁塗料）の組成は実質的には通常の合成樹脂エマルションペイントと違わないが，開缶して直ちに家庭で壁を塗るのに適するように作られている．1種は耐水性・耐湿性がよく浴室・台所用で，2種は内部一般用である．

（**d**）　**合成樹脂エマルションパテ**　JIS K 5669（合成樹脂エマルションパテ）には使用される場所の条件によって耐水形と一般形の2種類があり，それぞれ薄付け用と厚付け用とに区分される．合板・石こうボード・モルタル・コンクリートなどを合成樹脂エマルションペイントで仕上げる場合の下地ごしらえに使用するもので，薄付け用は1回の塗付け膜厚が約0.5 mm，厚付け用は約1.5 mmを最大とする．厚付け用の後には必ず薄付け用を塗り，パテ工程の前後には吸込み止めのシーラーを用いる．厚付け及び薄付け各1回で平たんにならないような粗い生地表面の場合は，この種のパテのみによる下地ごしらえには適さない．また耐水形であっても外部及び準外部に用いることはできない．

（**e**）　**建築用仕上塗材**（合成樹脂エマルション系）　JIS A 6909（建築用仕上塗材）に含まれており，2.2.8項"建築用仕上塗材"に記述する．

2.1.4 アルキド樹脂塗料

塗料用アルキド樹脂には，多塩基酸と多価アルコールとの縮合物を油又は脂肪酸で変性した純油変性アルキド樹脂，並びに塗料適性を改善するため各種の樹脂又はビニルモノマーなどで変性した変性アルキド樹脂がある．酸成分としては無水フタル酸を使用するものが多く，フタル酸樹脂とも称せられる．第二次世界大戦前から開発されてきた合成樹脂であるが，その変性の幅が大きいため，現在でも種類・量において優位の座を維持している．

（1） 一般的性質

アルキド樹脂塗料の性質に及ぼす油長及び変性油の種類の影響は表2.1，表2.2のとおりである．

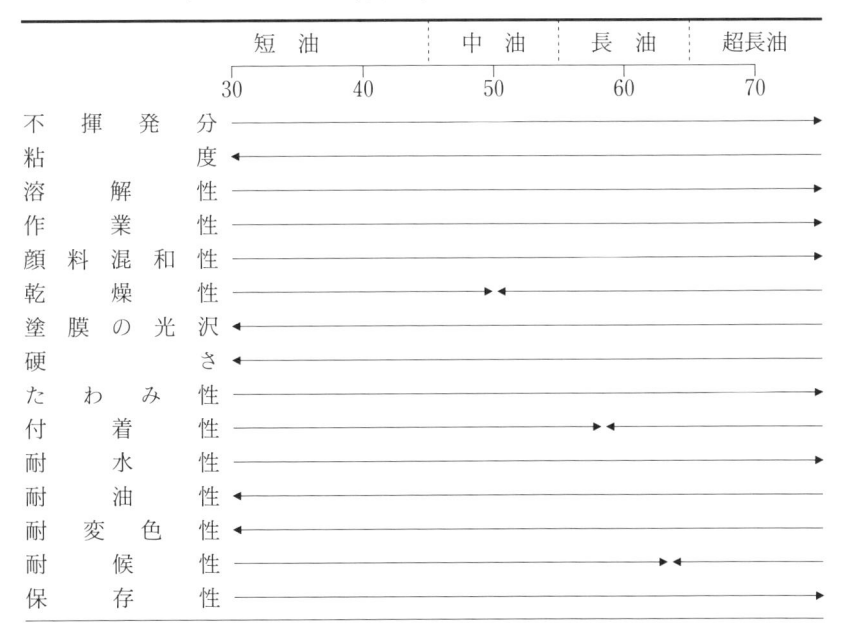

表2.1 アルキド樹脂の性質に及ぼす油長の影響

性質	短油 (30–45)	中油 (45–55)	長油 (55–65)	超長油 (65–70+)
不揮発分	→	→	→	→
粘度	←	←	←	←
溶解性	→	→	→	→
作業性	→	→	→	→
顔料混和性	→	→	→	→
乾燥性	→	←（中油域で反転）	←	←
塗膜の光沢	←	←	←	←
硬さ	←	←	←	←
たわみ性	→	→	→	→
付着性	→	→（長油域で反転）←	←	←
耐水性	→	→	→	→
耐油性	←	←	←	←
耐変色性	→	→	→	→
耐候性	→	→	→（長油域で反転）←	←
保存性	→	→	→	→

矢印は → 大の意味．

表2.2 アルキド樹脂の性質に及ぼす変性油の種類

変性油	よう素価	けん化価	不けん化物	乾燥性	保色性	変性可否
あ ま に 油	168～190	187～197	0.5～0.9	↑	↑	↓
い わ し 油	163～195	188～205	0.6～2.4			
し な き り 油	155～175	188～197	0.6～1.8			
脱水ひまし油	137～150	190～197				
サフラワー油	122～150	186～194	0.3～1.5			
大 豆 油	114～138	188～196	0.2～0.5			
げ い (鯨) 油	113～120	191～197	1.0～1.8			
綿 実 油	88～121	189～199	0.4～1.6			
ひ ま し 油	81～91	176～187	0.3～1.3			
や し 油	7～16	245～271	0.2～0.7			↑

(2) 組 成

酸成分としてはほとんど無水フタル酸であるが，イソフタル酸・無水マレイン酸・セバチン酸・安息香酸が一部使用される．アルコール成分としてはグリセリン・ペンタエリスリトール・エチレングリコール・トリメチルプロパンなどが主に利用される．油変性以外ではロジン・マレイン酸樹脂・フェノール樹脂・エポキシ樹脂などが混合され，またスチレン・ビニルトルエン・アクリル系モノマー・シリコーンなどによる構造的変性が種々行われる．

(3) 種類と用途

(a) **フタル酸樹脂ワニス** JIS K 5562（フタル酸樹脂ワニス）は，乾性油脂肪酸変性フタル酸樹脂を炭化水素系溶剤に溶かした酸化乾燥形塗料で，建築・重車両などの木部透明塗装に用いる．

(b) **フタル酸樹脂エナメル** JIS K 5572（フタル酸樹脂エナメル）は，一般機械・大型機械などの上塗り塗装に用い，用途によって3種類に分ける．1種は屋内の一般機器及び建具用，2種は屋外の一般機器及び建具用，3種は屋内外用で特に速乾性を特徴とする．

(c) **合成樹脂調合ペイント** JIS K 5516（合成樹脂調合ペイント）は，長油性フタル酸樹脂ワニスを用いたもので塗装作業性・乾燥性がよいため，油性

ペイントに代わって主として建築物及び鉄鋼構造物の塗装の際の中塗り又は上塗りに用いる．用途によって3種類に分け，1種は主に，建築物及び鉄鋼構造物の中塗り及び上塗りとして，下塗り塗膜の上に数日以内に塗り重ねる場合に，2種中塗り用は大型鉄鋼構造物の中塗り，2種上塗り用は大型鉄鋼構造物の上塗りに用いる．この系の塗料は，重ね塗り適合性，上塗り適合性にポイントの置かれていることを特徴とする．

（d）　家庭用木部金属部塗料　JIS K 5962（家庭用木部金属部塗料）は，長油性フタル酸樹脂ワニスを主な原料とし，家庭用塗料として，塗装の専門家でない人が塗るのに適するように設計し調製したもので，屋内外の木製・鉄製の手すり・さく・扉・窓枠などの不透明着色仕上げに適する．

2.1.5　さび止めペイント

鉄鋼がさびる機構の説明にはいろいろあるが，酸素と水の存在が必要であること，空中の炭酸ガスや都市の硫酸ガス・硝酸ガスなどの腐食性ガスが促進することはよく知られている．したがって，さび止め塗料はこのような腐食要因を素地から隔絶することが第一の役割である．その典型的な例は重防食塗装で，通常の塗料とは異なり1〜5 mmの厚膜を形成する樹脂とガラスフレークやガラスロービングなどの補強材を組み合わせた材料を用いて施工する．第二は化学的あるいは電気化学的作用でさびを防ぐ方法である．ビヒクルにりん酸・スルファミド・ピリジン・アミンなどを反応させてビヒクル自体にさび止め効果をもたせたり，亜鉛末を多量に含ませ電気化学反応でさびの発生を抑制したりする．後者にはJIS K 5552（ジンクリッチプライマー）及びJIS K 5553（厚膜形ジンクリッチペイント）が制定されている．このほかに，防食塗装系の中塗り・上塗り塗料として，JIS K 5554（フェノール樹脂系雲母状酸化鉄塗料）及びJIS K 5555（エポキシ樹脂雲母状酸化鉄塗料）が制定されている．

ここでは油性系さび止めペイントについて記述する．

（1）　一般的性質

耐水性・耐湿性がよいこと，耐薬品性・耐イオン透過性が優れていること，

物理的性質に富むこと，耐候性・耐久性が良好なこと，金属面や上塗りに対する付着性がよいことなどが必要である．

（2）組　成

さび止めペイントはさび止め顔料をボイル油又はワニスに分散させて作ったもので，ワニスは長油性フタル酸樹脂ワニスが多く用いられている．さび止め顔料は表2.3のような種類がある．これらの中で鉛系や六価クロム酸イオンを含むものは毒性の問題があり，無公害さび止め顔料の探索が進められているが，

表2.3　さび止め顔料の種類と性質

名称	化学式	色	比重	吸油量	水溶性(%)	水溶性pH	耐酸性	耐アルカリ性	耐熱性
鉛丹	Pb_3O_4	赤橙色	8.9	6	0.2以下	8.3	良	優	優
亜酸化鉛	Pb_2O	黒緑	9.9	6	0.3以下	9.3	優	優	不良
シアナミド鉛	$PbCN_2$	淡黄	6.5	15	7.5	9.2	不良	良	良
塩基性クロム酸鉛	$PbCrO_4 \cdot PbO$	オレンジ色	5.9	15	1.0以下	7.0～7.4	良	良	優
亜鉛末	Zn	ねずみ色	7.1	5	0.1以下	6.9	不良	良	優
ジンククロメート(ZPC形)	$K_2O \cdot 4CrO_3 \cdot 4ZnO \cdot 3H_2O$	淡黄	3.8	18	7.0	6.8	やや不良	不良	やや不良
ジンククロメート(ZTO形)	$ZnCrO_4 \cdot 4Zn(OH)_2$	淡黄	2.9	33	0.5	6.8	やや不良	不良	やや不良
亜鉛華	ZnO	白	5.6	14	0.1	6.5	不良	優	優
グラファイト	C	黒	2.4	42	0.5以下	7	優	優	優
べんがら	Fe_2O_3	赤さび色	5.3	21	0.2	5.8	良	優	優
鉛酸カルシウム	$2CaO \cdot PbO_2$	乳白色	5.7	16	6.5	12	不良	優	優

(3) 種類と用途

ビヒクルによる区分は1種，2種及び3種の2系列があり，1種はボイル油，2種及び3種はワニスを用いる．鉛丹さび止めペイント，亜酸化鉛さび止めペイント，塩基性クロム酸鉛さび止めペイント，シアナミド鉛さび止めペイントの2種及びジンククロメートさび止めペイント，鉛丹ジンククロメートさび止めペイント，鉛酸カルシウムさび止めペイント，鉛・クロムフリーさび止めペイントのワニスはフタル酸樹脂ワニスを規定している．

1種は乾燥性や耐水・耐アルカリ性の点で2種に比べて劣る．しかし，1種は不揮発分が多く，鉄面に対する親和性がよいので，素地のさび落としが不完全な場合（3種ケレン）には，2種よりむしろよい結果を得ることがある．一方，2種及び3種はサンドブラストなどにより清浄にした素地面では強固な塗膜を形成し，本来のさびの抑制効果が発揮される．一般用さび止めペイント3種は，速乾性を特徴とし高度の防食性を問わない1次的防せい性だけを要求するような用途に適用する．JIS にはビヒクル別を含め，16種類が規定されている．これらの多くは第二次世界大戦後アメリカの軍や連邦の規格を母体として導入されたもので，表2.4 にその特徴と用途を示す．

2.1.6 アミノアルキド樹脂塗料（JIS K 5651）

加熱乾燥性の塗料として最も広く使用され，アルキル化アミノ樹脂とアルキド樹脂との混合物をビヒクルとする．原料樹脂の種類・その配合割合・加熱条件によっていろいろの性質が得られる．また，酸を触媒として使用時に混合すると常温で硬化させることができる．塗膜形成機構にはアルキド樹脂，アミノ樹脂おのおのが単独で橋かけ高分子化する場合と，アルキド-アミノ樹脂間の橋かけとが考えられるが，主体はアルキド樹脂の遊離 OH 基とアミノ樹脂の CH_2OH 基のエーテル結合による．

(1) 一般的性質

比較的低温短時間の加熱乾燥が可能であり，ワニスは無色透明でエナメルの

2. 各種塗料の特性

表 2.4 さび止めペイントの特性

種　類		特　徴	用　途
JIS K 5621 一般用 さび止めペイント	1種 2種 3種	使用するさび止め顔料が限定されていないもので，隠ぺい力も大きく，普遍性，経済性に富む．	軽量鉄骨，その他一般鉄鋼製品など
JIS K 5622 鉛丹 さび止めペイント	1種 2種	鉛丹をさび止め顔料とし，耐候性が優れている．	橋梁，大形鉄鋼構造物，プラント，建築物など
JIS K 5623 亜酸化鉛 さび止めペイント	1種 2種	亜酸化鉛の粉末と別に調合した塗料液とに分けて一対としてある．使用の際に両者を混合し，混合後30時間以内に用いる．	橋梁，大形鉄鋼構造物，タンクなど
JIS K 5624 塩基性クロム酸鉛 さび止めペイント	1種 2種	塩基性クロム酸鉛をさび止め顔料とし，大気汚染による硫化黒変が少なく，多少のさびのある面に対する防食性がよい．	大形鉄鋼構造物（鉄塔，建築物）など
JIS K 5625 シアナミド鉛 さび止めペイント	1種 2種	シアナミド鉛をさび止め顔料とし，比較的比重が軽く，作業性がよい．	大形鉄鋼構造物，船舶など
JIS K 5627 ジンククロメート さび止めペイント	A B	ジンククロメートをさび止め顔料としフタル酸樹脂ワニスに分散する．亜鉛・アルミニウムなど非鉄金属面に対する付着性が優れている．	Aは二酸化チタンを含み，主に軽合金製の物品，構造物用，Bは酸化鉄を含み，主に鉄鋼製品用
JIS K 5628 鉛丹ジンククロメート さび止めペイント		鉛丹とジンククロメートをさび止め顔料としフタル酸樹脂ワニスに分散する．速乾性，耐候性のよい塗料．	鉄鋼構造物，船舶の鉄鋼部分及び建築物など
JIS K 5629 鉛酸カルシウム さび止めペイント		鉛酸カルシウムをさび止め顔料としワニスに分散する．白色及び淡彩のさび止めで，亜鉛めっき鋼材に対する付着性・防食性が優れている．	亜鉛めっき鋼製品
JIS K 5674 鉛・クロムフリー さび止めペイント		鉛及びクロムを含まないさび止め顔料をフタル酸樹脂ワニスに分散する．速乾性で，防食性は鉛系・クロム系のさび止めペイントに匹敵する．	大形鉄鋼製品，鉄鋼構造物など

備考　1種はボイル油をビヒクルとするもの．2種及び3種はフタル酸樹脂ワニスをビヒクルとするもの．

保色性がよく，耐候性・耐薬品性・耐摩耗性・電気的諸性質などが優れている．

（2）組　成

原料アミノ樹脂としては通常ブチルアルコールでエーテル化したブチル化メラミン又は尿素樹脂を用いる．低温硬化性を望む場合はイソブタノール・プロピルアルコールのように変性アルコールの種類を変えることもある．光沢を高めるにはベンゾグアナミン樹脂が有効である．一方，原料アルキド樹脂としては，硬度・光沢・アミノ樹脂との相溶性などを考慮して，短油性又は中油性が用いられる．変性油は不乾性油を主とし，やし油・ひまし油・トール油や半乾性の大豆油が適している．なお，アミノ樹脂とアルキド樹脂との配合割合（質量）は一般に前者が 40 以下，後者が 60 以上である．

酸硬化形はアミノ樹脂と短油性アルキド樹脂とからなる基剤と酸性物質の硬化剤とから成り立っており，塗装直前に基剤に対して 2〜10% の硬化剤（触媒）を混合して使用する．硬化触媒としてはりん酸モノブチルのような酸性りん酸エステル・有機スルホン酸類などが用いられることもあるが，現在，市販されている硬化剤の多くは塩酸のアルコール溶液である．塩酸は他の鉱酸や有機酸と異なり揮発性であるため，塗装後に塗膜中に残存しないので塗膜劣化の因子となることは少ないが，素地や塗装の際周辺の鉄製品をさびさせるおそれがある．

（3）種類と用途

（a）アミノアルキド樹脂クリヤ　用途によって 2 種類があり，1 種はアミノアルキド樹脂エナメル 1 種の仕上塗りに，2 種はアミノアルキド樹脂エナメル 2 種の仕上塗りに用いる．

（b）アミノアルキド樹脂エナメル　用途によって 4 種類に分けられる．1 種は耐候性を重視する焼付塗装の上塗りに用いる．2 種 1 号は低温焼付塗装を必要とする場合の上塗りに用い，2 種 2 号は一般焼付塗装の上塗りに用いる．3 種は耐食性を重視する焼付塗装の上塗りに用いる．

（c）酸硬化アミノアルキド樹脂塗料　アミノ樹脂は一般に炭素数が 4 以下の低級アルコール変性の尿素又はメラミン樹脂が使用され，これと油長 45% 以

下の短油形アルキド樹脂とを組み合わせて使用することが多いが，JIS による品質の規定はない．用途は専ら木材透明塗装で，家具・合板・下駄などに使用される．

2.2 特定用途向け JIS 塗料

展色材（ビヒクル）や関連材料の発展と塗装機器や塗装プロセスの伸展によって，広範な分野の様々な要求性能を充足する塗料が市場に展開した．それらを特定用途向け塗料として位置づけ，JIS 塗料を中心に，まだ JIS 化されていない同系統の塗料も含めて記述する．

2.2.1 塩化ゴム系塗料（JIS K 5639）
（1）一般的性質

塗装時に塗膜からの溶剤離れが比較的速く指触乾燥性がよい点から，大型の船舶・鋼構造物及び建築物に広く使用されている．ただし，JIS では鋼船外板用塩化ゴム系塗料は除外している．

（2）組　成

塩化ゴム・塩素化ポリオレフィンなどの塩素化樹脂・併用樹脂・顔料・溶剤などを主な原料とする．

（3）種類と用途

種類は塩化ゴム系下塗塗料・塩化ゴム系中塗塗料・塩化ゴム系上塗塗料の 3 種類からなり，下塗塗料と中塗塗料の間及び中塗塗料と上塗塗料の間の層間付着性を重視している．下塗塗料は防食性を，中塗塗料は下塗塗料と上塗塗料とのつなぎ役を，上塗塗料は耐候性を主な性能としている．

2.2.2 エポキシ樹脂塗料

エポキシ樹脂はエピクロルヒドリンとジフェニルプロパンとの共縮合プレポリマーで，反応性に富む末端エポキシ基や OH 基を多数有しているから，多様

な変性が可能である．その利用を硬化法の面からみると，次の3方式が代表的である．

① アミノ樹脂・フェノール樹脂など熱硬化性樹脂を組み合わせて，高温度で加熱硬化させる．
② アミン類・ポリアミド樹脂などを硬化剤とする2液形で，常温又は必要があれば加温硬化させる．
③ エポキシ樹脂を脂肪酸類でエステル化して常温で酸化乾燥させるか，又はアミノ樹脂を併用して加熱乾燥させる．

（1）一般的性質

この塗膜は付着性・硬度・たわみ性・耐水性・耐薬品性が極めて優れている．しかし，耐候性は変色・チョーキングなどを起こし不十分なため，美装用には適さない．厚膜が得やすいので重防食塗装が有用である．

（2）組　成

エポキシ樹脂は液状のものから固形まで，分子量は800〜4 000程度の広範に及んでいる．タール誘導体は重要な変性剤の一つで，経済的な利点があるばかりでなく，耐水性・耐酸性の向上にも役立つ．硬化剤としてはエチレンジアミン・ジエチレントリアミンなどアミン類，各種ポリアミド樹脂，エポキシ樹脂に多量のポリアミンを反応させたアミンアダクトなどが慣用される．

（3）種類と用途

（a）エポキシ樹脂塗料（JIS K 5551）　大気環境にある鋼構造物（橋梁・タンク・プラントなど）及び建築などの金属部（鉄・鋼・ステンレス鋼・アルミニウム・アルミニウム合金）に用い，ポリアミド・アミンアダクトなどを硬化剤とする2液形塗料で2種類ある．1種は標準膜厚が約30 μmで鋼構造物及び建築金属部に用いるもの．2種は約60〜120 μmの厚膜形で，主に鋼構造物の長期防せいに用いるもの．いずれも上塗塗料及び下塗塗料がある．

（b）タールエポキシ樹脂塗料（JIS K 5664）　常温乾燥形エポキシ樹脂にタール類（コールタール，ビチューメンなど）を混合したもので，主として橋梁・鋼管・鋳鉄管・船舶外板・船舶内諸タンク・油類タンク・鋼板・コンクリ

ート面などを，海水・淡水・高湿度などによる腐食から長期間確実に防護するための厚塗り塗装に用いる塗料で，2液形である．着色などの目的でアルミニウムペーストを使用の際に混合することもある．種類は3種類で，1種は長期間の耐久性能をもち，特に耐油性・耐薬品性が優れているもの，2種は防食性・耐油性・耐薬品性及び耐水性をもつもの，3種は耐食性及び耐水性はあるが，耐油性・耐薬品性を必要としない箇所に用いるものである．

（c） **エポキシ樹脂耐薬品塗料**　常温乾燥形と加熱乾燥形がある．薬品タンクの内外面，化学工場の機械設備及び機器，各種管内外面に用いる．

（d） **エポキシ樹脂缶用塗料**　フェノール樹脂で橋かけさせるものなどが多いが，食缶，ドラム缶，チューブや電線用エナメルにも利用される．

（e） **エポキシ樹脂プライマー**　乾性油・半乾性油脂肪酸とのエポキシエステルをベースにしたもので，常温乾燥形とアミノ樹脂を併用した加熱乾燥形とがあり，電気機器・自動車関係に使用されてきたが，環境対策上，電着塗料など水系への移行で減少傾向にある．

（f） **変性エポキシ樹脂防食塗料**　船舶・橋梁・プラントなどの大型鉄鋼構造物に広範に使用され，防食性を発揮して維持費の低減に寄与している．特殊樹脂を配した厚塗り形は特に注目されている．

（a）及び（b）はJISが制定されているが，（c）〜（f）は未制定である．

2.2.3　ポリウレタン樹脂塗料

ポリウレタンとはポリオールとイソシアネートとの反応によるウレタン結合（-O・CO・NH-）によって形成された高分子をいい，この結合を得る反応方法によって，いろいろな種類のポリウレタン樹脂塗料がある．1940年代にドイツで開発されたが，当初はイソシアネートに基因する毒性の懸念や高価であったこともあって，実用化は予想したほど進まなかったが，種々の障害も克服され，最近では使用率が急速に伸びている．JISには建築用ポリウレタン樹脂塗料，鋼構造物用ポリウレタン樹脂塗料及び家庭用屋内木床塗料が制定されている．

（1）　**一般的性質**

塗膜は光沢・肉持ち感に優れ，硬度・耐薬品性もよい．また，たわみ性に富み耐摩耗性が大きい．イソシアネートの種類により黄変しやすいタイプと非黄変形とがあり，前者は下地類に，後者は上塗り用に使われる．

(2) 組　成

ポリウレタン樹脂塗料はポリマー骨核中にウレタン結合をもつか，又は塗膜を形成する過程でウレタン結合を生成する塗料で，次のように各種のタイプがある．

(a) **ポリオール硬化形**　代表的な2液形ウレタン樹脂塗料で，ポリオール成分にはポリエーテルポリオール・ポリエステルポリオール・アクリルポリオール・エポキシポリオールが主として用いられ，硬化剤としては多価アルコールに過剰のジイソシアネートを反応させたプレポリマーを用いる．黄変形ではトリレンジイソシアネート(TDI)プレポリマー・ジフェニルメタンジイソシアネート(MDI)プレポリマーが代表的で，非黄変形ではヘキサメチレンジイソシアネート(HDI)・キシリレンジイソシアネート・リジンジイソシアネートなどのプレポリマーが知られている．

(b) **ブロック形**　ポリオール硬化形は2液形で実用上不便である．これに比べてブロック形はポリイソシアネートプレポリマーにフェノールなどの揮発性の活性水素化合物(ブロック剤)を付加させたもので，加熱するとブロック剤がイソシアネートから解離して，イソシアネートとポリオールの反応を起こすようにしたものである．したがって，1液形塗料として使用することができる．

(c) **湿気硬化形**　ポリエーテルグリコール・トリメチロールプロパンなどの多価アルコールに過剰のジイソシアネートを反応させて得られる．漆のように空気中の湿気と反応して硬化塗膜を形成する1液形塗料である．

(d) **油変性形**　ビヒクルの主体はウレタン化油・ウレタン化アルキド樹脂で，サフラワー油・大豆油などの乾性油を多価アルコールでアルコーリシスして得られる生成体に，TDIなどのジイソシアネート類を反応させて作る．空気酸化だけで乾燥するため取扱いが簡便である．

(3) 種類と用途

(a) ポリオール硬化形ポリウレタン樹脂塗料 JIS K 5656（建築用ポリウレタン樹脂塗料）は，建築物及び建材に使用されるコンクリート面，セメント・モルタル面，カーテンウォール部材などに適用されるが，建築物の鉄面やアルミニウム，亜鉛めっき面などにも耐候性美粧仕上げに用いられる．

JIS K 5657（鋼構造物用ポリウレタン樹脂塗料）は，橋梁・タンク・プラントなどの鋼構造物の長期防食及び耐候性美粧仕上げに用いられる．ただし，大気環境に適用し浸せき環境には適用しない．中塗りと上塗りの2種類に分かれ，塗装の際に組み合わせて用いる．中塗りはポリウレタン樹脂塗料だけでなく，エポキシ樹脂と硬化剤からなる2液反応形エポキシ樹脂塗料が多く用いられ，エポキシ系下塗り塗料とポリウレタン樹脂上塗り塗料とを結びつける役割をする．

JISには制定されていないが，アクリルポリオールを塗料ベースとしポリイソシアネート樹脂を硬化剤とする2液形塗料は自動車補修塗料や大型車両・機械などに需要が伸びており，皮革・プラスチック・耐薬品用の特殊塗料・木工塗装の分野で普及している．

(b) 家庭用屋内木床塗料（JIS K 5961） 油変性ポリウレタン樹脂を主な原料とした透明仕上げ用塗料で，塗装の専門家でない一般の人が家庭で，屋内の木製の床や廊下などをはけで塗るのに適するように調整したものである．

2.2.4 ふっ素樹脂塗料

JISには，K 5658（建築用ふっ素樹脂塗料）とK 5659（鋼構造物用ふっ素樹脂塗料）の2種類が制定されている．近年，建築物の高層化・メンテナンスフリー・高級化が進み，また酸性雨，コンクリートの中性化，塩害などに対するコンクリート部材の耐久性，維持保全の向上が求められる中で，建築外装の仕上げ材料として常温硬化形ふっ素樹脂塗料の普及が急伸長している．一方，鋼構造物が大型化し設置される環境が多様化するにつれて，ジンクリッチペイント・エポキシ樹脂塗料の重防食塗装系が普及し，それに見合った耐候性の優れ

た上塗り塗料としてふっ素樹脂塗料が採用されるようになった．

（1） 一般的性質

ふっ素樹脂塗料は分子中にふっ素原子を含む樹脂を主体とし，そのC-F結合は結合エネルギーが大きいため，耐候性・はっ水性・耐熱性・耐摩耗性に優れた性能を有する．光沢保持性が特に優れているが，防汚性能も加味したふっ素樹脂塗料が開発されている．

（2） 組　成

当初はポリふっ化ビニリデンを代表とする分散形や粉体形の高温焼付け塗料であったが，フルオロオレフィンとビニルエーテルの共重合樹脂を主体とする有機溶剤可溶性の常温硬化形塗料が開発されるに従って，急速に用途が拡大されていった．官能基を導入したふっ素樹脂を主な原料とした主剤と，ポリイソシアネート樹脂を主な原料とした硬化剤からなる2液形の自然乾燥で硬化する上塗り塗料である．

（3） 種類と用途

（a）　建築用ふっ素樹脂塗料（JIS K 5658）　建築物及び建材に主として使用されるコンクリート面，セメント・モルタル面，カーテンウォール部材などを対象とする長期耐候性の美粧仕上げに用いる．更に建築物の鉄面やアルミニウム，亜鉛めっき面などの上塗り塗料として用いることもできる．

（b）　鋼構造物用ふっ素樹脂塗料（JIS K 5659）　主に橋梁・タンク・プラント・その他の鋼構造物などを対象とする長期の防食及び耐候性美粧仕上げに用いる．JISでは，鋼構造物用ふっ素樹脂塗料用中塗りと同上塗りの2種類に分かれ，塗装の際に中塗りと上塗りを組み合わせて用いることによって付着性を向上するように作られている．中塗りはエポキシ樹脂又はポリオール樹脂を主とする主剤と，ポリアミド樹脂又はポリイソシアネート樹脂を主とする硬化剤からなる2液形である．上塗りはふっ素樹脂を主とする主剤とポリイソシアネート樹脂を主とする硬化剤からなる2液形である．層間付着性が重視され，その試験方法として，JIS K 5551（エポキシ樹脂塗料）に規定する2種下塗り塗料と鋼構造物用ふっ素樹脂中塗り塗料との間の層間付着性Iと，この中塗り

と同上塗りとの間の層間付着性Ⅱをチェックするように規定されている．

2.2.5 高濃度亜鉛末塗料

鉄鋼の防食方法の一つに鉄よりイオン化傾向の大きい亜鉛を接触させて，電気化学的防食作用を利用する方法があるが，これを高濃度亜鉛末塗料を塗装することによって同じ作用で防せい力を発揮させるものである．重防食塗装の分野で，鋼材のブラスト処理，エポキシ樹脂下塗り塗料，高耐候性上塗り塗料と相まって広範に使われている．JISには，ジンクリッチプライマーと厚膜形ジンクリッチペイントの2種類が制定されている．

（1）一般性能

船舶・橋梁・鋼構造物・プラント・建築物などの鋼材のブラストによる素地調整面に適用される．主剤と亜鉛末を混合した後，目開き600 μmの金網でろ過し硬化剤を添加して直ちに塗装する．比重の大きい亜鉛末が多量に入っているため亜鉛末が沈降しやすいので，塗装作業中はペイントストックタンクの中を常にかき混ぜる必要がある．塗装方法は吹付け塗りによる．乾燥塗膜厚はジンクリッチプライマーが15～20 μm/回，厚膜形ジンクリッチペイントが50～100 μm/回である．塗装系はエポキシ樹脂系下塗り塗料を塗り重ねる．油性系塗料を塗り重ねると両層間に亜鉛石けんが生成し，塗膜の膨れ・はがれの欠陥が発生するのでこの組み合わせは避けなければならない．

（2）組　成

ジンクリッチプライマー，厚膜形ジンクリッチペイントのいずれも1種と2種がある．1種は無機系で，アルキルシリケートをビヒクルとする1液1粉末形のもの，2種は有機系で，エポキシ樹脂の主剤と硬化剤をビヒクルとする2液1粉末形又は亜鉛末を含む主剤と硬化剤とからなる2液形のものである．硬化剤にはポリアミド・アミンアダクトなどを用いる．

亜鉛末含有量は表2.5のように規定されている．

（3）種類と用途

（a）**ジンクリッチプライマー**（JIS K 5552）　エッチングプライマーに比

2.2　特定用途向け JIS 塗料

表 2.5　亜鉛末含有量

項　目 ＼ 種　類	JIS K 5552 ジンクリッチプライマー		JIS K 5553 厚膜形ジンクリッチペイント	
	1種	2種	1種	2種
混合塗料中の加熱残分(%)	70 以上		70 以上	75 以上
加熱残分中の金属亜鉛(%)	80 以上	70 以上	75 以上	70 以上

べて暴露耐用期間が長いため，塗装工事が長期間にわたるような大型鋼構造物の1次プライマーとして用いられる．1種（無機質系）は乾燥性・防せい力・耐熱性に優れ，2種（有機質系）は作業性に特徴がある．

（b）　厚膜形ジンクリッチペイント（JIS K 5553）　重防食系塗装仕様の中で，厚膜に塗装することによって長期の防せい効果を得る目的のさび止め塗料である．この上に更に下塗り，中塗り，上塗りを塗り重ねて重防食塗装系を形成する．塗装系によっては上記のジンクリッチプライマーの上に塗り重ねる場合もある．1種（無機質系）の方が防食性に優れているために，海上橋など非常に厳しい環境に設置される鋼構造物に適している．2種（有機質系）は防食性が1種に比べてやや劣るが，作業性がよいなどの特徴があるため，海上ほど厳しくない環境の鋼構造物に適用される．

2.2.6　雲母状酸化鉄塗料

雲母状酸化鉄（Micaceous Iron Oxide : MIO）顔料は合成品もあるが，一般に天然鉱石から精製されたものが多く，雲母状［りん（鱗）片状］の結晶をした赤鉄鉱（α-Fe_2O_3）で，比較的大きな平均粒子に加工調整されたもので，径が数 µm～80 µm，厚みが数 µm あり，色は特有のダークグレーを呈する．JIS には K 5554（フェノール樹脂系雲母状酸化鉄塗料）と K 5555（エポキシ樹脂雲母状酸化鉄塗料）の2種類が制定されている．

（1）　一般性能

MIO顔料は塗膜中で層状に重なり合う性質があるため，樹脂分を分解，劣化させる働きの強い紫外線の透過や水分・酸素などの浸透を妨げる効果があって，MIO顔料を含む塗膜は優れた耐候性を示す．MIO顔料の特性によって塗膜表面に適度な粗さがあるため，この上に塗り重ねる塗料に投びょう(錨)効果を与え，MIO塗料を塗装して1年ほど暴露された後でも上塗り塗料との層間付着性を低下させない性質がある．

MIO塗料はさび止め塗料ではなく，防食塗装系の中で中塗り・上塗り塗料としての役割をもつものであるから，鉄部に直接塗装することは避けなければならない．MIOは塗料中で沈殿しやすいので，よくかき混ぜて均一にしてから使用する．塗装方法ははけ塗りでは，はけむらが目立つので吹付け塗りが適する．

（2） 組　成

（a） **フェノール樹脂系雲母状酸化鉄塗料**　ビヒクルは100％フェノール樹脂ではなく，油性ワニスなどで変性されたもので比較的耐水性がよい．

（b） **エポキシ樹脂雲母状酸化鉄塗料**　MIOを含むエポキシ樹脂を主な原料とする主剤と，ポリアミド・アミンアダクトなどを硬化剤とする2液形塗料である．

（3） 種類と用途

（a） **フェノール樹脂系雲母状酸化鉄塗料**（JIS K 5554）　橋梁・鋼構造物・プラント・建築物などの分野の防食塗装系の中で，中塗り・上塗り塗料として使用されるが，特にJIS K 5639（塩化ゴム系塗料）を上塗りする塗装系の中塗り塗料として橋梁などで多く用いられる．それは油性系さび止めペイントの上に溶解力の強い溶剤を含む塩化ゴム系塗料を直接上塗りすると塗膜異常を起こすので，このMIO塗料を中塗りとして使用すると上塗り可能となるからである．

（b） **エポキシ樹脂雲母状酸化鉄塗料**（JIS K 5555）　橋梁・鋼構造物・プラントなどの長期防せいを目的とした重防食塗装系の中で，耐久性・層間付着性の優れた中塗り塗料である．重防食塗装系の場合，工場での下塗り（厚膜形ジンクリッチペイント）と施工現場での上塗り（ポリウレタン樹脂塗料）で塗

装間隔が長期となり層間付着性が低下することを防ぐために，工場塗装で下塗りの上にこの MIO 塗料を中塗りとして使用する．

2.2.7 建築用特殊塗料

JIS の建築用塗料として最も一般的な合成樹脂エマルションペイント及びアクリル樹脂塗料のほかに，特殊模様仕上げとしての多彩模様塗料と特殊機能を有する建築用防火塗料がある．

（1） 一般的性質

多彩模様塗料は液状又はゲル状の 2 色以上の色の粒が懸濁したもので，1 回の塗装で色散らし模様ができるのが特徴である．壁紙に似た感じの豪華な仕上げを継ぎ目なく，専用塗装機で吹付け塗りするもので，複雑な形状の素材にも施工できる．模様は立体的であり，そのため多少の素地の粗さを目立たなくすることができる．適切な下地塗料を用いることによって，いかなる材質にも適用し得る利点がある．

建築用防火塗料は塗膜が加熱されたときに発泡して断熱層を形成するようにしたもの，又は特に厚塗りして断熱の効果があるようにしたものである．

（2） 組　成

多彩模様塗料はサスペンション（懸濁）形の塗料である．これにはその製造原理のうえで，次にあげる四つの基本的なタイプがある．

　① 分散体の有機溶媒ゾルで，分散媒が水性ゾルからなる水中油形（O/W 形）
　② ①とは逆になっている油中水形（W/O 形）
　③ 分散体と分散媒のいずれもが有機質よりなる油中油形（O/O 形）
　④ 分散体と分散媒のいずれもが水性である水中水形（W/W 形）

①が最も普遍的で，ニトロセルロースラッカーを分散体とし，水溶性保護コロイド中に懸濁させたものが品質的に優れている．なお，分散体の樹脂をビニル樹脂にしたものもある．

建築用防火塗料は，常温乾燥性の塗料に，熱分散によって発泡する材料又は

塗膜の燃焼時に炎の発生を抑制する材料を調合したものである．これらの材料の中には，塗料の貯蔵中及び塗膜の経年変化として加水分解するものがあり，その性能維持にやや難点のあるものがあるので注意を要する．

（3）　種類と用途

JIS K 5667（多彩模様塗料）は用途によって2種類あり，1種は主として屋外用，2種は主として屋内用である．1種には耐水性と耐候性の試験項目があり，耐アルカリ性と耐洗浄性の要求性能が2種より厳しくなっている．2種には耐光性が規定されている．用途は建築物の内外壁面を主体とするが，器物や建材などにも使用される．

JIS K 5661（建築用防火塗料）は主として建築物の屋内用を目的としており，防火性能の機構によって3種類に分けられる．1種は発泡性のもの，2種は同じく発泡性のもので下塗り用と上塗り用とに分け，両方で効果をあげるもの，3種は厚塗りするものである．防火性は JIS A 1321（建築物の内装材料及び工法の難燃性試験方法）により試験し，難燃2級又は3級に分類される．

2.2.8　建築用仕上塗材

JIS A 6909 に規定される建築用仕上塗材はセメント，合成樹脂などの結合材，顔料，骨材などを主原料とし，主として建築物の内外壁又は天井を吹付け，ローラ塗り，こて塗り又ははけ塗りなどによって立体的な造形性をもつ模様に仕上げる材料である．塗膜層の構成は下塗材・主材・上塗材の3層に区分され，下塗材及び主材，又は主材だけで仕上げるものを単層と呼び，下塗材，主材及び上塗材の3層で仕上げるものを複層と呼ぶ．種類は薄付け仕上塗材（薄塗材）・厚付け仕上塗材（厚塗材）・軽量骨材仕上塗材（軽量塗材）・複層仕上塗材（複層塗材）・可とう形改修用仕上塗材の5種類からなる．薄塗材と複層塗材には，コンクリート，セメント，モルタルなどの下地のひび割れやムーブメント（移動）に対してある程度の追従性を有する可とう形と防水形があり，美観と耐久性の確保に有効である．

（1）　一般的性質

(a) **薄付け仕上塗材** 凹凸模様の凸部の厚さが 3 mm 程度以下の単層仕上げで，凹凸模様には砂壁状，ゆず肌状，さざ波状，凹凸状，繊維壁状，京壁状，じゅらく状などがある．

(b) **厚付け仕上塗材** 凹凸模様の凸部の厚さが 4〜10 mm 程度の単層仕上げで，スタッコ状の模様が吹き付けたままのもの，凸部をこて又はローラで押さえて平らにしたもの，ローラで模様づけしたものなどがある．

(c) **軽量骨材仕上塗材** 凹凸模様の凸部の厚さが 3〜5 mm 程度の単層仕上げで，砂壁状と平たん状がある．

(d) **複層仕上塗材** 凹凸模様の凸部の厚さが 1〜5 mm 程度の複層仕上げで，下塗材は主材の下地への吸込みを調整し，主材は凹凸模様を形成し，上塗材は仕上面の着色，光沢の付与，耐候性の向上，吸水防止などを目的として使用する．凹凸状，ゆず肌状，月面状，平たん状がある．

(2) **組　成**

セメント，けい酸質，合成樹脂エマルション，合成樹脂溶液，水溶性樹脂などを結合材とし，これとけい砂，寒水石，パーライト，ひる石などの骨材，無機質系粉体及び繊維材料などを選択的に主原料としたもので，種類と用途によって使い分ける．

(3) **種類と用途**

(a) **薄付け仕上塗材** 薄塗材の種類は結合材の種類及び用途によって表 2.6 のように区分されている．外装薄塗材は主として外壁の仕上げに用い，内装薄塗材は内壁及び天井の仕上げに用いるものである．外装薄塗材には温冷繰り返し・透水性・耐候性の試験項目が，内装薄塗材には耐変退色性・難燃性の試験項目が付加される．特に防火材料の指定がある場合は，建築基準法に基づき認定を受けたものでなければならない．防火材料については(e)に記す．薄塗材 W で耐湿性又は耐アルカリ性並びにかび抵抗性を有するものはそのことを表示することができる．可とう性を有するものは可とう形薄塗材といい，これには下塗材を使用するものもある．

(b) **厚付け仕上塗材** 厚塗材の種類は結合材の種類及び用途によって表

表 2.6 薄付け仕上塗材の種類

種類	呼び名	通称（例）
外装けい酸質系薄付け仕上塗材	外装薄塗材 Si	シリカリシン
可とう形外装けい酸質系薄付け仕上塗材	可とう形外装薄塗材 Si	
外装合成樹脂エマルション系薄付け仕上塗材	外装薄塗材 E	樹脂リシン，アクリルリシン，陶石リシン
可とう形外装合成樹脂エマルション系薄付け仕上塗材	可とう形外装薄塗材 E	弾性リシン
防水形外装合成樹脂エマルション系薄付け仕上塗材	防水形外装薄塗材 E	単層弾性
外装合成樹脂溶液系薄付け仕上塗材	外装薄塗材 S	溶液リシン
内装セメント系薄付け仕上塗材	内装薄塗材 C	セメントリシン
内装消石灰・ドロマイトプラスター系薄付け仕上塗材	内装薄塗材 L	けい藻土塗material
内装けい酸質系薄付け仕上塗材	内装薄塗材 Si	シリカリシン
内装合成樹脂エマルション系薄付け仕上塗材	内装薄塗材 E	じゅらく
内装水溶性樹脂系薄付け仕上塗材*	内装薄塗材 W	繊維壁，京壁，じゅらく

注* 内装水溶性樹脂系薄付け仕上塗材には，耐湿性・耐アルカリ性・かび抵抗性を付加したものがある．

2.7のように区分されている．結合材と用途の区分及び防火材料の取扱いは薄塗材と同じである．

　（c）**軽量骨材仕上塗材**　軽量塗材の種類は塗装方法によって表 2.8 のように区分されている．吹付用とこて塗用があり，主として天井用単層として使われる．吹付用軽量塗材の場合は骨材付着性がポイントとなる．その試験方法は塗材の塗布面が下になるように試験板を水平に保持し，その下方から垂直に圧縮空気を噴射して，骨材の落下又は飛散の有無を目視によって調べる．

表 2.7 厚付け仕上塗材の種類

種　類	呼び名	通称（例）
外装セメント系厚付け仕上塗材	外装厚塗材 C	セメントスタッコ
外装けい酸質系厚付け仕上塗材	外装厚塗材 Si	シリカスタッコ
外装合成樹脂エマルション系厚付け仕上塗材	外装厚塗材 E	樹脂スタッコ，アクリルスタッコ
内装セメント系厚付け仕上塗材	内装厚塗材 C	セメントスタッコ
内装消石灰・ドロマイトプラスター系厚付け仕上塗材	内装厚塗材 L	けい藻土塗材
内装せっこう系厚付け仕上塗材	内装厚塗材 G	けい藻土塗材
内装けい酸質系厚付け仕上塗材	内装厚塗材 Si	シリカスタッコ
内装合成樹脂エマルション系厚付け仕上塗材	内装厚塗材 E	樹脂スタッコ，アクリルスタッコ

表 2.8 軽量骨材仕上塗材の種類

種　類	呼び名	通称（例）
吹付用軽量骨材仕上塗材	吹付用軽量塗材	パーライト吹付，ひる石吹付
こて塗用軽量骨材仕上塗材	こて塗用軽量塗材	

（d）**複層仕上塗材** 複層塗材は結合材の種類など用途によって表 2.9 のように区分されている．内装及び外装用に使われるが，耐候性の特性を付加したものについては，耐候形 1 種・耐候形 2 種・耐候形 3 種に区分される．その試験方法はキセノンランプ促進耐候試験機により，照射時間の 2 500 時間に耐えるものを耐候形 1 種，1 200 時間を 2 種，600 時間を 3 種としている．防水形複層塗材で耐疲労性の特性を付加したものについては，耐疲労形と表示する．

（e）**防火材料** 平成 12 (2000) 年 6 月 1 日施行の建築基準法並びに同法施工令の規定に基づき，不燃材料・準不燃材料・難燃材料が定められた．これにより従来の通則認定制度が廃止され，基材同等として認定されていた 4 品目にはその防火性能により表 2.11 に示す新認定番号がつけられる．

2. 各種塗料の特性

表2.9 複層仕上塗材の種類

種類	呼び名	通称(例)
ポリマーセメント系複層仕上塗材	複層塗材CE	セメント系吹付タイル
可とう形ポリマーセメント系複層仕上塗材	可とう形複層塗材CE	セメント系吹付タイル(可とう形,微弾性,柔軟形)
防水形ポリマーセメント系複層仕上塗材	防水形複層塗材CE	
けい酸質系複層仕上塗材	複層塗材Si	シリカタイル
合成樹脂エマルション系複層仕上塗材	複層塗材E	アクリルタイル
防水形合成樹脂エマルション系複層仕上塗材	防水形複層塗材E	ダンセイタイル(複層弾性)
反応硬化形合成樹脂エマルション系複層仕上塗材	複層塗材RE	水系エポキシタイル
防水形反応硬化形合成樹脂エマルション系複層仕上塗材	防水形複層塗材RE	
合成樹脂溶液系複層仕上塗材	複層塗材RS	エポキシタイル
防水形合成樹脂溶液系複層仕上塗材	防水形複層塗材RS	

表2.10 可とう形改修用仕上塗材の種類

種類	呼び名	通称(例)
可とう形合成樹脂エマルション系改修用仕上塗材	可とう形改修塗材E	
可とう形反応硬化形合成樹脂エマルション系改修用仕上塗材	可とう形改修塗材RE	
可とう形ポリマーセメント系改修用仕上塗材	可とう形改修塗材CE	

2.2 特定用途向け JIS 塗料

表 2.11 防火材料認定材料

新認定番号	区 分	旧認定番号	品 目 名	仕上塗材の呼び名
NM-8571 QM-9811 RM-9366	不燃材料 準不燃材料 難燃材料	基材同等 第 0003 号	無機質砂壁状吹付材塗り ／不燃材料 　準不燃材料 　難燃材料	薄塗材 C 薄塗材 Si 厚塗材 C （上塗材を用いないもの） 厚塗材 Si 軽量骨材仕上塗材 （無機質系）
NM-8572 QM-9812 RM-9361	不燃材料 準不燃材料 難燃材料	基材同等 第 0004 号	有機質砂壁状塗料塗り ／不燃材料 　準不燃材料 　難燃材料	薄塗材 E 薄塗材 S 軽量骨材仕上塗材 （有機質系）
NM-8573 QM-9813 RM-9362	不燃材料 準不燃材料 難燃材料	基材同等 第 0005 号	複合型化粧用仕上材塗り ／不燃材料 　準不燃材料 　難燃材料	複層塗材 C 複層塗材 CE 複層塗材 Si 厚塗材 C （上塗材を用いるもの） 厚塗材 Si （上塗材を用いるもの）
NM-8574 QM-9814 RM-9363	不燃材料 準不燃材料 難燃材料	基材同等 第 0008 号	繊維壁材塗り ／不燃材料 　準不燃材料 　難燃材料	薄塗材 W

2.2.9 船舶用塗料

鋼船・木船の外板その他の部分に塗装する塗料で，航海中の過酷な条件に耐えるように作られる．この種の塗料の JIS はすべて廃止されているが，参考資料としてここに掲載する．特に"種類と用途"の項では，理解しやすいように廃止された JIS の種分けに基づいて解説する．

（1） 一般的性質

塗装する部位の要求する特殊な性質以外では，耐塩水性・耐久性に優れていることが一般に必要な性質である．ビチューメン塗料は船舶内部，特に二重底内などの腐食防止と耐油性を目的とするものである．材料がビチューメン系のため，色は黒く美観的要素は乏しい．

(2) 組　成

フェノール樹脂などを用いて耐水性を補強した油ワニス類・塩化ビニル樹脂ワニス・塩化ゴムワニスなどがビヒクルとして用いられ，船底部には亜酸化銅から，最近は指定された有機すず系化合物が防汚顔料として利用される．

コールタールピッチ又はアスファルトを主としたものが船舶用ビチューメンソリューションで，これに充てん剤などを加えたものが船舶用ビチューメンエナメルである．

(3) 種類と用途

(a) **鋼船外板用油性塗料**　油性ワニスをビヒクルとし，必要な顔料を分散させて液状にしたもので，鋼船外板のさび止め・防汚又は美装などの目的に用いる．

種類は6種類に分かれていて，船底さび止め塗料1種は鋼船船底のさび止めを目的とする下塗り及び中塗りに用いる．2種はアルミニウム粉を含むものである．船底防汚塗料は船底さび止め塗料に塗り重ねて，海中の生物が船底部に付着し繁殖するのを防ぐ．水線部塗料は水線部の乾湿交互の激しい条件を克服して防食することを目的とする．トップサイドさび止めペイントは鋼船の外舷部の腐食を防止する塗料である．トップサイド上塗りペイントは，トップサイドさび止めペイント塗膜に塗り重ねて腐食を防ぎ，美観を与える．

(b) **木船船底油性塗料**　AとBとの2種類があり，Aは亜酸化銅(Cu_2O)として14%以上，Bは7%以上を含有するものである．木船船底の防汚のために塗装するもので，コッパーペイントとも呼ばれる．

(c) **デッキペイント**　ワニスをビヒクルとし，必要な顔料を分散させて液状としたもので，船舶の鋼製デッキのさび止めと美装などの目的に用いる．ワニスにはフェノール樹脂ワニス・フタル酸樹脂ワニスが主として用いられる．

未乾燥の塗膜に砂などを散布して滑り止め効果を与えることもあり，これはノンスキッドデッキペイントと呼ばれている．

（d） **鋼船外板用塩化ビニル樹脂塗料** 鋼船外板のさび止め・防汚又は美装などの目的に用いるもので，外板さび止め塗料・船底防汚塗料・水線部塗料の3種類に分かれる．

（e） **木船船底ビニル樹脂塗料** 木船の船底に海中の生物が付着するのを防ぐための塗料で，ビヒクルには塩化ビニル樹脂とロジンが使用され，亜酸化銅を防汚顔料として作られている．

（f） **鋼船外板用塩化ゴム系塗料** 塩化ゴム・塩素化ポリエチレン・塩素化ポリプロピレンなどの塩化高分子化合物をビヒクルとする鋼船外板用の塗料で，鋼船外板のさび止め・防汚又は美装などの目的に用いる．

外板さび止め塗料・外板さび止め塗料厚膜形・船底防汚塗料・水線部塗料・トップサイド上塗りペイントの5種類に分かれている．船舶の稼働効率を高めるため，航海期間は増加しており，作業性の点では油性系に近く，性能的には塩化ビニル樹脂に匹敵する塩化ゴム系が近年急速に需要が伸びている．

（g） **船舶用ビチューメンソリューション** AとBの2種類があり，Aはコールタール系，Bはアスファルト系である．船舶用ビチューメンエナメルの下塗りに適するように作ったものである．

（h） **船舶用ビチューメンエナメル** AとBとがあり，ソリューションと同じく材質を表す．AはBに比べて耐油性，特に灯油に浸して異常のないことで優れている．

2.2.10 路面標示用塗料（JIS K 5665）

トラフィックペイントと呼ばれ，路面に塗装して車両及び歩行者の進路や停止線などの区画線・道路標示を明示し，事故防止の役割を果たすものである．

（1） **一般的性質**

交通の激しい道路面に塗装されるので乾燥が速いこと，塗膜に弾性・耐摩耗性があること，耐油性・耐アルカリ性であること，耐久性のよいことなどが要

求される．

(2) 組　成

トラフィックペイントには，液状のものと粉体状のものとがある．液状のものは白又は黄色の着色顔料，体質顔料及び合成樹脂ワニスを主な原料として，これらを十分に練り合わせて作ったものである．粉体状のものは白又は黄色の着色顔料・体質顔料・ガラスビーズ・充てん用材料及び合成樹脂を主な原料とし，これらをあらかじめ混合して作ったものと，これらの原料を二つに分けて一対とし，使用時に混合するものとがある．

(3) 種類と用途

トラフィックペイントは塗料の状態と施工の条件及びガラスビーズの含有量によって表 2.12 のように分ける．

1 種は常温で施工するもので扱いやすい利点はあるが，塗膜が薄く耐久性にやや難点があるので，通行量の多い路面には適さない．

表 2.12　路面標示用塗料の種類

種類		状態	施行の条件	ガラスビーズの含有量
1 種		液状	常温	塗料中にガラスビーズを含まず，施行するときにガラスビーズを塗面に散布する．
2 種		液状	加熱	塗料中にガラスビーズを含まず，加熱して施行するときにガラスビーズを塗面に散布する．
3 種	1 号	粉体状	溶融	塗料中にガラスビーズを 15〜18 ％（質量%）含み，更に加熱溶解して施行するときにガラスビーズを塗面に散布する．
	2 号			塗料中にガラスビーズを 20〜23 ％（質量%）含み，更に加熱溶融して施行するときにガラスビーズを塗面に散布する．
	3 号			塗料中にガラスビーズを 25 ％以上（質量%）含み，更に加熱溶融して施行するときにガラスビーズを塗面に散布する．

2種は加熱して施工する液状のもので、不粘着乾燥性がやや速いことと塗膜のエッジが鋭くないことから、自動車専用の高速道路に専ら使われる。

3種は粉体状の溶融して施工するタイプで、1.5 mm と塗膜も厚く耐摩耗性に優れているので、一般道路の舗装が進むにつれて急速に普及し、今日ではトラフィックペイントの生産の主体となっている。色については近年、自動車道路・歩行者道路などに緑・れんが色・オレンジ色などが使用され始めたが、JIS では白及び黄色に限定されている。

2.2.11 発光塗料・蛍光塗料

発光塗料・蛍光塗料は光線を受けたときそのエネルギーを吸収し、暗所で蛍光を発するもので、既調合形と発光粉末を使用時に混合するものとがある。

（1）一般的性質

高輝度によって、識別や安全色彩用としての特色を発揮する。

（2）組　成

発光塗料は発光粉末とビヒクルを主成分とするもので、発光粉末は基体に放射性物質を結合させたものである。基体は硫化亜鉛その他の蛍光体で、放射線によって効率よく発光する品質のものとなっており、放射性物質の放射性核種は次のものに限られる。なお、発光粉末には2種類以上の放射性核種を混入しない。

① トリチウム（^{3}H）
② プロメチウム-147（^{147}Pm）
③ ラジウム-226（^{226}Ra）

一方、ビヒクルは発光粉末に変質・分質・その他の悪い影響を及ぼさない樹脂類又は繊維素誘導体を主成分とする。

蛍光塗料は、有機蛍光顔料とアクリル樹脂ワニスなどを主な原料として作った液状のものである。

（3）種類と用途

発光塗料の JIS は 1991 年に廃止されているが、参考までにその分類と用途

について記す．発光塗料はそれに含まれる放射性核種によって3種類に分け，更に輝度によってそれぞれ1号～6号に分ける．つまり，18種のタイプがある．1種はトリチウムを含み，時計・計器類・標識類及び特に航空機の計器・標識類に用いる．2種はプロメチウム-147を含み，時計・計器類及び特に高い輝度が必要なもの，又は密閉室などで使用するものに用いる．3種はラジウム-226を含み，特殊な用途又は規制などによって1種及び2種を用いることができないものに限って用いる．

JIS K 5673（安全色彩用蛍光塗料）は色によって蛍光赤・蛍光黄赤・蛍光黄・蛍光緑・蛍光赤紫の5種類に分けられている．工場・鉱山・学校・病院・劇場などの事業場，道路・車両・船舶・航空保安施設などにおける災害を防止する目的で使用する．

2.3 伝統的 JIS 塗料

明治時代に陸・海軍による物質調達のための規格が制定されたが，制度として正式に工業標準化が始められたのは大正10（1921）年に官制により，工業品規格統一調査会が設置されてからである．当時は日本標準規格 JES（Japanese Engineering Standard）と称されたが，昭和24（1949）年に工業標準化法が制定され日本工業規格 JIS（Japanese Industrial Standard）となった．

塗料は JIS K（化学）に属し，昭和26（1951）年にボイル油が制定されたのが最初で，昭和28（1953）年にニトロセルロースラッカー・セラックニス類・精製漆，昭和31（1956）年にカシュー樹脂塗料，昭和40（1965）年に油性調合ペイントが制定された．これらを伝統的 JIS 塗料として以下に概要を述べる．

2.3.1 ニトロセルロースラッカー

揮発乾燥形の代表的な塗料で，単にラッカーということが多い．1920年代にはまさに画期的といわれた塗料であったが，その背後にスプレー塗りという新しい塗装技術の開発があったことを見逃してはならない．また機能的な塗装シ

2.3 伝統的 JIS 塗料

ステムを体系づける先駆けをなした塗料である．

（1） 一般的性質

乾燥が非常に速く，塗膜は硬度・耐油性・耐久性に優れる．1回塗りで得られる塗膜厚がやや薄いという難があるが，樹脂分を多くして改善されてきている．

（2） 組　成

ニトロセルロース（硝化綿，NC）・樹脂類・可塑剤・溶剤及び顔料を成分として作られている．

（a） ニトロセルロース　繊維素原料をニトロ化して作る．溶解性と窒素量の異なる RS・AS・SS の3種類のうち，窒素量が 11.7〜12％のエステル可溶性の RS タイプが通常使用される．また，混合溶剤に溶解したときの粘度の秒数により，数段階のグレードに分かれている．

（b） 樹脂類　天然樹脂や短油性の不乾性油変性アルキド樹脂が一般に用いられ，橋かけ作用をもつアミノ樹脂も適宜に使用される．

（c） 可塑剤　フタル酸エステル系（DBP・DOP など）・りん酸エステル系（TCP）のほか，エポキシ系・ポリエステル系なども用いる．

（d） 溶剤　溶剤の働きには二つの作用がある．第一は溶解力で，ニトロセルロースに対し（真）溶剤，助溶剤，希釈剤の3種類に区別される．第二は蒸発速度である．良好な塗膜は蒸発速度の異なる溶剤の適当な組合せによって得られる．低沸点溶剤（100℃未満のもの），中沸点溶剤（100〜150℃），高沸点溶剤（150℃を超えるもの）に大別される．ラッカーに使用する主な溶剤は酢酸エチル・酢酸ブチル・酢酸アミル・MEK・MIBK・セロソルブ・酢酸セロソルブ・エチルアルコール・ブチルアルコール・トルエン・キシレンなどいろいろあるが，これらを溶解力と蒸発速度を考慮して混合使用する．

（e） 顔料　ラッカーエナメルに用いる顔料は塗膜が比較的薄いので，特に隠ぺい力が大きく，耐薬品性・耐候性のよいものが選ばれる．なお，フラッシュ顔料や NC チップを用いる場合も少なくない．

（3） 種類と用途

（a） ニトロセルロースラッカー（JIS K 5531）

- **クリヤラッカー**　2種類があり，木材用クリヤラッカーは木材の透明塗装に用い，仕上用クリヤラッカーはラッカーエナメル塗装の際の仕上げ塗りに用いる．なお，エナメルに混ぜ，光沢を高める用法をにごりという．
- **ラッカーエナメル**　色によって5種類に分けられ，その種類は白・淡彩・銀色・透明色その他の色である．淡彩とは，エナメル白を主成分として作った塗膜の色が灰色・ピンク・クリーム色・薄緑・水色などのように薄い色で，JIS Z 8721（色の表示方法—三属性による表示）による明度 V が6以上9未満のものをいう．透明色とは，この塗料を上塗りしたとき，この塗料の色に加えてその下の塗膜の色が透けて見えるラッカーエナメルのことをいう．

（b）　**ラッカー系シーラー**（JIS K 5533）　木材のクリヤラッカー塗装の際の下塗りに適するウッドシーラーと，中塗りに適し，塗膜を平たんにするためサンドペーパーで研磨しやすいようにステアリン酸塩などを含むサンジングシーラーがある．

（c）　**ラッカー系下地塗料**（JIS K 5535）　ラッカープライマー・ラッカーパテ・ラッカーサーフェーサーの3種類がある．総称してラッカー下地と呼ばれ，主としてラッカーエナメル塗装の際の下塗り又は中塗りに用いる．パテ・サーフェーサーは研磨しやすいように作られ，非金属用としても使われる．

（d）　**皮革用ラッカー**　皮革類の塗装に適するよう柔軟性と適度の強度をもつように作られている．クリヤとエナメルとがあるがJISは規定されていない．

（e）　**ラッカー系シンナー**（JIS K 5538）　ニトロセルロースラッカーの希釈などに使用するラッカーシンナーとリターダーがある．ラッカー類は高湿度の塗装条件では，大気中の水分が塗膜中の溶剤の蒸発潜熱によって凝縮して溶け込み，溶解力の低下を生じ，ニトロセルロースの一部析出によって白化現象を呈することがある．この際，リターダーは白化防止の目的でラッカーシンナーに混合して用いる．

2.3 伝統的JIS塗料

2.3.2 セラックニス類（セラックニス・白ラックニス）（JIS K 5431）

セラック又は白ラックをアルコール類に溶解し，揮発乾燥によって塗膜を形成する塗料で，木製家具，屋内の木材面などの透明塗装に用いる．

（1） 一般的性質

はけ塗りで透明塗装仕上げに用いる．乾燥時間が短く，溶剤がアルコール系なので悪臭を感じない．塗膜は熱湯がかかると白く変色するおそれがある．

（2） 組　成

使用する樹脂はJIS K 5431［セラックニス類（セラックニス・白ラックニス）］ではセラック（JIS K 5909）及び白ラック（JIS K 5911）であるが，一般に酒精塗料といわれるものではセラック・漂白セラック・シードラック・ロジン・マニラコーパル・ダンマルなどである．溶剤は変性アルコール・イソプロピルアルコール・ブチルアルコールなどが主体で，アセトン・酢酸エチル・酢酸ブチルなどを一部混用することもある．ダンマルにはミネラルスピリットが用いられる．加熱残分は22〜40％程度の場合が多い．

セラック及び白ラックはインドに住むラック貝がら虫の分泌物で，アロリン酸とセロール酸のラクチドを主成分とする数種の樹脂酸の重合体と推定されている．多く黄褐色を呈しており，精製の程度によって，シードラック・漂白セラックなどがある．アルコール不溶性の成分（ろう分と呼ばれる．）を含むものは，にごりを生じ，つやもよくないので，ろう分を分別除去（脱ろう操作）する．

（3） 種類と用途

（a）**セラックニス**　1種と2種の2種類がある．主としてJIS K 5909（セラック）に規定する2種（ワックスを除かないで精製度を高くしたもの）を用いて加熱残分（セラック分）が28％以上のものを1種とする．同じく主としてJIS K 5909の1種（ワックスを除かないもの）又は2種を用いて22％以上のものを2種とする．塗膜は光沢がよく，硬くて弾力があり，不粘着性である．木製家具・屋内の木材面などの透明塗装に用いるほか，木材の節の部分に下塗りしてヤニ（樹脂分）の浸出を防止するヤニ止め材としても使われる．

（b）白ラックニス 1種（透明）と2種（乳状）の2種類がある．1種は主として JIS K 5911（白ラック）に規定する3種（ワックスを除いたもの）を用い，2種は同じく主として JIS K 5911 の1種（ワックスを除かないもの）を用いたもので，乾燥は1種の方が多少速い．用途はセラックニスと同じであるが，特に無色の仕上げに適している．

（c）その他のニス （a）と（b）以外には JIS が定められていない．ダンマルワニスはアルコール系溶剤ではなく，脂肪族炭化水素系などが用いられ，無色透明で光沢がよく，白エナメルや上塗りワニスとして適当である．

2.3.3 精製漆（JIS K 5950）

漆は古くから発達した塗料で，車両塗装などに用いられたこともあるが，現在では工業的にはほとんど利用されず，専ら工芸塗装に用いられる．天然産であるため，量的入手に制約があり，極めて高価である．

（1）一般的性質

漆の塗膜ははなはだ堅ろうで，また化学的にも侵されにくく，その優雅な仕上がり感の再現は合成系塗料の究極的目標とさえなっている．しかし，塗膜にたわみ性が乏しく，日光によって光沢を失いやすいこと，また，塗装工程が複雑で長時日を要することなどの欠点がある．

（2）組　成

漆科植物の樹幹から採集したままの樹液は原料漆液といい，乳白油状を呈している．その主成分は2個の水酸基を有する多価フェノールであるウルシオール又はラッコールである．また，ラッカーゼと称する酸化酵素が含まれ，その触媒作用によってウルシオールなどの酸化重合が促進され，乾燥皮膜を形成する．原料漆液を用途に応じて適当に処理・加工したものが精製漆である．その処理の方法に，なやしとくろめとがある．

なやしとは精製漆の乾燥皮膜に光沢又は肉のりを与えるため，かき混ぜて練る操作をいう．くろめとは原料漆液をかき混ぜながらその表面に放射熱を与えて水分を除去することで，精製漆の種類により必要な補助剤を加える場合があ

る．精製漆の品位はウルシオール又はラッコールの含有量の多いほどよい．含有率は水酸化バリウムで滴定して算出する．

（3） 種類と用途

（a） **生漆**（きうるし）　原料漆液から異物をこし除いたもので，1級から4級までに分けられている．1級は最も良質の原料漆を用い，主として美術漆工芸並びに高級漆器の下地及び，ろいろ（蠟色）塗り磨きのすり塗りなどに，2級以下は下地・ふき漆・木材の防水防腐・金属の防せい・染色型紙などに用いる．乾燥には適当な湿気を与えることが必要である．

（b） **透漆**（すきうるし）　透漆は原料漆液になやし及びくろめの操作を行ったのち，固形物を除いたもので，次のような品種がある．

① **なしじ漆**　金・銀・すず粉などの上に塗り，又は木目を表す研磨塗りにも用いる．1級と2級の2種類がある．

② **透ろいろ漆**　各種顔料・染料を混入して彩漆（いろうるし）又は木目を表す研磨塗りに用い，1級と2級の2種類がある．

③ **透つや漆**　必要な補助剤を適当に加えたもので，透明の仕上げ塗り（研磨しないもの）及び各種彩漆に用いる．1級から4級に分かれる．

④ **透はく下漆**　金・銀・すずはく（箔）などをはり付ける下塗りに用いる．

⑤ **透中塗漆**　透明塗りの中塗りに用いる．

⑥ **透つや消漆**　透明のつや消し塗りに用いる．

④，⑤，⑥のいずれも1級と2級とがある．

（c） **黒漆**　原料漆液になやし及びくろめの操作を行い，鉄粉又は水酸化鉄で着色した後，固形物を除いたものである．

① **黒ろいろ漆**　黒色研磨仕上げ塗りに用いる．1級と2級とがある．

② **黒つや漆**　黒色の上塗りに用いる．1級から4級に分かれる．

③ **黒はく下漆**　金・銀・すずはく（箔）をはり付ける下塗りに用い，1級と2級とがある．

④ **黒中塗り漆**　中塗りに用いるもので，1級と2級とがある．

⑤ **黒つや消漆**　黒色のつや消しの上塗りに用いる．1級と2級とがある．

2.3.4 カシュー樹脂塗料

漆に類似した性質をもつ合成漆塗料で，常温乾燥・加熱硬化乾燥ともに可能で，漆の代用に用いられる．

（1） 一般的性質

塗膜は丈夫で，耐薬品性が優れており，漆のように高価でなく，乾燥に際しても格別の配慮を払う必要がない．

（2） 組　成

ウルシオールに類似した構造を有するカシューナットシェル液を主成分とし，これにフェノール類を加え，この混合物とアルデヒド，更に乾性油を共縮合させ，溶剤で薄めて作るワニスをビヒクルとする塗料である．塗膜の諸性質を改善する目的で，アルキド樹脂・メラミン又は尿素樹脂・その他の合成樹脂を添加する．

（3） 種類と用途

（a） カシュー樹脂塗料（JIS K 5641）　カシュー樹脂ワニスとカシュー樹脂エナメルがある．カシュー樹脂ワニスは，主として屋内で用いる木製品・金属製品の透明な塗装，又は不透明塗装の仕上げ塗りに適する液状・濃色・透明の酸化乾燥性の塗料で，塗膜の外観が漆塗膜に似ていることが特徴である．3種類のワニスの品質が規定され，1種は塗膜が透きつや漆に似た色とつやをもつもの，2種は塗膜がなし地漆に似た色とつやをもつもの，3種は塗膜が淡色で漆に似たつやをもつもの．

カシュー樹脂エナメルは屋内で用いる木製品・金属製品の上塗りに適する．色は5種類に分かれて，白・淡彩・黒・透明色・その他の色となっている．

（b） カシュー樹脂下地塗料（JIS K 5646）　カシュー樹脂エナメル塗装の際，カシュー樹脂プライマーは主として金属の地肌塗りに適するように作られたもの，カシュー樹脂パテは主として木部の下地修正塗りに適用するペースト状，カシュー樹脂サーフェーサーは主として木部の中塗りに適用する．

2.3.5 油性ペイント・油ワニス

　油性ペイントのビヒクルはボイル油である．ボイル油は乾性油に空気を吹き込みながら比較的低温で適度の粘りが出るまで酸化重合し，これに乾燥剤を添加したものである．油ワニスは樹脂と乾性油を加熱重合し，溶剤・乾燥剤を添加したものである．これらは乾性油を主要な成分としているので，油性塗料と呼ばれている．油性塗料は歴史の長い塗料で天然原料主体であり，有機溶剤の含有量が小さいので低公害性である．

（１）　一般的性質

　油性塗料は乾燥が遅く，耐水性・耐アルカリ性が劣るなどの欠点もあるが，はけ塗り作業性がよく，金属面・木材面に対する保護機能は塗装条件によってあまり左右されないという利点がある．

（２）　組　成

　ボイル油は JIS K 5421（ボイル油及び煮あまに油）に品質が定められている．原料油には，大豆油・あまに油・サフラワー油・きり油・魚油などが用いられる．これらの油を 90～120°C 程度に加熱し，空気を吹き込みながら適当な粘度になるまで酸化重合する．このボイル油と酸化亜鉛・二酸化チタン・有彩色顔料・体質顔料を練り合わせて油性ペイントとする．油ワニスは乾性油を加熱して重合し，更に天然樹脂（アンバー・ランニングコーパル・ロジン・エステルガムなど）や合成樹脂（ロジン変性マレイン酸樹脂・フェノール樹脂・石油樹脂・クマロン樹脂など）と融合したのち，ミネラルスピリットで薄めて作る．樹脂に対する乾性油の比率が 1.5 以上のものを長油ワニスといい，1.0 以下のものを短油ワニスという．

（３）　種類と用途

　（ａ）　**ボイル油及び煮あまに油**（JIS K 5421）　ボイル油は塗膜形成要素を増加する目的で，調合ペイントや油性の塗料に混合して用いる．煮あまに油は生あまに油を加工したものである．

　（ｂ）　**油ワニス**　長油ワニスと短油ワニスとに大別される．長油ワニスは主として屋内の木材の透明塗装に用い，短油ワニスは主として塗装下地材料を調

製するために用いる．以前は油長の長い方から，スパーワニス・ボデーワニス・コーパルワニス・ゴールドサイズと称していたが，JIS は 1960 年に廃止された．なお，黒ワニスも同様に油ワニスの中に含まれる．

（c） **油性調合ペイント**（JIS K 5511）　白・淡彩・色ペイントの3種類に区分される．白顔料には二酸化チタン及び酸化亜鉛が使われる．酸化亜鉛は塩基性で塗膜硬化に効果があり，二酸化チタンは酸化亜鉛（亜鉛華）の約3倍の着色力をもつ．淡彩ペイントは白顔料に有彩色顔料を少量加えて作ったもので，JIS Z 8721 による明度 V が6以上9未満で彩度が大きくない色をいう．色ペイントは有彩色顔料を用いたもので色の規定はない．

（d） **アルミニウムペイント**（JIS K 5492）　塗料用アルミニウム粉又はアルミニウムペーストと油性ワニスとを，あらかじめ混合し，又は別々の容器に分けて一対として使用の際に混合するようにしたものであり，熱線の反射，水分の透過防止などの目的で，主として屋外の銀色塗装に用いる．

（e） **油性系下地塗料**（JIS K 5591）　ラッカーエナメルの塗膜の厚さは比較的薄いので，あらかじめ被塗物の表面に平たんで堅固な下地ごしらえをして，上塗りラッカーの光沢を高め付着性をよくする必要がある．ラッカー系下地類もその目的に作られているが，乾燥が速いため作業がしにくい欠点がある．それに比べて油性系下地塗料は乾燥が遅いが作業性・付着性がよいという利点がある．油性系下地塗料には油ワニスと顔料を主成分としたオイルプライマー・オイルパテ・オイルサーフェーサー・オイルプライマーサーフェーサーの4品種がある．プライマーは金属面の地肌塗りに適用する．パテは下地修正塗り用である．サーフェーサーは下層塗膜に密着し細かい傷面をよく覆い，研磨によって緻密な平滑表面を容易に得られる中塗りで，パテ及びサーフェーサーは研磨しやすいのが特徴である．プライマーサーフェーサーはプライマーとサーフェーサーの両機能を併せもつもので，深い傷のない素地に塗装する際にパテを省略して使用する．塗装後研磨の省略できるノンサンド形プライマーサーフェーサーも市販されている．

2.4 JISにない高性能塗料

2.4.1 不飽和ポリエステル樹脂塗料

塗膜形成要素として不飽和ポリエステルとビニル系モノマー（多くの場合，スチレンモノマー）とを用いて作った塗料である．スチレンは塗料の溶剤としての作用を担うとともに，硬化にあたりエステル鎖の二重結合部で橋かけし，網目構造を有する塗膜を形成する．この塗料の乾燥（硬化反応）には過酸化ベンゾイルや過酸化メチルエチルケトンのような有機過酸化物の重合触媒（反応開始剤）と，その反応を促進するオクトイン酸コバルトやジメチルアニリンのような促進剤が慣用されている．

（1） 一般的性質

この塗料の乾燥には溶剤の蒸発や酸素の供給は必要なく，副生物の放出なしに硬化するので，厚塗りでも，短時間で塗膜ができる．硬化塗膜は化学抵抗に優れ，耐熱性・電気絶縁性も良好である．しかし，多液形としなければならないのは不便である．

（2） 組　成

不飽和酸としては無水マレイン酸・フマル酸が用いられ，酸成分として飽和酸の無水フタル酸・アジピン酸などが変性剤として併用されることもある．アルコール成分にはエチレングリコール・プロピレングリコール・ジエチレングリコール・ジプロピレングリコールなどが使用される．共重合成分には主としてスチレンが用いられるが，ビニルトルエン・アクリル酸エステル類・メタクリル酸エステル類も用途に応じて用いられる．

重合開始剤・促進剤は前述のとおりであるが，逆に重合の反応を遅延させたり，安定性を高めたりする抑制剤にはハイドロキノン・フェノール類・芳香族アミンがあり，適宜使用される．ポリエステルの橋かけ硬化には空気中の酸素が負触媒として作用するから，これを防止するため通常微量のパラフィンを加え，塗膜の表面に浮かせ，空気との接触を遮断して硬化させる．パラフィンの添加の代わりにアクリル誘導体を導入して，パラフィン除去を要しないノンポ

リッシュ形も作られている．

(3) **種類と用途**

① **ポリエステルワニス** 家具・楽器などの木工塗装に使用される．

② **ポリエステルエナメル** 楽器の高級仕上げに使用される．

③ **ポリエステル下地類** パテとサーフェーサーがある．

いずれも基材と硬化剤を別の色で作り，両者の混和状態が外観でよく判別できるようにしたものが多い．サーフェーサーは木工・重車両外板・工作機械などに使われる．パテは車両（重・乗用）外板・工作機械・産業機械などに使われる．いずれも JIS の規定がない．

2.4.2 熱硬化性アクリル樹脂塗料

加熱乾燥性の塗料としてアミノアルキド樹脂塗料と双壁をなす塗料である．モノマーの組合せとその配合比率によって，硬質でたわみ性のないものから，軟質で加工性のよいものまで，広範囲の性能の塗料が作られている．特にメタリック塗装が増加している乗用車上塗り塗料には多量に使用されている．

(1) **一般的性質**

硬度・耐汚染性・耐薬品性・耐候性・保色性・耐熱性などはアミノアルキド樹脂塗料に比べて優れている．

(2) **組　成**

アクリル樹脂はヒドロキシエチルアクリレート・グリシジルメタクリレート・アクリル酸などの官能基をもつモノマーと，アクリル酸エステル・メタクリル酸エステル・スチレンなどの非官能性モノマーとの共重合体を主成分とし，これにアミノ樹脂やエポキシ樹脂を橋かけ剤として加工したもので，アミノ樹脂/アクリル樹脂の混合比は，20～40/80～60 が一般的である．

また，メチロール化したアクリルアミドを官能成分とするものは自己硬化するが加熱硬化温度はかなり高くなる．なお，脂肪族系炭化水素（例えばヘプタン・シクロヘキサン）を分散媒とし，アクリル樹脂を分散させたいわゆる不溶性ポリマーと，前記溶剤に可溶性ポリマーとをグラフトあるいはブロック結合

させた NAD (non-aqueous dispersion；非水分散) 塗料は，ソリッド分が高く，公害対策上有効であるとして注目されている．

(3) 種類と用途

熱硬化性アクリル樹脂塗料はその変性によって多くの種類がある．それらの品質の範囲を規定することは困難で，塗料メーカと需要家との協定規格はあるが，JIS は制定されていない．用途として多いのは自動車上塗り塗料・プレコートメタル用塗料・家庭電器用塗料などで，その他，金属製品・食缶にも相当量が使用される．

2.4.3 シリコーン樹脂塗料

無機質のシロキサン結合(Si-O-Si)を骨核とし，側鎖にメチル基やフェニル基などの有機基が結合したオルガノポリシロキサン（シリコーン樹脂）を展色材とする塗料である．

(1) 一般的性質

シロキサン結合は炭素結合(C-C)に比較して結合エネルギーが高く，非常に安定な結合である．そのため優れた耐熱性・柔軟性・耐光性・電気絶縁性などの特徴をもっている．

(2) 組　成

メチルシリコーン・メチルフェニールシリコーンなどの純シリコーン樹脂を原料とするものと，アルキド・エポキシ・フェノール・アクリル・メラミンなどで変性したシリコーン樹脂を原料とするものとがある．

(3) 種類と用途

(a) シリコーン樹脂系耐熱塗料　この塗膜は加熱温度が 200℃ でも優れた保色性と光沢保持性がある．300℃ 以上で有機成分が酸化して除去されてもシリカが残る．特にアルミニウム粉を配合すると鉄面に固く結合して残り，500℃ の高温にも耐える．

(b) 無機質系ジンクリッチ下塗り塗料　アルキルシリケートを主体とする高濃度亜鉛末塗料［JIS K 5553 (厚膜形ジンクリッチペイント 1 種)］は大型鋼

構造物の重防食塗装系下塗り塗料として極めて優れた防せい力を発揮する．

（c）**各種変性シリコーン樹脂塗料**　アルキド樹脂・アクリル樹脂などで変性したシリコーン樹脂塗料はポリイソシアネートなどの硬化剤と併用することにより非常に強固な（Si-O）結合を形成して高度の耐候性を発揮するために，建築物の外装や建材に適用されて，塗装のコストメリットに寄与している．

（d）**着雪氷防止塗料**　シリコーン樹脂表面の疎水性と特殊金属塩の親水性により金属表面にぜい(脆)弱な氷の層を形成し，これによって結氷の固着力が低下し比較的弱い外力ではく(剝)落する．この性能は寒冷地でその威力を発揮している．

2.4.4　電着塗料

電着塗装の原理はかなり以前から知られていたが，実用化への道が大きく開かれたのは，塗料の水性化技術に長足の進歩がみられた1960年代に入ってからである．更に省力化・環境対策・安全性などへのニーズが高まって，その発達をますます加速させた．電着塗装は塗料浴中に水溶性塗料や水分散性塗料を入れ，これに金属性被塗物体を浸し，被塗物と浴のタンク又は電極のいずれか一方を陽極，他方を陰極として直流電流を通じ，ちょうど電気めっきのように被塗物面に塗膜を形成させる方法である．被塗物を陽極とする場合をアニオン形電着塗料，陰極とする場合をカチオン形電着塗料と呼ぶ．

（1）**一般的性質**

普通のつけ塗りでは塗料が入り込まない複雑な部分や狭い部分にも均一な塗装ができ，防食性が向上すること，水系のため火災の危険性がないこと，塗装の自動化・省力化が容易であること，大気汚染が少ないことなどの点が長所としてあげられる．

（2）**組　成**

アニオン形電着塗料では，いわゆるポリカルボン酸樹脂を主ビヒクルとし，その樹脂も初期にはマレイン化油やエポキシエステルなど，天然不飽和油を主体とするものであったが，やがて液状ポリブタジエン系が主流になった．ポリ

カルボン酸樹脂はそれ自身は水に溶けないが，塩基性物質でカルボン酸を中和し塩とすることによって水に溶けるようになる．中和剤として一般に使用されるのは，アンモニア・アミン類（アルカノールアミン・アルキルアミン・環状アミンなど）やか性カリなどの無機塩基類である．また樹脂の水溶化を助けるためにブチルアルコール・セロソルブなどを多少用いる．更に水に不溶性の溶剤で塗膜の均一性，浴中での安定性を目的として石油系・脂肪族あるいは芳香族炭化水素又はこれらの混合物を用いる．顔料はpH 7～9 の範囲の水溶液中で変質・溶解せず，塩基及び樹脂と反応しない着色顔料，体質顔料が使用される．

一方，カチオン形電着塗料はポリアミン樹脂を主体樹脂とする．基本樹脂としてエポキシ樹脂とアミン又はポリアミド樹脂の付加物に橋かけ剤としてイソシアネートを用いるのが一般的である．イソシアネートはTDIが慣用され，一価アルコールでブロックした形で導入する．水溶化するには酸で中和して，中和塩の形で水に溶解させる．酢酸又はその誘導体が多い．水溶化を助ける補助溶剤としてはエチレンアルコール類・ジエチレンモノアルキルエーテル類・脂肪族アルコール類・酢酸エステル類・ケトン類などのうち，水溶性溶剤が用いられる．

（3）　種類と用途

多量販売されているが，特定の工業ラインで使用されることが多いので，JISでは規定されていない．大別すると次のとおりである．

（a）　**アニオン形電着塗料**　主要樹脂・顔料を含む塗膜形成成分が水中で負に荷電し，被塗物を陽極として電着する形であり，自動車及び自動車部品・家庭電器・サッシなど建材に用いられている．

（b）　**カチオン形電着塗料**　アニオン形と反対に塗膜形成成分が水中で陽に荷電し，被塗面を陰極として電着する形である．強防食性であることから自動車ボデープライマーに使用される．素地面の金属イオンを塗膜中に呼び込むことがないため塗膜の変色がなく，白又は淡彩仕上げとすることもできる．

（c）　**微粒粉体形電着塗料**　粉体粒子に電気流動性のある水溶性樹脂を吸着させたもので，厚膜が得られる特性をもつ．

2.4.5 粉体塗料

粉体塗料は有機溶剤や水を使用しない粉末状態で塗装する固形分100％の塗料である．静電吹付け法・流動浸せき法など種々の方法で塗装し，塗料を融点以上に加熱して被塗物表面上で溶着させ，連続皮膜を形成させる一種のホットメルト形塗料である．塗料は回収して再使用できるので塗装に際して塗料の損失が少なく，無公害・省資源形塗料として有望なタイプである．

（1） 一般的性質

無溶剤であるため，有機溶剤の毒性や光化学公害のおそれや火災などの危険性がなく，1回の塗装で幅広い厚さの塗膜が得られ，塗装工程の合理化が可能である．また，たれなどの塗装欠陥が起こりにくいので自動化が容易であり，塗料の粘度調整やセッティングが不要で管理が簡単である．しかし，新規塗装設備が必要で，色替えが困難などの短所もある．

（2） 組　成

主原料である合成樹脂や顔料は従来の溶剤系塗料と比べて大きく変わるものはない．熱可塑性粉体塗料では塩化ビニル樹脂・ポリアミド樹脂（ナイロン）・ポリエステル樹脂・ポリエチレン・ポリプロピレン・ふっ素樹脂・セルロースアセテートブチレート（CAB）などが用いられる．熱硬化性粉体塗料では基体樹脂と硬化剤とからなる．基体樹脂がエポキシ樹脂のときの硬化剤はジシアンジアミド・酸無水物・イミダゾール・三ふっ化ほう素などが，ポリエステル樹脂のときはブロックイソシアネート・アルコキシメチロールメラミン・酸無水物及び多価カルボン酸・トリグリシジルイソシアヌレート・エポキシ樹脂・過酸化物などが，アクリル樹脂のときはアルコキシメチロールメラミン・ブロックイソシアネート・多価カルボン酸などが用いられている．

なお，その他の助剤として，塗面を平滑にするなどの効果のある添加剤が少量加えられる．

（3） 種類と用途

粉体塗料も電着塗料と同様に工業ラインでの使用が多い塗料であり，日進月歩の開発研究が進められている状況にあるため，JISはまだ制定されていない．

塗料の種類としては熱可塑性と熱硬化性を含めて多くの種類があり，それぞれの目的と用途に応じて使い分けされている．

代表的なものは次の3種類である．

（a）　**エポキシ樹脂系粉体塗料**　物性・耐食性・耐薬品性・電気絶縁性などが優れているが，屋外ではチョーキングする．機器・電気製品・鋼管内外面などに普及している．

（b）　**アクリル樹脂系粉体塗料**　耐候性・硬度・耐汚染性などが優れているので，自動車，家庭電器・ガードレール・建材類に使用される．

（c）　**ポリエステル樹脂系粉体塗料**　耐候性・耐食性・物性・耐薬品性などの諸特性のバランスがとれており，薄膜化もしやすい．各種自動車部品・農機具・道路標識などに使用されている．経済的な優位性とともに将来はかなり発展が期待されるものと考えられる．

2.4.6　特殊機能性塗料

すべての塗料に共通の機能は美観と保護である．これにつけ加えて更に，ある特殊あるいは卓越した働きを期待する塗料を特殊機能性塗料と称する．既にこれまでに述べた中の電着塗料・粉体塗料などはこれに属する．この種の塗料は特定のユーザに対して，メーカがその固有技術を発揮して出現したものが多いので，規格には取り上げられていないのが普通である．

その主要なものを分類列挙して簡単な解説を記す．

（1）　**省資源・低公害関連**

（a）　**ハイソリッド形塗料**　塗装時に蒸発する成分をできる限り少なくしたもので，非水ディスパージョン（NAD）及び各種の多液形塗料がある．

（b）　**水溶性塗料**　アクリル樹脂・ポリエステル樹脂系の塗料で，常温橋かけ形のものと加熱硬化形のものがあり，般用・工業用の分野に普及している．

（c）　**無機質塗料**　シリケート類を主体にしたもので，高濃度亜鉛末塗料として最も多量に使われているが，耐熱性に優れていることと，有機質との複合体が特殊な性能を示すことから注目されてきた．鋼材の防せいに用いるJISと

してK 5552（ジンクリッチプライマー）及びK 5553（厚膜形ジンクリッチペイント）が制定され，いずれも1種（無機質系）・2種（有機質系）の2種類がある．

（2） 防食・防汚・環境保全関連

（a） 厚膜形重防食塗料　ポリアミド硬化形無溶剤エポキシ樹脂系の被覆材料は数mmの厚さの塗膜が得られ，海洋構造物の飛まつ帯に適用される．ビニルエステル系樹脂に，りん(鱗)片状のガラスフレークを混合したタイプは塗膜の遮断性が抜群に優れ，超高耐食用塗料として各種貯蔵タンクの内面に用いられる．

（b） 海中防汚塗料　塗膜表面から防汚剤を溶出して，海水中の生物の付着を防止する塗料で，海洋構造物・発電所の冷却水管・ブイ・定置網・船舶などに適用される．付着生物にはフジツボ・セルプラ・ホヤ・アオノリ・アオサなどがあり，防汚剤には歴史的な亜酸化銅と近年は有機すず化合物が使われる．防汚剤の溶出は樹脂の性質によるところが大きく，松脂（ロジン）が広く使われてきた．船底塗料には自己研磨形防汚塗料が普及した．これはトリブチルすずメタクリレート共重合体で，航海中に塗膜の自己研磨性により塗面が平滑になり，燃料消費を節減するものである．

（c） 防虫塗料　防虫塗料には，塗膜表面に殺虫剤が折出しそれに接触した昆虫を殺す殺虫塗料と木材内部に浸透して昆虫による食害を防ぐ防腐塗料とがある．殺虫剤・防腐剤などの薬剤は人畜無害で持続性があり，いずれは分解して無害になるものが好ましい．殺虫剤には有機塩素化合物（γ-BHC・クロルデンなど），及び有機りん系化合物などが使われる．木材腐食は菌類・シロアリ・ヒラタキクイムシなどによるもので，防腐剤は非常に種類が多く，タール系・フェノール系・ナフテン酸塩・有機すず化合物・クロルナフタリン類・キノリン系などがある．

（d） 防かび塗料　かびによる被塗物の被害は温暖多湿のわが国にあっては無視できない．米軍規格による通信機用防かび塗料から端を発して，多くの分野で適用されている．塗料原料の中には，繊維物質や油脂類のようにかびの栄

養源になるものとジンククロメートや亜鉛華のように抑制剤になるものがある．エマルションペイントには防かび剤が含まれているが，かびの種類によって効果のある防かび剤を選択して調合する必要がある．建築物用防かび塗料は食品衛生関連だけでなく，今日では電子機器関連の建屋壁面にも適用され注目を集めている．

（e）　**防音塗料**　吸音・遮音・共振防止の機能をもつ塗料で，厚膜弾性のビヒクルにバーミキュライトのような吸音材を配合したものである．建物・自動車・車両・キャビネット類などに適用される．

（f）　**防露塗料**　水蒸気を含んだ空気が冷却し露点温度に達すると結露する．この結露現象は建物の壁面やダクトや配管の表面に多く見られる．結露防止用塗料は合成樹脂エマルションにパーライト・けい藻土・ひる石・顔料などを調合したもので，厚膜で多孔性の塗膜が得られ，その吸湿性・放湿性によって結露を防止するとともに，かび抵抗性並びに断熱効果も併せもっている．

（g）　**着雪氷防止塗料**　雪や氷が着かないためには発熱体でなければならないが，付着したものが取り除きやすいということは重要な機能である．寒冷海域で航行し操業する貨物船や漁船は，その欄干や手すりに大量の氷が付着してバランスを失い大事故に至ることがある．そのため氷を除去することは非常に大事な作業であるが，通常はその付着力が強く大変な重労働を伴う．その付着力を低減して除去作業を容易にする塗膜を形成するのが着氷防止塗料であり，同じ狙いで除雪にも有効である．組成はシリコーン樹脂系が臨界表面張力の小さいことと，ゴム弾性の温度依存性の小さいことから使われ，特殊な添加剤によってその効果が高められる．

（h）　**貼紙防止塗料**　街を歩くと，電柱・歩道橋・塀などにところかまわずポスターやちらしなどがはられ，その一部がはがれたりして大変汚らしく見苦しくなっているのが目につく．貼紙防止塗料を施した塗膜には，テープ類は全く付着せず，のりや接着剤を多量に塗りつけてもこれが乾くとすぐにはがれてしまうという特徴がある．ガラスビーズを包含して塗膜に凹凸のあることと，表面張力を小さくしていることが寄与しているもので，近年著しく普及してき

た塗料である．

（3） 熱・温度・光・電気関連

（a） 耐熱塗料　有機質合成樹脂塗料の塗膜は一般に熱に弱く，300℃を超えると分解する．けい素樹脂あるいはこれと有機質の複合体は500℃の高温に耐え，ブチルチタネートは600℃以上にも耐える．色はアルミ粉や耐熱性顔料を使うのでかなり限定されたものになる．

（b） 示温塗料　特定の温度で変色する顔料を調合した塗料で，一度変色しても温度が下がると元の色に戻る可逆形と元に戻らない不可逆形とがある．不可逆形の顔料は熱分解によって変色するもので，ビヒクルは200℃以下ではラッカー系が，これを超える場合はシリコン樹脂系が使われる．可逆形顔料はよう化水銀錯塩が主なもので，メチルメタクリレート・酢酸ビニル共重合樹脂が用いられる．粘着テープに加工して，測定箇所にはりつけて使うこともできる．

（c） 紫外線硬化塗料　紫外線照射によって硬化する塗料で，二重結合をもった不飽和ポリエステル・シリコーンポリエステル・アクリル系合成樹脂に光増感剤を添加したものである．紙・合板・プラスチック・金属厚板などの加熱硬化できない材料の短時間硬化形塗料として使われる．

（d） 電子線硬化塗料　150～300 keV の電子線照射によって，1秒未満の瞬時に塗膜が硬化乾燥するもので，アクリル系・エポキシ系・ポリエステル系・ウレタン系・メラミン系の不飽和プレポリマーが主体である．電子線加速器が高価であることと，不活性ガスを充満したX線遮へい装置内で施工しなくてはならない点が短所であるが，得られる塗膜は光沢・硬度が非常に高く，各種耐久力も抜群である．瓦や室内装飾板に実用化されている．

（e） 放射線防汚塗料　レントゲン室の円壁や放射線医療器などは時間とともにその表面が放射線によって汚染される．塩化ビニル樹脂系塗料は汚染を受けにくく，汚染されたときの除染剤によって侵されることがない，施工性のよい塗料である．汚染塗膜をはがして塗り直すはく離形もある．

（f） 帯電防止塗料　プラスチックなどの絶縁体の表面に，摩擦により発生する静電気を放電して，静電気によるトラブルを防止する塗料である．その塗

膜の体積抵抗率が $10^6 \sim 10^8 \ \Omega \cdot cm$ 程度のものである．導電性フィラーとして，銅・アルミニウム・銀などの金属粉やカーボンブラック及び各種の帯電防止剤が使われる．近年急速な発展をみたエレクトロニクスやバイオテクノロジー及び精密機器の諸分野では，生産環境を極端にまで清浄化する必要があり，そのためのクリーンルームの発展と普及に目覚ましいものがある．クリーンルーム用塗料は天井・壁・床及び器材に施工されて，継ぎ目や段差をなくし，帯電防止効果によってじんあい（塵埃）の付着を，また，かび抵抗性によって微生物の生育を防止する機能を発揮するものである．

（g）**導電性塗料** 導電性フィラーをバインダー（結合材）で鎖状連結したもので，電子機器に塗装して妨害電波を遮へいするものである．導電性フィラーには金・銀・銅・ニッケルなどの金属粉とカーボンブラック・グラファイト・カーボン繊維などが使われる．バインダーは使用目的に応じて，熱可塑性から熱硬化性まで各種の樹脂が使われる．

（h）**磁性塗料** 磁気テープ・磁気カードなどの磁気記録材料に用いられる．有機系熱可塑性樹脂をバインダーとして，γ-酸化鉄あるいは還元鉄（磁性鉄粉）などの磁性材料の極微粉末を，高密度で均一に分散させた塗料である．この特徴は塗料の貯蔵中に磁性粉末が沈降や凝集を起こさないこと，塗膜中に磁性粉末が均一に分散していること，耐摩耗性・耐熱性・耐汚染性が優れていることなどである．特に磁気特性の経時変化がないことと，ほこりの付着や静電気障害の防止のため，塗膜の固有抵抗は $10^7 \Omega \cdot cm$ 以下であることが必要である．

（i）**電波吸収塗料** 電子機器では系外からの電磁波を遮断してその影響を受けないことが必要である．電磁エネルギーを吸収する方法として，導電率によるもの，誘電損失によるもの，磁性損失によるものがある．施工には，反射体表面に被覆材料を設置する方法と塗装する方法がある．

フェライト形電波吸収塗料はフェライト粉末を厚膜形のエポキシ樹脂塗料に調合したものである．吸収能は塗装膜厚精度に強く依存するので施工性が重要であり，膜厚は対象電波の波長の 1/10 が目安となるので数 mm 程度である．レーダ探索精度の向上のために飛行場施設・船舶・橋梁に施工され，逆にレーダ

による捕捉を避ける軍事目的で兵器類に施工されたり，身近には高層建築物による電波反射などで起こるテレビゴーストの防止を目的に建物に施工される．同じ機能塗料に電磁波シールド塗料がある．ニッケル粉末を配合した導電性塗料で，ケーシングに被覆してアースに接続し，透過する電磁波を捕捉し電流に変えて地中に逃がすものである．

3. 塗料・塗装技術の基礎

3.1 塗料の流動性

3.1.1 ずり応力とずり速度,ニュートン流動

塗装現場では作業者の経験によって適度と思われる粘度に希釈された塗料が塗装されることが多い."シャバシャバしている","ポテポテしている","ネバネバしている"といった表現で表される塗料の流動性のもつ意味をよりよく理解できれば,塗装作業性や仕上がり外観性を考える上で大きな助けになる.本節では塗料の流動性を理解するための基礎的な考え方について述べる.

図3.1のように,塗料が薄い液層が重なったものであると考える.厚さh,面積Aの層に力Fがかかり変形した場合を考えると,ずり応力(せん断応力ともいう.)Sは力を面積で割ったものであり,

$$S = F/A \tag{3.1}$$

変形の速度をvとすると,ずり速度(せん断速度ともいう.)Dは,

$$D = dv/dh = v/h \tag{3.2}$$

また,ずり応力とずり速度の関係は,

$$S = \eta D \tag{3.3}$$

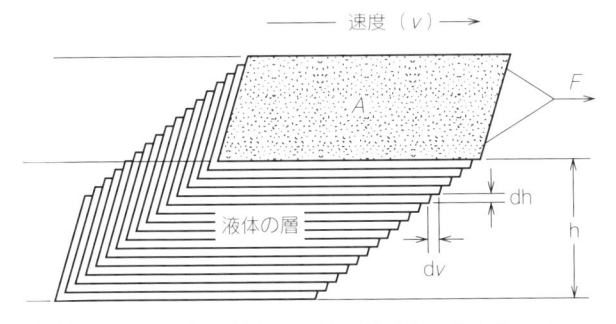

図3.1 ニュートン流動における液体層の平行板モデル

この比例定数 η は塗料の変形に対する抵抗，すなわち内部摩擦を意味し粘性係数（ここでは粘度という．）である．式(3.3)は図3.2のaに示す直線関係を示しており，粘度の大きさはこの直線の傾きの大きさで示される．こうした直線関係が成り立つ場合をニュートン流動（Newtonian flow）と呼ぶ．

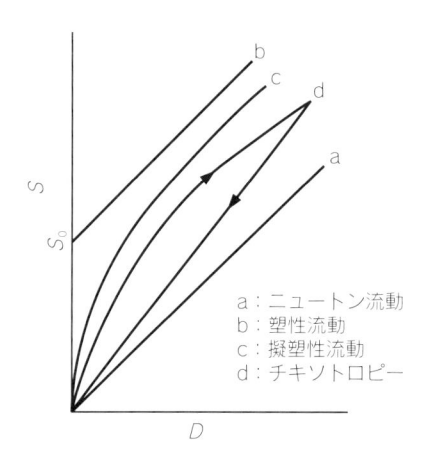

図3.2　液体の流動パターン

a：ニュートン流動
b：塑性流動
c：擬塑性流動
d：チキソトロピー

3.1.2　構造粘性，降伏値，チキソトロピー

溶剤や多くのワニス溶液はニュートン流動を示すが，顔料や微粉シリカ，アマイドワックス，マイクロゲルなどの粒子を分散した塗料では異なった流動パターンを示す．これは図3.3に示すように，静置状態では粒子が互いに橋かけした構造をとり，力をかけるとその構造が壊れることによって粘度が変化するためであり，これを構造粘性という．構造粘性を示すものは，図3.2のaのように比例関係を示さず，b，c，dのような流動パターンをとることが多い．

図3.2のbは塑性流動あるいはビンガム流動（Bingham flow）と呼ばれ，一定のずり応力 S_0 がかかるまで変形が生じない流動パターンをもつものである．

$$S = S_0 + \eta' D \tag{3.4}$$

ここで，η'：塑性粘度，S_0：流動が始まるずり応力であり，降伏値と呼ばれる．

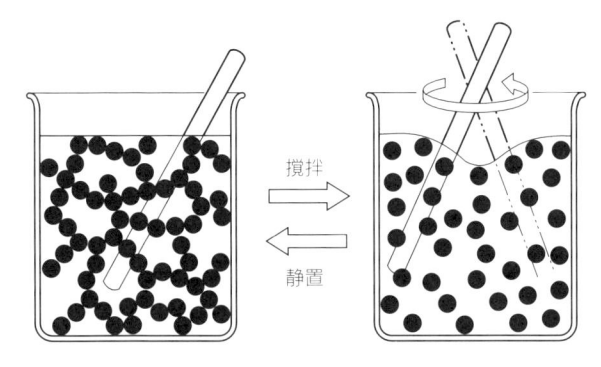

図 3.3 粒子分散系の構造粘性

cの流動挙動は擬塑性流動と呼ばれ，降伏値はもたないが，ずり応力とずり速度の関係がべき乗則で示されるものである．

$$S = KD^n \tag{3.5}$$

ここで，K：定数，n：粘度指数と呼ばれる定数である．

式(3.5)は S と D の両者を対数でプロットをすれば直線関係になることを示している．近年，自動車上塗り塗料として脚光を浴びているマイクロゲルを主成分とした水性ベースコートでは，式(3.5)の K，n を規定することで塗装作業性を規定する考え方が示されている．

また，dはチキソトロピーと呼ばれ，流動パターンは擬塑性流動と同様であるが，粒子の橋かけ構造を壊していく過程と，壊された構造が静置によって回復する過程に時間の差があり，履歴（ヒステリシス）をもつものである．b，c，dのような塗料では，粘度はずり速度によって変化するので，測定ずり速度での"みかけ粘度"を測定することになる．はけ塗りやスプレー塗装に用いられる多くの粒子分散系の塗料は擬塑性流動あるいはチキソトロピーを示し，降伏値をもつものは少ない．しかし，顔料を高い濃度で含むパテなどの塗料は塑性流動を示すことが多い．経験的な"シャバシャバ"という表現は粘度（と降伏値）が低いもの，"ポテポテ"は粘度も降伏値も高いもので，"ネバネバ"は弾性的な意味あいも含まれると考えてよいだろう．

粒子分散系の塗料では，今まで述べたほかに，次のカッソン（Casson）式が，ずり速度とずり応力の関係を説明するのに適合性が高く，極めて有用な式である．

$$S^{\frac{1}{2}} = K_0 + K_1 D^{\frac{1}{2}} \tag{3.6}$$

ここで，K_0：$D=0$における応力（降伏値 S_0）の平方根，K_1：高ずり速度下での粘度の平方根を示す値で残留粘度と呼ぶ．

この式は $S^{\frac{1}{2}}$ と $D^{\frac{1}{2}}$ をプロットすれば直線関係になり，直線を $D^{\frac{1}{2}}=0$ まで外挿した値から容易に降伏値を得ることができるので極めて便利な式である．図3.4に，フタロシアニンブルーをアクリル樹脂に分散した塗料のカッソン・プロットを示す．図に示すように良好な直線関係が得られ，顔料容積濃度（PVC）の増大によって降伏値が大きくなることを読みとることができる．

式(3.6)は分散媒がニュートン流体である場合に適用され，分散媒が非ニュートン流体である場合の式も報告されているが，多くの塗料用樹脂溶液はニュートン流体であり，式(3.6)を考えればよいだろう．

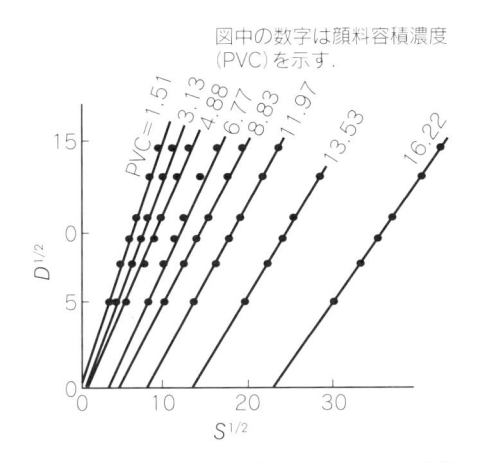

図3.4 フタロシアニンブルーをアクリル樹脂に分散した系のカッソン・プロット[1]

3.1.3 濃度の影響，温度の影響

（1） 濃度の影響

塗料をシンナーで希釈していくと粘度が低下する．こうした場合の粘度変化を示す最も簡単な式として，ポリマーの粘度 η_p と溶剤の粘度 η_s から混合物の粘度 η は，

$$\log \eta = \phi_p \log \eta_p + \phi_s \log \eta_s \tag{3.7}$$

ここで，ϕ_p, ϕ_s：おのおのポリマー・溶剤の体積分率（体積の割合，$\phi_p + \phi_s = 1$）である．

式 (3.7) は均一に溶解した樹脂溶液の場合であるが，多くの塗料では顔料を分散している．また，エマルション塗料のように樹脂そのものが粒子として分散媒に分散している場合もある．粒子の濃度が変化した場合の粘度変化については多くの式が発表されているが，ここではエマルション塗料について考えてみよう．

粒子分散系では，箱の中にボール玉をつめたときのように，系の中で粒子が占めることのできる最大充てん時の体積分率 ϕ_m に対し実際の体積分率 ϕ が変化したとき粘度がどのように変化するかを考えなければならない．

一例としてクリーガー・ドガーティ（Krieger-Dougherty）式をあげる．

$$\eta/\eta_0 = [1 - \phi/\phi_m]^{-k\phi_m} \tag{3.8}$$

ここで，η_0：分散媒（水）の粘度，k：定数である．

（2） 温度の影響

塗料を貯蔵したり塗装する際に，温度によって粘度が変化することは日常的にみられる現象である．温度上昇によって粘度は低下するが，樹脂溶液の温度と粘度の関係を示す最も簡便な式に次のアンドレード（Andrade）式がある．

$$\eta_T = A \exp(Ev/RT) \tag{3.9}$$

ここで，η_T：温度 T での粘度，A：定数，R：気体定数，Ev：粘性流動の活性化エネルギーである．

この式は，粘度の対数と絶対温度の逆数（1/T）をプロットすれば，図 3.5 にみられるように直線関係が得られ，その傾きから Ev が求められることを示

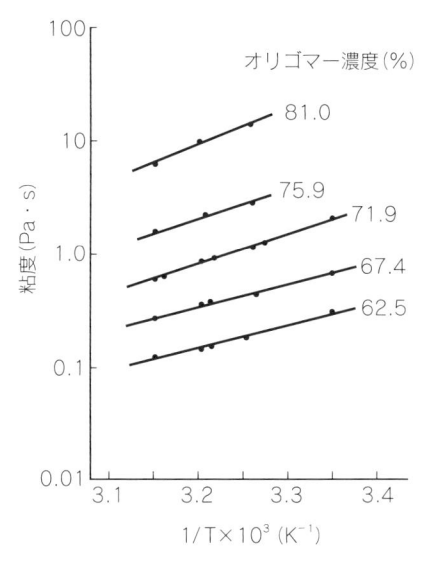

図 3.5 アクリル樹脂（Mw=8420）溶液の
アンドレード・プロット[2]

している．この Ev は温度によって粘度変化が大きいかどうかの尺度となる．例えば，ポリマーそのものの Ev をみると，柔軟な構造のポリジメチルシロキサンでは 16.7 kJ/mol，ポリエチレンテレフタレートでは 79.2 kJ/mol，ポリスチレンでは 104.2 kJ/mol である．塗料では溶剤を含むため数 kJ/mol のオーダーであり，用いた塗料種，濃度によって異なった値をとる．

アンドレード式は簡便なためよく用いられるが，より厳密には WLF（Williams-Landel-Ferry）式の方が適合性が高いことが知られている．塗料のレオロジーについて詳しくは章末の参考文献に示した成書を参照されたい．

3.1.4 塗装時のずり速度

塗装作業性に及ぼす粘度の影響を考える場合には，塗装作業におけるずり速度がどの程度であるかを知っておく必要がある．表 3.1 に塗料の製造・塗装工程のずり速度を示す．はけ塗りでは 5 000～20 000 s^{-1}，スプレー塗装におけるス

プレーガン先端部では 500 000～1 000 000 s^{-1} という極めて大きなずり速度である．また，被塗物に塗着した塗料がたるみやレベリングを生じる際のずり速度は 0.01～0.10 s^{-1} と極めて小さい値である．

測定上の課題はあるが，塗装作業性やレベリング・たるみを評価するには対応するずり速度の粘度を知ることができれば，試験結果との相関性を把握することができよう．JIS K 5600-2-3 には 5 000～20 000 s^{-1} の範囲のずり速度での粘度測定法としてコーン・プレート粘度計法が示されている（JIS K 5600 シリーズの規格名称は，巻末参考 3. を参照．）．

表 3.1　各工程のずり速度

	ずり速度 (s^{-1})
貯　　蔵	＜0.001
分　　散	100～40 000
混　　合	20～100
ポンピング	10～200
はけ塗り	5 000～20 000
スプレー塗装	500 000～1 000 000
ローラ塗装	3 000～40 000
浸せき塗装	10～100
流し塗り	10～100
たるみ	0.01～0.10
レベリング	0.01～0.10

3.1.5　はけ塗り

はけ塗りの場合，はけを動かすのに必要な力の大きさが塗装作業性の良否として作業者に判断され，はけが重い感じがして塗りにくい塗料は塗装作業性に劣ることになる．

はけ塗りの場合に，素材とはけの間に厚さ h の塗液層がはさまれ，一定の面積 A で素材に平行にはけが移動し，はけの下では層流であると考えると，図 3.1 と全く同じなので，ずり速度 D は式 (3.2) より求められる．例えば，はけ

の移動速度 $v=1$ m/s, $h=50$ μm とすると $D=20\,000$ s^{-1} となる．ハウスペイントやエマルション塗料では，このような高いずり速度で測定した場合の粘度が低い塗料ほど官能評価による塗装作業性が良好であり，低いずり速度で測定した粘度の序列とは相関がないことが知られている．

はけにかかる力を求めるには，式(3.1)，式(3.2)で示したように，$S=F/A$，$D=v/h$ であるから，これを式(3.3)，$S=\eta D$ に代入するとニュートン流体では，次式を得る．

$$F=A\eta v/h \tag{3.10}$$

この式にはけ塗りの条件を入れると，はけにかかる力を得ることができる．久下靖征[3]はひずみゲージをつけた八角弾性リングと塗装板を組み合わせて，実際のはけ塗りによって生じる水平・垂直方向の力を測定した．これらの力はいずれも式(3.10)と同形で，補正係数 a，b を加えただけである．

$$F=aA\eta v/h+b \tag{3.11}$$

このようにして求めた粘度の異なるニュートン流体のはけ塗りの際に水平方向にかかる力 F_h，垂直方向にかかる力 F_v とはけの速度の関係を図3.6に示す．この図は粘度の高いものほどはけの運行により大きな力を必要とし，はけの速度の増加によって F_h は増加するが，F_v は減少することを示している．久下はカッソン流体についても同様の検討を行っている．

3.1.6　スプレー塗装
（1）　エアスプレー塗装

スプレー塗装は気流と液流を衝突させ，霧吹きのように微細な液滴を作ることによって均一に塗装する方法であり，工業塗装で最も広く用いられている塗装方法である．この微細な液滴を作るプロセスを微粒化といい，微粒化の程度は塗膜の外観性（ゆず肌）に大きな影響をもつ．微粒化の良否を判定するには液滴の粒径を測定するのがよい．抜山四郎と棚沢泰はアルコール，重油などのニュートン流体の微粒化の際の平均粒径 x に及ぼす各種因子の影響を，次の実験式で示し，この式が微粒化を考える基本的な式になっている．

3.1 塗料の流動性

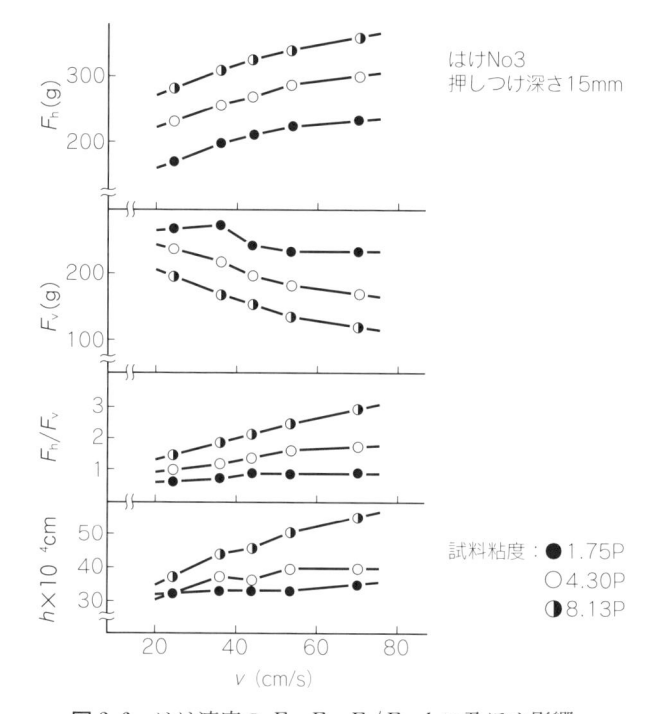

図3.6 はけ速度の F_h, F_v, F_h/F_v, h に及ぼす影響
（ニュートン流体の場合）[3]

$$x = 585\frac{\sqrt{\gamma}}{v\sqrt{\rho}} + 597\left(\frac{\eta}{\sqrt{\gamma\rho}}\right)^{0.45}\left(\frac{q_L}{q_A}\times 10^3\right)^{1.5} \qquad (3.12)$$

ここで，γ：表面張力，ρ：密度，η：粘度，v：気流・液流間の相対速度，q_L, q_A：液体，気体の流量である．

この式は γ, η が大きく ρ が小さければ粒径が大きくなることを示しているが，より大きな影響をもつのが q_L/q_A 比である．したがって，通常のエアスプレーガンでは，塗料の吐出量（q_L）と空気量（q_A），すなわち霧化エア圧が微粒化の支配因子と考えてよいだろう．

図 3.7 はレーザ光散乱法による粒度分布測定装置を用いて，スプレーパターン中における平均粒径の分布を示したものである．x 軸がスプレーパターンの中心軸である．図 3.7 の例では，y 軸方向にみると中心に近い方が粒径が小さ

く周辺部が大きい，また x 軸方向にみるとスプレーガン先端から離れるに従い粒径が増大し，粒子間の衝突が生じていることなどがわかる．

　エア霧化方式の塗着効率（使用した塗料中の素材に塗着した塗料の％）を向上するために静電塗装が用いられるが，静電の印荷は粒径には影響しないことが最近の報告で明らかになっている．こうした粒径の測定ではどのようにサンプリングするかの問題が大きく注意を要する．

　エアスプレー塗装では塗着した塗料ミストが次々と重なり，その結果，ゆず肌（オレンジピール）と呼ばれるみかんの肌のような凹凸を形成する．ゆず肌は，ラッカー塗料のように溶剤を多量に含む塗料では，塗着した塗料層内部の対流によって生じる亀甲状の模様，いわゆるベナード・セルの形成のために生じることもあるが，現在用いられている通常の工業用塗料ではスプレーミストによって形成された凹凸が主因であることが知られている．乾燥過程でその凹凸の高さ（振幅）は変わるものの，長さ（波長）は変化しない．したがって，

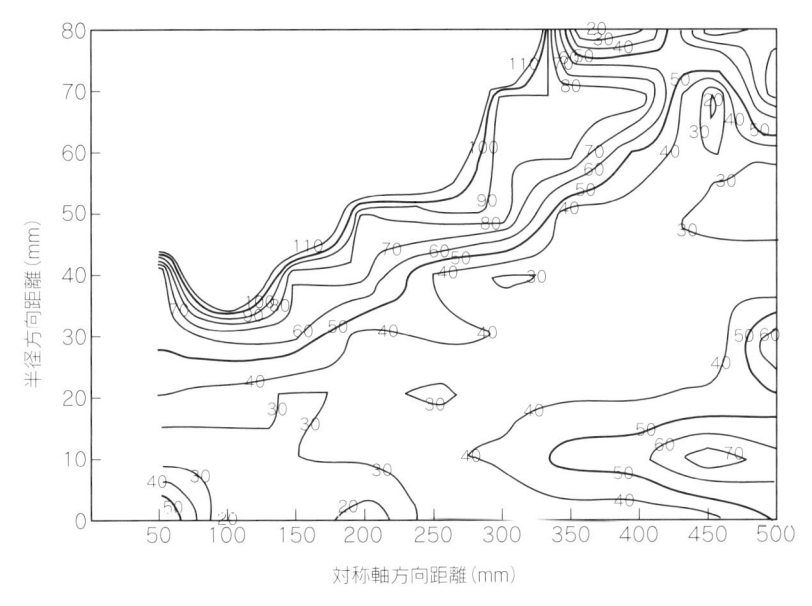

図3.7　エアスプレーパターン中のミストの粒度分布の例[4]
（図中の数字の単位は μm）

微粒化をよくすることはゆず肌の改良に効果が大きい．しかし，あまり液滴の粒径が小さくなるとスプレー時の気流に運ばれて塗料が素材に塗着せず，塗着効率が低下する．このような観点から，近年，大量の空気を低圧で用いて霧化するHVLP（High Volume Low Pressure）ガンが開発されている．

（2） エアレススプレー

エアレススプレーは霧化に気流を用いるのでなく，塗料そのものに高圧（9.8〜24.5 MPa）をかけ，スプレーガンのノズルから噴射する際にガン先端部の空気に衝突させることで霧化させる方式であり，構造物・船などの大面積の塗装に広く用いられている．

エアレススプレーガン先端部でのずり速度 D は次式で与えられる．

$$D = 4W/\pi r^3 \rho t \tag{3.13}$$

ここで，W：時間 t に流れる塗料質量，r：ガンノズルの半径，ρ：塗料密度である．

通常の塗装条件を代入すると D は $1\,000\,000\,\text{s}^{-1}$ のオーダーになり，極めて高い値であることが知られている．エアレススプレー塗装では，このずり速度よりも小さいずり速度で乱流となる塗料が塗装作業性がよいと指摘されている．層流か乱流かはレイノルズ数（Reynolds Number, N）によって与えられる．

$$N = dv\rho/\eta \tag{3.14}$$

ここで，d：導管の径，v：液体の線速度である．

また，ポリマー溶液では $N = 8\sim10\times10^3$ で層流から乱流になると考えられる．したがって，$1\,000\,000$ 以下のずり速度で N が $10\,000$ 以上である塗料はエアレススプレー作業性がよいといえよう．

エアレススプレーにおいても微粒化は塗膜外観性上重要である．塗料の特性と粒径の関係を検討した結果，粒径はカッソン式の残留粘度が大きいほど大きく，表面張力・密度は大きいほど小さいが，後二者の影響はあまり大きくないことが知られている．また，エアスプレーでは吐出量が増大すると粒径が増大するが，エアレススプレーでは吐出量の増大は塗料圧力の増大を意味するため粒径が小さくなることが知られている．

3.1.7 レベリングとたるみ

(1) レベリング

はけ塗りのはけ目，スプレー塗装のゆず肌，ローラー塗装の縞（リブ）の発生は日常的にみられる現象である．このような塗膜の凹凸は塗料が流動性をもつ場合はやがて消失するが，そのまま残って塗膜外観性不良として問題になる場合も多い．塗装された直後の塗膜は溶剤蒸発によって系の粘度が上昇し，次第に流動性を失う．焼付形塗料では焼付け初期に温度上昇による粘度低下があるが，いずれにしても塗装後の流動性が塗膜の凹凸の消失やたるみを支配する．

レベリングは図 3.8(a) に示すような凹凸が消失して平たんになることをいう．図に示すように，はけ目やゆず肌が正弦波のうねりをもつと考え，その波長を λ，振幅を A，塗液層の厚さを h とすると，ニュートン流体のレベリングは一定時間後の振幅の変化で求めることができる．

$$ln\frac{A_t}{A_o} = \frac{-16\,\pi^4 h^3 \gamma}{3\,\lambda^4 \eta} \tag{3.15}$$

ここで，A_o，A_t：初期，t 時間後の振幅である．

この式はレベリングには膜厚が 3 乗で，波長が 4 乗で影響することを示している．しかし，これらは塗装条件による因子なので，塗料の因子という点からみると表面張力が大きく，粘度が小さいほどレベリングしやすいことになるが，実際には変化の大きい粘度がレベリングを支配する．式(3.15)は，粘度が観測時間中は変わらないことを前提にしているが，実際の塗料では粘度は溶剤蒸発や焼付けによって変化するので，粘度の逆数を時間積分した形を用いる．

$$ln\frac{A_t}{A_o} = \frac{-16\,\pi^4 h^3 \gamma}{3\,\lambda^4} \int_o^t \frac{dt}{\eta} \tag{3.16}$$

この $\int_o^t dt/\eta$ は流動性を示す尺度になるため流動量と呼ばれる．

また，式(3.15)から振幅が半減 ($A_t/A_o = 0.5$) する時間 $\Delta t_{0.5}$ は，次のように求められる．

$$\Delta t_{0.5} = \frac{0.00133\,\lambda^4 \eta}{\gamma h^3} \tag{3.17}$$

3.1 塗料の流動性

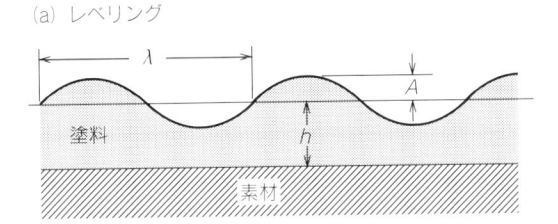

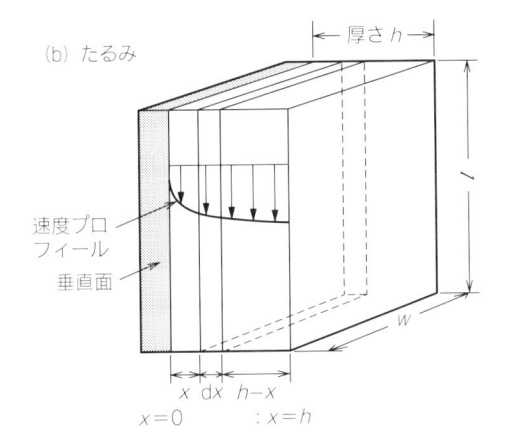

(a) レベリング

(b) たるみ

図 3.8 レベリングとたるみのモデル

例えば，$\gamma = 35\,\mathrm{mN/m}$，$A_o = 0.08\,\mathrm{mm}$，$h = 0.1\,\mathrm{mm}$，$\lambda = 5\,\mathrm{mm}$ とすると，粘度が 1 Pa·s，10 Pa·s の塗料では $\Delta t_{0.5}$ はおのおの，24，240 s となることが計算できる．

今まではニュートン流体について述べたが，カッソン流体のように降伏値をもつものでは，降伏値が大きければレベリングできないことになる．レベリングする際の最大応力 $S_{\max}$ は次式で与えられる．

$$S_{\max} = 8\,\pi^3 \gamma A h / \lambda^3 \tag{3.18}$$

この値より降伏値が大きければレベリングは生じず，はけ目やゆず肌はそのまま残ることになる．

（2） たるみ

傾斜面に塗装された塗料がたれ落ちる現象をたるみという．たるみには柱状，

カーテン状，ひだ状の現象がみられるが，図3.8(b)のようなモデルを考えたとき，ニュートン流体ではたるみのずり速度 D，たるみの長さ l，たるみの量 q は以下のように求めることができる．

$$D = (\rho g/\eta)(h-x) \tag{3.19}$$
$$l = t(\rho g/2\eta)h^2 \tag{3.20}$$
$$q = w\rho g h^3/3\eta \tag{3.21}$$

ここで，$(h-x)$：表面からの距離，t：時間，w：たるみの幅である．

ここでも粘度がたるみの支配因子になり，粘度が時間とともに変化する場合は，例えば q は次のように考えればよい．

$$q = \frac{w\rho g h^3}{3}\int_0^t \frac{dt}{\eta} \tag{3.22}$$

Wu[5]は各種の流動特性をもつ塗料が，2 mil 厚（＝49 μm）でたるみを生じないために必要な特性値を表3.2のように示している．表中の n，S_0 は塑性流動の一般式を前提にしている．

$$S = S_0 + \eta_0' D^n \tag{3.23}$$

表3.2 2 mil（50.8 μm）厚でたれを生じないレオロジカルな要求値[5]

	たれの長さが次の値より小さくなるために必要な粘度 (Pa·s，ずり速度 1 s^{-1})			
	0.01 mm	0.1 mm	1 mm	10 mm
ニュートン流動 （$n=1$，$S_0=0$）*	760	76	7.6	0.76
擬塑性流動 （$n=0.5$，$S_0=0$ の場合）	16	5	1.6	0.5
ダイラタント流動 （$n=2$，$S_0=0$ の場合）	2×10^6	2×10^4	200	2
ビンガム流動 （$n=1$，$S_0\neq0$）	たれやたるみを生じないために $S_0=0.5$ N/m² 以上の降伏値が必要			

注* $S=S_0+\eta D^n$，S：ずり応力，S_0：降伏値，η：粘度，n：定数
備考 10分の観測時間を考え，膜厚，温度，組成の変化がないことを仮定．

これは，式(3.4)，式(3.5)を組み合わせた形である．

塗装時のレオロジーやレベリング，たるみについての詳細は章末の参考文献の成書に詳しいので参照されたい．

3.2 塗膜の機械的性質

3.2.1 機械的性質とは

塗膜には機械的・光学的・電気的・磁気的・熱的性質などの物理的性質及び表面的性質や化学的性質などの様々な性質が用途に応じて求められる．この中で，機械的性質 (mechanical property) は物体に外力がかかった場合の物体の力学的な応答を意味し，力学的性質とも呼ばれる．

材料は使用環境下で，急激な，あるいは緩慢な，また持続的な，あるいは断続的な様々な外力を受け，結果的に引張・圧縮・曲げ・せん断・ねじりといった静的な力や衝撃・摩耗などの動的な力を受ける．塗膜の外力に対する力学的な応答の考え方は基本的に多くのポリマーと同様であるが，塗膜の場合は薄膜であり，素材への付着力が測定結果に大きな影響をもつことを考慮しなければならない．そこで，本節では塗膜の力学的性質の基本的な考え方と，付着力などの関連する性質について述べる．

3.2.2 引張特性，粘弾性

塗膜の機械的性質を知るためには，まず塗膜の引張特性の意味について理解することが大切である．すずはく(箔)に塗装した後に，水銀アマルガム法によってすずはくを取り除くなどの方法で得た単離膜を，一定の幅に切り出し引張試験機にかけると，塗膜の力学的性質によって図3.9にみられるような様々な応力—ひずみ曲線が得られる．応力とは，物体に外力がかかりひずみが生じたときに物体の内部に生じる反応力のことであり，引張荷重 F を試験片の断面積 A で割ったものである ($\sigma = F/A$)．また，ひずみは変形量である．

ポリマーや塗膜は粘性と弾性を併せもっており，この特性を粘弾性という．

これは力がかかればすぐに変形する弾性を"ばね"，力をかけても変形するのに時間の遅れを生じる粘性を"ダッシュポット（ピストン）"のモデルに当てはめて考えることができる．このばねとダッシュポットをおのおの単独で，あるいは両者を最も簡単な形で組み合わせて2種類の引張速度で引張った場合の応力―ひずみ挙動を図3.10に示す．同図(a)はばねのみであり，応力 σ とひずみ ε の間に比例関係が成立する．

$$\sigma = E \cdot \varepsilon \tag{3.24}$$

ここで，E：弾性率（ヤング率）であり，式(3.24)はフック（Hooke）の法則としてよく知られている．引張試験の初期段階では，ばねの部分のみが応答するから傾きから弾性率を求めることができる．ばねは即時に応答するが，同図(b)のようにダッシュポットのみの場合は一定の応力でどんどん変形する．同図(c)はばねとダッシュポットが並列に組み合わされたものでホークト（Voigt）モデル，同図(d)は直列に組み合わされたものでマックスウェル（Max-

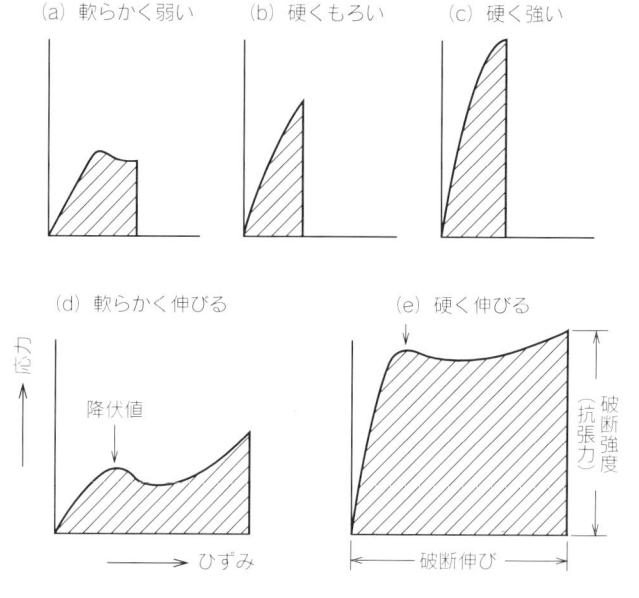

図3.9 塗膜の応力―ひずみ曲線による分類[6]

well)モデルと呼ばれる．同図(d)では初期にばねが応答し，やがてダッシュポットも動き出すので，図3.9の分類の一つに類似した応力—ひずみ挙動となる．もちろん，実際のポリマーや塗膜はもっと複雑であり，ばねとダッシュポットが幾つか組み合わされた3要素・4要素・多要素モデルでの解析が試みられているが，ここでは粘弾性体であるという意味を理解いただきたい．塗膜やポリマーはその種類によってばねやダッシュポットの大きさが異なると考えればよい．

さて，図3.9に戻ろう．図3.9に示すように塗膜は"硬い"，"軟らかい"，"強い"，"弱い"，"もろい"，"伸びる"といった様々な表現で，その機械的性質が

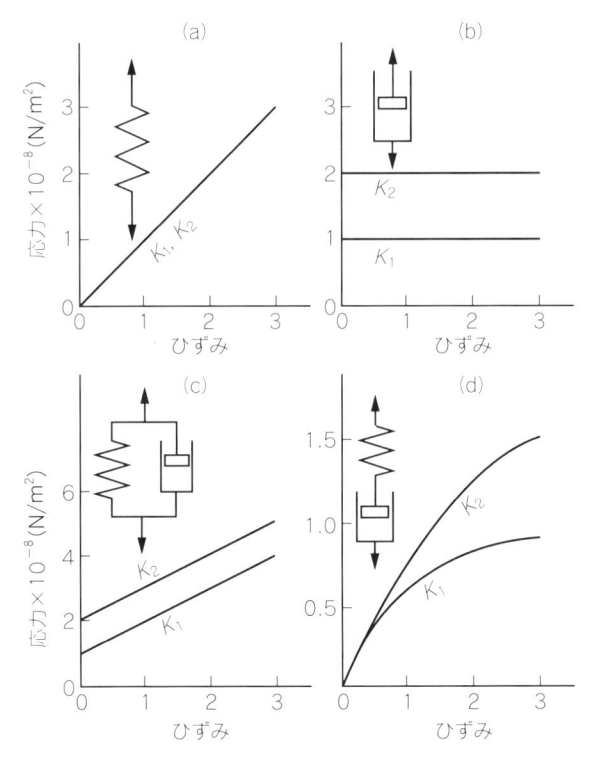

図3.10 試験速度 K_1 及び $K_2=2K_1$ における簡単な模型の応力—ひずみモデル $K=d\varepsilon/dt$ [6]

示される.これを図に基づいて述べると,"硬い","軟らかい"は引張初期の応力—ひずみ曲線の傾き,すなわち式(3.24)の弾性率の大小を意味する."強い","弱い"は縦軸の応力の大きさを示し,その最大値を塗膜の抗張力と呼ぶ.また,"もろい","伸びる"は横軸のひずみ量,あるいは伸び率($\Delta L/L$)の大小を表し,"強じん(靭)"な塗膜というのは抗張力,伸び率ともに大きい塗膜を意味する.また,図3.9(d),(e)に示すように,引張初期の弾性変形ののちに応力—ひずみ曲線がピークを示す場合があり,このピークを降伏値という.このピークの手前までは,引張りをやめると塗膜はもとの長さに戻るが,このピークを超えると応力は増大しないまま大きく伸び,この段階は塗膜中の分子同士がずれて変形が生じていることを示しており,力を取り去っても最初の長さには戻らない.実際の塗膜の引張特性は表3.3のように分類できよう.表には代表的な塗膜の例を併記した.

塗膜は粘弾性体であるので,引張速度や試験温度によってばねやダッシュポットのきき方が変化する.一般的にいって,引張速度が大きくなったり,温度が低くなれば,塗膜は硬く,強く,もろい方向に変化する.図3.11にあまに油変性アルキド樹脂塗膜の引張特性に及ぼす引張速度と温度の影響を示す.

表3.3 塗膜の引張特性値による分類と代表例[7)]

分 類	破断強度 (MPa)	破断伸び (%)	代 表 例
(a) 軟らかく弱い	<5	<20	きり油変性グリセリンエステル,ひまし油変性フェノール
(b) 硬くもろい	>10	<7.5	ニトロセルロース,PMMA,塩化ビニル,エポキシ・フェノール
(c) 硬く強い	>15	7.5~20	酢酸ビニル/塩化ビニルコポリマー,ポリビニルブチラール
(d) 軟らかく伸びる	5~15	>20	酢酸ビニル,中油(あまに油)アルキド,エポキシ・ポリアミド,MMA/EA コポリマー
(e) 硬く伸びる	>15	>20	テフロン,PET

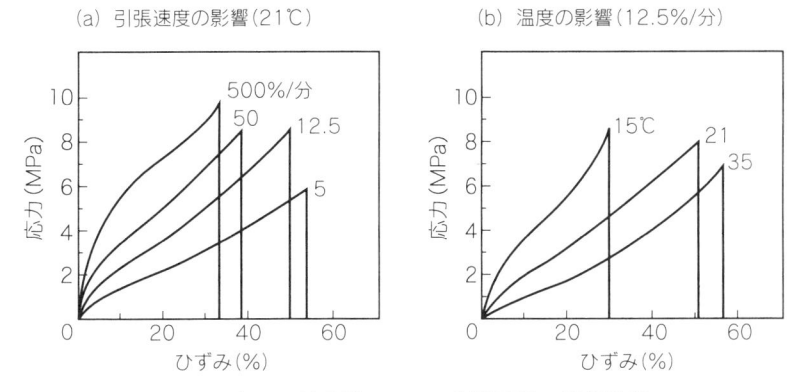

(a) 引張速度の影響(21℃)　　(b) 温度の影響(12.5%/分)

図 3.11 あまに油変性アルキド樹脂塗膜の引張特性に及ぼす引張速度と温度の影響[7]

3.2.3 ガラス状態，ゴム状態

塗膜の性質を考えるうえでもう一つの重要な点は塗膜がガラス状態にあるのか，ゴム状態にあるのかということである．図 3.12 にポリマーの弾性率の温度による変化を示す．この図は温度によって弾性率が大幅に変化し，その変化の激しい温度域が転移域である．転移域より低い温度では，ポリマーの熱運動は凍結されてあたかもガラスのような状態にあるのでガラス状態という．また，転移域より高い温度ではポリマーはゴムの性質を示しゴム状態という．ポリメチルメタクリレート・ポリエチレンテレフタレートなどのポリマーは室温ではガラス状態を示し，シリコーンゴムは室温ではゴム状態を示す．ガラス状態にあるポリマーは加熱によってゴム状態から流動状態になり，ゴム状態にあるポリマーを冷却するとガラス状態になる．このガラス状態とゴム状態の変曲点は例えば 10^4 N/cm (10^9 dyn/cm^2) の弾性率が目安になり，これをガラス転移温度（Tg）と呼ぶ．Tg を境にして弾性率・硬さ・粘着性・気体透過性などは大きく変化するので，Tg は塗膜物性を知る上で重要な指標になり熱分析・体積変化・動的粘弾性測定などの方法によって求められる．

また，図 3.12 のゴム平衡状態の弾性率 E_2 から，ポリマーが硬化反応によって橋かけしている程度を知ることができる．すなわち，硬化反応による橋かけ

点間の分子量 M_c と E_2 の関係は，

$$M_c = 3\rho RT/E_2 \qquad (3.25)$$

ここで，ρ：密度，R：気体定数，T：ゴム平衡状態の温度である．

M_c は小さいほど硬化が進んでいることになり，M_c と E_2 は反比例の関係にあるから，図の E_2 の値が大きいほど M_c は小さい．また，全く橋かけしない熱可塑性樹脂では E_2 はみられず，転移域から流動域になり弾性率は一方的に低下する．橋かけすれば塗膜は硬く強くなり，力学的性質に大きく影響する．

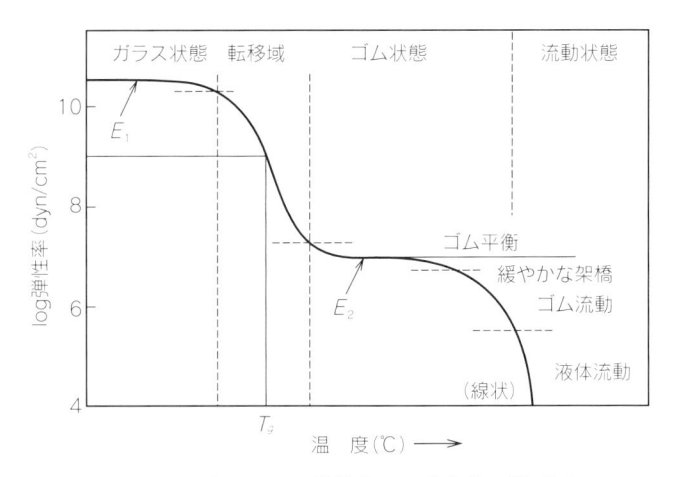

図 3.12 ポリマーの弾性率―温度曲線の模型図

3.2.4 硬さ，たわみ性，耐衝撃性

（1） 硬　さ

われわれは硬さについてあるイメージをもっているが，実際には硬さという言葉の中には，①材料に圧子を押し込んだ場合の抵抗，②材料を硬く鋭いもので引っかいた場合の抵抗，③弾性エネルギーのような反発効率を意味する場合があり，硬さを定義することは容易ではない．例えば，コインで塗膜をひっかいてみるとその塗膜が軟らかいか硬いかが官能的に判断できるが，この場合，①～③のすべて，特に②を直観的に評価していることになろう．ちなみに，爪

を立ててみる場合の人間の爪は鉛筆硬度でいえば H 程度である．ハードコートと呼ばれる塗膜では 5 H あるいは 8 H といった硬さが要求される．JIS K 5600-5-4 には鉛筆ひっかき硬度が，K 5600-5-5 には荷重針法によるひっかき硬度が規定されている．

軟らかい弾性材料の平板に，それよりもはるかに硬い球形の圧子を押し込む場合は，明らかに試験片の弾性率 E を求めていることになる[6]．すなわち，

$$E = 3(1-\nu^2)F/4\,h^{\frac{3}{2}}r^{\frac{1}{2}} \tag{3.26}$$

ここで，ν：材料のポアソン比，F：荷重，h：侵入深さ，r：球の半径である．

一般的にいえば，硬さは弾性率を示す特性と考えられるが，塗膜の試験として用いられる鉛筆硬度は塗膜の破壊に対する抵抗力を，スオード硬度計などの振かん硬度は塗膜の粘弾性特性を評価しているといえる．また，実際の硬さの測定では下地の影響が極めて大きいので注意する必要がある．

(2) **たわみ性と強さ**

あらかじめ塗装した平板の鋼板を波形や箱形に折曲げ加工することはプレコート鋼板の世界では日常的に行われている．また，塗膜は使用環境下での素材の変形に追随できるたわみ性が求められる．このたわみ性は引張試験によるひずみ量で評価される．

図 3.13 にはアルキドメラミン樹脂塗膜の引張特性に及ぼす焼付温度の影響を示す．焼付温度の上昇とともに弾性率，抗張力は増大し，破断伸び率の減少がみられる．この図は焼付温度の上昇とともに塗膜が硬く，強く，もろくなる傾向を明りょうに示しているが，更に焼付温度が上昇しオーバーベークになると硬くもろい傾向のみが目立つようになるのが一般的である．

塗膜の伸びを簡便に判断する方法には耐屈曲性試験があり，JIS K 5600-5-1 には円筒形マンドレル法が規定されている．

塗膜の耐候性を抗張力や伸び率の変化からみると劣化しやすい塗膜であるかどうかが明りょうにわかる場合が多く，塗膜の抗張力の変化から耐候性を予測する提案もなされている．図 3.14 はアクリル・メラミン樹脂クリア塗膜の促

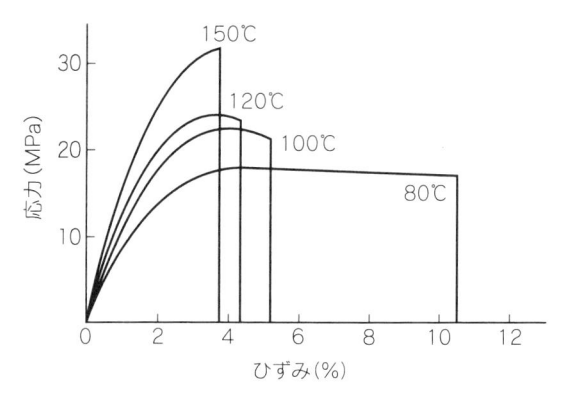

図3.13 アルキド・メラミン樹脂塗膜の応力―ひずみ曲線に及ぼす焼付温度の影響，メラミン樹脂濃度20%[8]

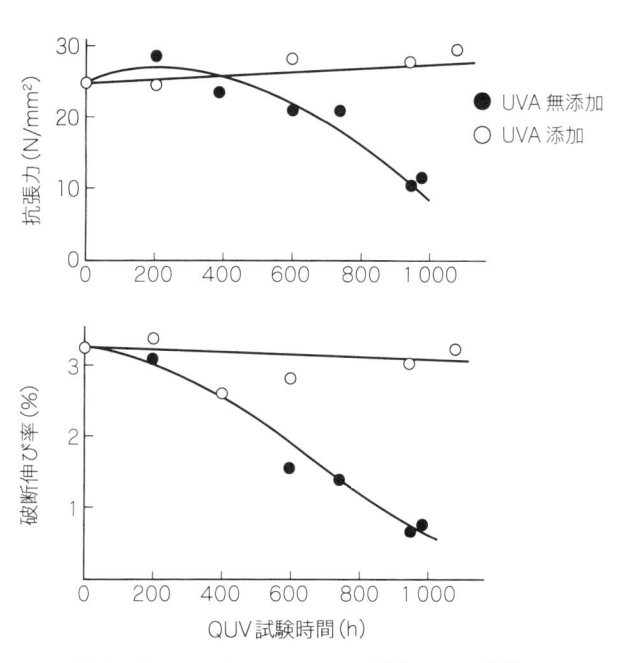

図3.14 アクリル・メラミン樹脂クリア塗膜の促進耐候性試験による引張特性の変化

進耐候性試験による抗張力と伸び率の変化を示したものであり，紫外線吸収剤(UVA)を添加した塗膜は無添加の系に比べ耐候性が大幅に改善されることがわかる．

（3） 耐衝撃性

塗膜の耐衝撃性はおもりの落下による衝撃によって，塗膜に割れやはがれが生じるかどうかを評価するのが一般的である．このように耐衝撃性は，1/100〜1/10 000 秒といった短時間の衝撃的な荷重による破壊への耐性をみるものである．したがって，引張速度が極めて大きい場合の引張試験の応力―ひずみ曲線下の面積（破断エネルギー）との対応を考えるのが最も妥当性がある．変形速度が極めて大きい場合には塑性変形を伴わない弾性変形の挙動をみることになり，プラスチック分野ではこうした考え方に基づく試験がなされ，よい相関が得られている．しかし，塗膜では高速引張試験そのものが難しく十分な報告例がない．

耐衝撃性は塗膜のガラス転移温度(Tg)，粘弾性の観点からも多くの議論がある．特に Tg 以上の温度では応力緩和が短時間で行われるので，測定温度よりも低い Tg をもつ塗膜は耐衝撃性がよいことが報告されている．

JIS K 5600-5-3 には一定の丸みをもつおもりを落下させ，割れ，はがれの有無を判定する耐おもり落下性が規定されている．

自動車塗装の分野では，一定サイズの砕石を圧縮空気とともに吹き当てたり，鋼球を高速で塗膜に衝突させるなどの耐チッピングと呼ばれる試験が行われている．こうした試験も含め，塗膜の耐衝撃性の評価は塗膜の破壊エネルギーや Tg のほかに，下地との付着性の良否が極めて大きな影響をもつことを考慮に入れておく必要がある．

3.2.5 耐摩耗性

摩耗は塗膜表面が砂やワイヤブラシなどの硬い材料でこすられて生じる塗膜の破壊現象である．したがって，この場合も塗膜の破壊エネルギーとの関連を考えることが必要であるが，摩耗に対しては様々な要因が関連し複雑である．

ゴム分野では摩耗量 Q は次式で与えられており[6]，塗膜の摩耗を考えるうえで参考になろう．

$$Q = KE'\mu Ft/U \tag{3.27}$$

ここで，K：定数，E'：動的弾性率，μ：摩擦係数，F：荷重，t：時間，U：破壊エネルギーである．この式は E'，μ が大きく，U が小さいほど摩耗量が大きいことを示している．

ガラス状態であるニトロセルロース塗膜上に砂を落として摩耗量を測定した例では，摩耗抵抗は $U^{\frac{1}{4}}$ に比例するとの報告がみられる．また，現実の摩耗では引っかき抵抗との関連を考える必要がある場合が多い．テーバー試験機などの摩耗試験機のほとんどはサンドペーパーによる摩耗量を測定している．これらは引っかきによる表面近傍の破壊現象であるといえよう．破壊現象であれば硬化の進んだ塗膜ほど［式(3.25)の M_c 参照］破壊に大きな力を要すると考えられるので，摩耗量が少ないはずであり，それを裏づける報告もなされている．しかし，摩耗については，ゴム状態とガラス状態に分けて，塗膜の弾性率・摩擦係数・破壊エネルギーといった特性値との関係を今後整理していく必要があろう．

JIS K 5600-5-8，-5-9 にはテーバー型摩耗試験法が，-5-10 には試験片往復法の摩耗試験が規定されている．

3.2.6　付　着　性

（1）付着の理論

素材に塗り広げられた塗料は乾燥・硬化して固体膜となり，素材から引き離そうとすると大きな力を必要とするようになる．この力が付着力である．素材との付着力の大きさは，たわみ性や耐衝撃性といった塗膜の実用性能に大きな影響をもつ．例えば，単離膜の引張試験による破断伸び率よりも，よく付着した素材上で素材と一緒に変形させた場合の方が伸び率が大きいことが知られている．これは素材に塗膜が付着することによって応力が一箇所に集中することなく分散するためであると考えられる．また，付着力は塗膜の耐食性に関連し，

3.2 塗膜の機械的性質

この場合は湿潤状態での付着力の大きさが問題となる．

接着剤や塗料では様々な付着（接着）の考え方が提案されている．しかし，付着力については，第一に分子間力を考える必要があろう．代表的な付着の考え方である吸着説は，第一段階として溶液（あるいは溶融）ポリマーが固体表面に拡散し，第二段階としてポリマーと素材の分子間距離が数Å以内に接近すると両者の間にファンデルワールス（van der Waals）力，あるいは極性基間の水素結合力が働いて吸着平衡になる，と考える拡散吸着の二段階説である．ファンデルワールス力はすべての分子間に働くので，分子が近接した場合の斥力を除いても 363 N/mm² という大きさになるという試算もされている．この値は塗膜の付着力の測定値より一桁大きく，逆にいうと，付着力はファンデルワールス力だけでも極めて大きいが，現実の塗膜の付着では様々な阻害因子が働いていることになる．

このほかに付着を説明する考え方には，

① 異種物質の接触界面によってできる電気二重層の電荷と電位差で付着力が決まるという電気説
② ポリイソブチレート同士の接着実験から，同種ポリマー界面での互いの分子の拡散が接着の決め手となるとする拡散説
③ 素材表面の凹凸にポリマーが入り込んで，形状的な足がかりによって付着力が増すと考える投びょう（錨）説

などが提唱されている．例えば，②の拡散説は特に熱可塑性プラスチック素材への塗料の付着によくみられる現象で，塗膜/素材界面では互いの分子が拡散し合っている分析データが多く報告されている．また，③はサンドペーパーによって素材表面を研磨すると付着力が向上することで説明される．研磨により表面特性が変わったり，後述の境界ぜい弱層（WBL：Weak Boundary Layer）が取り除かれることなどのほかに，表面積が増加するという表面形状面からの付着力向上効果も大きい．しかしながら，これらの説はいずれもある局面，現象をうまく説明することはできるものの，付着にかかわるすべての現象を説明することはできない．

（２） 塗膜の付着への影響因子

実際的な観点から塗膜の付着をみたとき，付着に大きな影響を与える要因として，①塗料のぬれ，②WBLの存在，③ファンデルワールス力以外の水素結合力や一次結合の有無，④内部応力の大きさ，を考慮しなければならない．またこのほかに，⑤付着力を測定する測定上の問題も大きい．

まず，①の塗料のぬれについて述べる．図3.15に示すように，固体表面に液滴を置いた場合の接触角 $\cos\theta$ が小さければぬれがよいことになる．ヤング（Young）式から，付着の仕事 Wa は固体表面から液体を引き離す仕事，すなわち固液界面が固体，液体それぞれの表面になる場合の表面エネルギーの差として考えることができるので，

$$\mathrm{Wa} = \gamma_S + \gamma_L - \gamma_{SL} = \gamma_L(1-\cos\theta) \tag{3.28}$$

ここで，γ_S，γ_L：固体，液体の表面張力，γ_{SL}：固体/液体の界面張力である．

γ_L が 50 mN/m のエポキシ樹脂接着剤を用い，それよりも低い γ_S をもつ各種ポリマーフィルムとのせん断付着力を測定すると，γ_S と付着力に比例関係があり，γ_S の増大によって付着力が向上することが認められている．例えば，ポリエチレンテレフタレート・ポリスチレン・ポリエチレン・テフロンの γ_S はおのおの，43，42，31，18 mN/m であり，通常の塗料はポリエチレンやテフロンには付着しない．

金属との付着においても，金属種により付着力が大きく変化する．表3.4に各種金属への塗膜の付着力を示す．

②のWBLについては，例えば，下塗り塗膜をアルコールやガソリンでふく

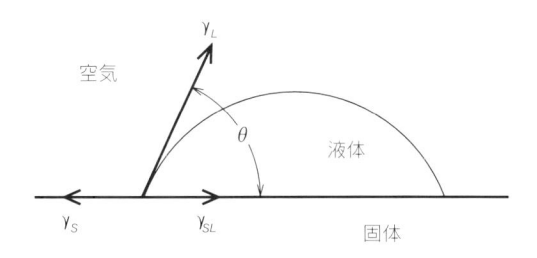

図3.15 固体表面への液体のぬれ

表 3.4 付着に及ぼす金属の種類の影響[9]

金　属	エポキシ樹脂塗料		短油アルキド樹脂塗料 (TiO_2：樹脂＝1：1)	
	強　度 (kg/mm)	はく離面積 (%)	強　度 (kg/mm)	はく離面積 (%)
亜　　鉛	49.1	大	22.9	100
カドミウム	36.5	大	30.9	100
ニッケル	90.2	0	55.1	100*
銅	54.5	15	62.7	25
銀	56.1	5	53.7	30*
す　　ず	90.2	5	43.1	100*
白　　金	90.2	0	64.5	80*
金	75.9	0	53.5	100

注* 極めて薄い層が金属面からはがれた．

と上塗り塗膜の付着力が向上することをよく経験する．プラスチックや塗装面には低分子量成分・表面張力調整剤・可塑剤・離型剤などが偏析して，強度的に弱い WBL を形成していることが多いので，サンディングや溶剤ぶきで取り除くことが有効である．

③はファンデルワールス力以外に塗膜/素材間に水素結合力や化学的橋かけによる一次結合力が期待できるかどうかである．これらの例としては，2 液形ポリウレタン塗料のイソシアネートと木材の水酸基の反応，シランカップリング剤と金属酸化物表面の水酸基との反応などによる付着力の向上があげられる．

④は内部応力の大きさである．塗膜は乾燥・硬化過程で溶剤蒸発などによる体積変化を生じ，それが緩和されない状態（すなわち塗膜の Tg が室温以上）になると内部応力となる．図 3.16 に示すように内部応力は付着力低下に大きな影響を与える．焼付け形塗料では，（通常，塗膜の Tg は焼付温度より低いので）焼付け時には内部応力は生じないが，焼付炉より取り出して冷却する過程で素材と塗膜の熱膨張係数の差によって，被塗物温度が塗膜 Tg 以下になると内部応力が発生する．これを熱応力という．

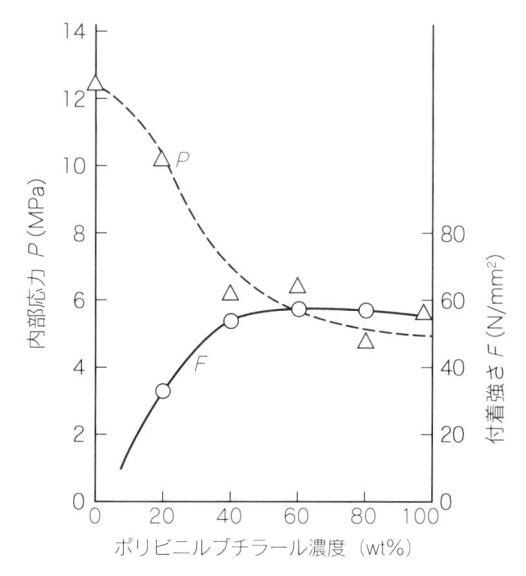

図 3.16 フェノール樹脂・ポリビニルブチラール系塗膜の付着強さ F と内部応力 P [10]

付着力はクロスカット法（JIS K 5600-5-6）・プルオフ法（JIS K 5600-5-7）・引張せん断法・トルクスパナ法・アドヒロメータ法など様々な方法で測定される．破壊された部位が塗膜/素材の界面であるのか，塗膜内部の凝集破壊であるのかは，力がかかったときに最も弱い箇所が破壊されるという観点からよく観察する必要がある．また，付着力の測定は塗膜の力学的性質を加味したものであり，試験方法，すなわち破壊の方法により値が変化することもよく心得ておく必要がある．

(3) 使用環境と付着力

種々な硬化剤を用いたエポキシ樹脂接着剤のはく離強さと橋かけ間分子量 M_c の関係を検討した例では，硬化剤の種類によらず接着剤の Tg が試験温度と同じときにはく離強度が最大になることが報告されている．このように，付着力と温度の関係はピークをもつ場合が多い．

水分も塗膜の付着力に大きな影響を与える．高湿度下あるいは水浸せきした

塗膜の付着力は一般に低下し，その程度は塗料タイプに依存する．図3.17に幾つかの例を示すが，図にみられるようにある湿度以上で付着力が急激に低下するものもあり，こうした塗膜ではその湿度条件で水吸着量が急増することが認められている．また，屋外暴露した塗膜の付着力を経時的にとっていくと，降雨日に付着力が低いことを明りょうに示す報告もあり，水分の付着力に及ぼす影響は大きい．高湿度下で付着力の低い塗膜は，塗膜/素材界面に水が保持されやすくさびが発生しやすい．したがって，湿潤付着力はさび発生を支配する重要な因子である．

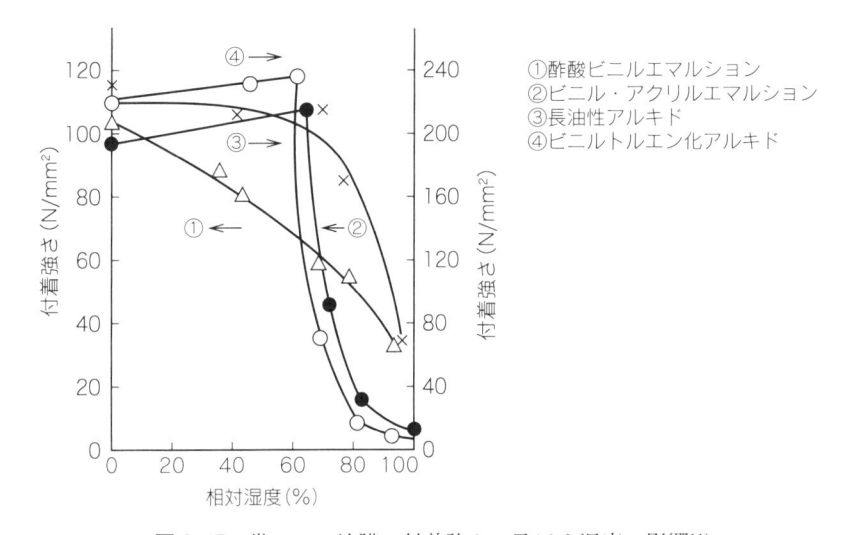

① 酢酸ビニルエマルション
② ビニル・アクリルエマルション
③ 長油性アルキド
④ ビニルトルエン化アルキド

図3.17 幾つかの塗膜の付着強さに及ぼす湿度の影響[11]

3.2.7 不粘着性，耐汚染性，耐洗浄性

塗装された板を積み重ねた場合や，夏の直射日光下で塗膜がべたつかないなどの不粘着性は実用特性として必要である．不粘着性については塗膜の Tg が支配因子となろう．塗膜を橋かけさせると Tg が上昇するので不粘着性の点で有利になる．JIS K 5600-3-6にはガーゼに一定時間，一定荷重をかけたときの表面の布目跡をみるA法，同様のことを高湿度下で行うB法が規定されてい

る．

　耐汚染性は，からし・ケチャップ・マーキングインキなどの屋内生活にかかわる汚染と，屋外の建造物の汚染などがある．汚染では汚染物質の塗膜への付着性と親和性及び汚染物質が塗膜内部に浸透しやすいかどうかが問題になる．また屋外の汚染では付着物質が雨で流されやすいかどうかが重要であり，近年，各種の方法で表面を親水化し，雨水によって汚れを落とす塗料が開発されている．汚染物質の塗膜内部への浸透は塗膜の極性と，Tg と橋かけ間分子量 M_c に依存し，Tg が高く M_c が小さいほど浸透しにくい．

　エマルション塗膜では，壁面の汚れを洗剤で洗浄する際の抵抗値を測る耐洗浄性がある．洗剤をつけた一定荷重のブラシを塗膜上を往復させて測定するが，この場合も，湿潤塗膜の摩擦に対する抵抗を測定していることになろう．

3.3 塗膜の機能

　塗装の目的は"保護"と"美観"を被塗物に与えることである．したがって，塗料を選択するにはこの二つの目的のいずれに沿った機能を有する塗料であるかを明確にすることが重要である．

3.3.1 保　　護

　塗装された金属は多くの分野で使用され，金属材料の防食法のうち，最も経済的であるのは"塗装"である．塗料は種々の形状の物にも塗装でき，補修管理次第では長期にわたって防食できる．ところがわが国の腐食損失額は年間数兆円以上であり，塗料による防食は極めて重要な課題である．

（1）　電気化学的腐食反応の基礎

　金属の保護とは金属の腐食（金属がそれを取り巻く環境と反応するときに起こる損耗）を抑制することである．腐食は三つの因子によって分類できる．

　第一は"湿食"と"乾食"の区別である．塗装の対象となる金属は一般に前者の腐食であり，液体又は水分が必要である．

3.3 塗膜の機能

表 3.5 腐食形態

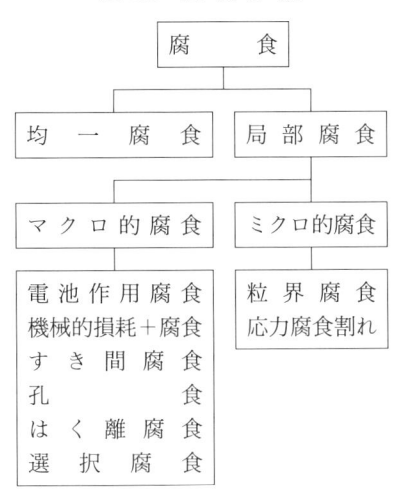

```
                    腐　食
            ┌─────────┴─────────┐
        均一腐食              局部腐食
                      ┌─────────┴─────────┐
                  マクロ的腐食          ミクロ的腐食
                ┌──────────┐       ┌──────────┐
                │電池作用腐食│       │粒 界 腐 食│
                │機械的損耗＋腐食│    │応力腐食割れ│
                │すき間腐食 │       └──────────┘
                │孔　　　食 │
                │はく離腐食 │
                │選 択 腐 食│
                └──────────┘
```

第二は腐食金属の外観による区別（表 3.5）であり，均一で表面全体にわたって同じ速度で金属が腐食するか，ごく限られた小さな部分が局部的に腐食するかである．

第三は腐食の機構の区別であり，電気化学反応と直接的な化学反応とがある．塗装される金属のほとんどは電気化学的に腐食される．例えば，塩酸中の鉄の挙動を肉眼で観察すると，鉄が徐々に溶けて気体が発生する．その反応は，

$$Fe + 2\,HCl \longrightarrow FeCl_2 + H_2 \tag{3.29}$$

である．ところが溶液中には正，負のイオンが含まれ，それゆえ上式は，

$$Fe + 2\,H^+ + 2\,Cl^- \longrightarrow Fe^{2+} + 2\,Cl^- + H_2 \tag{3.30}$$

となり，更に二つの分離反応と考えられる．

$$Fe \longrightarrow Fe^{2+} + 2\,e \tag{3.31}$$

$$2\,H^+ + 2\,e \longrightarrow H_2 \tag{3.32}$$

この式の反応はともに金属表面で起こる．式(3.31)は酸化であり，酸化の起こる場所は Anode, 式(3.32)の還元が起こる場所は Cathode と定義される．ここで電子及び水素イオンの流れは図 3.18 のように表すことができ，完全な電気

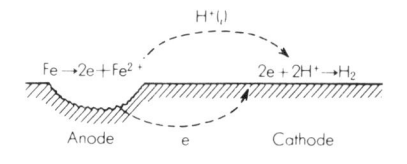

図 3.18 塩酸中の鉄の腐食

回路となり，電流は Anode から Cathode へと流れる．これが局部電池であり，腐食している金属表面に多数生じる．また式(3.32)の還元反応にも種々あり，例えば酸性溶液中での酸素還元

$$O_2 + 4H^+ + 4e \longrightarrow 2H_2O \tag{3.33}$$

中性又はアルカリ性溶液中の還元反応

$$O_2 + 2H_2O + 4e \longrightarrow 4OH^- \tag{3.34}$$

さらに金属イオンの還元，金属の析出

$$M^{3+} + e \longrightarrow M^{2+}, \quad M^+ + e \longrightarrow M \tag{3.35}$$

あるいは鉄中への水素の侵入反応

$$H^+ + Fe + e \longrightarrow Fe \cdot Had. \rightleftarrows Fe \cdot Hab. \longrightarrow H \text{ の拡散} \tag{3.36}$$

などがある．以上のように腐食は金属が酸化され，かつ電子が還元反応で消費されなければならない．同時に還元される物質，Anode と Cathode との間に電気回路を作りうるイオンがおのおの存在しなければならない．

一方，電流は Anode から Cathode へ溶液を通って流れるが，この駆動力は電位差である．例えば式(3.31)，式(3.32)のおのおのの平衡電位は Nernst の式から計算されるが，その場合，式(3.32)の水素反応の電位はゼロと定義され，ゆえに式(3.32)を規準にして式(3.31)は $-440\,\mathrm{mV}$ となる．いま，Anode, Cathode 間に電気抵抗無限大の液が存在するならば，両式の電位は変化しない（平衡反応）．しかし一般にはある有限の抵抗であり，電位の低い方向へと電流は流れ，これによりおのおのの電位は変化する．この変化は分極と呼ばれ，図 3.19 にその状態を示す．直線（実際には直線的でない）①，②は分極と呼ばれ，その交点 $E_{\mathrm{cor.}}$（腐食電位），$i_{\mathrm{cor.}}$（腐食電流密度）から腐食に対する情報が得られる．例えば金属の腐食速度 R は，

3.3 塗膜の機能

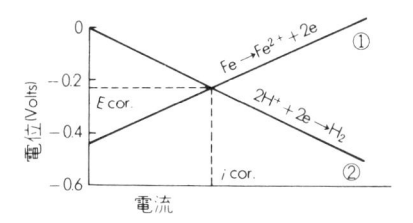

図3.19 塩酸中の鉄の分極

$$R = 0.13 \cdot i_{\text{cor.}} \cdot K/\rho \quad \text{(mils/year)} \quad (3.37)$$

で表せ，ここで K は金属のグラム当量数，ρ は金属の密度（g/cm³）である．

分極には図3.20に示すように四つのタイプがある．塗膜は同図(a)の抵抗分極といわれており，電流を流さないようにAnode, Cathode間に高抵抗成分の膜を形成させることにより防食しようとするものである．ところが，いかなる塗膜であっても，腐食反応に必要なイオン・水分・酸素などは膜中を透過して金属面に達する．そして腐食速度はゼロとなりえず，同図(b)の混合分極，同図(c)のCathode 分極，同図(d)のAnode 分極のいずれかの挙動が塗膜下の金属の腐食に関与するはずである．分極挙動は金属の腐食反応を考察するうえで重要であるが，実用塗膜のほとんどは電気抵抗が極めて高く，塗膜抵抗を考慮した分極挙動の測定法，解析法は未開発である．それゆえ，塗装された金属の腐食機構の現象論的・理論的追究をされた報告は非常に少ない．

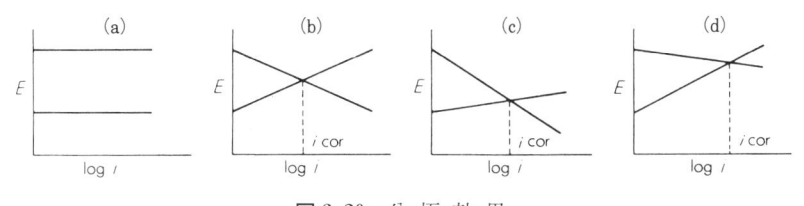

図3.20 分 極 効 果

（2） 塗膜の防食機構

塗膜により金属を保護するには主として三つの考え方がある．第一は塗膜下の金属の腐食に必要な外部環境因子を塗膜によって遮断する．第二は塗膜中の

可溶物質により塗膜下金属の分極を増大させる．第三は犠牲的塗膜にする．ただし，実用的塗膜のほとんどはこれらの併用である．

（a）　塗膜による外部環境因子の遮断

塗膜により腐食反応に必要な物質を完全に遮断することはできない．そこで，これらの物質が塗膜中を移動する拡散現象は塗膜の防食機構を論ずるうえでも重視され，古くから検討されている．

拡散とは，ランダムな分子運動によって物質がある位置から他の位置に移動する現象であり，Fick は熱の伝導現象との類似性より拡散現象の定量的取扱いの基礎を作った．移動速度は断面に垂直な方向の濃度こう配に比例すると仮定した．すなわち，

$$Q = -\frac{D \cdot dc}{dx} \tag{3.38}$$

ここに，Q は透過率，D は拡散係数，c は拡散物質の濃度，x は拡散方向の距離である．

一方，気体が塗膜を透過する場合，濃度 c に関係なく拡散係数 D は一定であり，上式と溶解度・圧力より次式が導き出される．ここで，P は透過係数，P_1，P_2 は塗膜両側のおのおのの圧力である．

$$Q = \frac{P(P_1 - P_2)}{l} \tag{3.39}$$

金属，結晶性ポリマーなどの結晶性物質は空孔が規則的に配列されており，その空孔より大きい分子は遮断される．しかし，塗膜は一般に高分子皮膜かつ無定形ポリマーであり，透過しうる分子の大きさは結晶性の物質中を透過する分子よりはるかに大きいものの，基本的には充てん度の高い塗膜ほど拡散物質の拡散係数は小さくなる．また塗膜の構成成分としては顔料も含まれ，"高分子膜の透過性"と同時に実用塗膜としての透過性を考えることも重要である．例えば Hay らは下塗りには透過性の小さい塗膜，上塗りには透過性の大きい塗膜の系と，逆の塗装順にした系とを比較した結果，前者の塗装系では，発せい（錆）がなく，後者の塗装系では著しい発せいが認められたと報告している．ま

3.3 塗膜の機能

た川井らははく離塗膜と塗装された塗膜との透過性は異なると考え，塗装された塗膜でも塗膜中への溶液の拡散係数を求める方法を提案している．それは，塗面上に溶液を接した後の溶液と塗装金属との間の抵抗（塗膜の電気抵抗）の変化から求めるものである．抵抗 R と拡散係数 D との関係は次式で表せる．

$$R \propto \int_0^t \frac{dx}{\frac{C_0}{C_1} + \left(1 - \frac{C_0}{C_1}\right)\left[1 - \frac{4}{\pi}\sum_{n=0}^{\infty}\frac{(-1)^n}{2n+1}\exp\left\{-\left(\frac{(2n+1)x}{2}\right)^2\frac{Dt}{l^2}\right\}\cos\frac{(2n+1)\pi}{2l}x\right]} \quad (3.40)$$

ここで，l は膜厚，C_0 は初期濃度，C_1 は表面濃度，t は測定時間，x は塗膜中の金属板からの距離である．

測定例を図 3.21 に示す．曲線 A は電子計算機による計算結果で，曲線 B は実測値であり，両者は極めてよく一致している．ただし，ごく初期の差は塗膜への溶液のぬれの影響，後期の差は塗膜の膨潤などによる変化が生じ，その結果，図 3.21(a) の場合は経時により D が大きくなり，同図 (b) では D が小さくなったと考えられる．ちなみに計算結果と一致した部分の D は，同図 (a) では 6.5×10^{-10}，同図 (b) では $2.8 \times 10^{-9} \text{cm}^2/\text{s}$ である．また，はく離塗膜の酸素透過は図 3.22 に示す構造のセルで測定できる．このセルを脱酸素下及び酸素飽和下の液に交互に浸せきし，このときの電解電流の経時変化から酸素透過係数

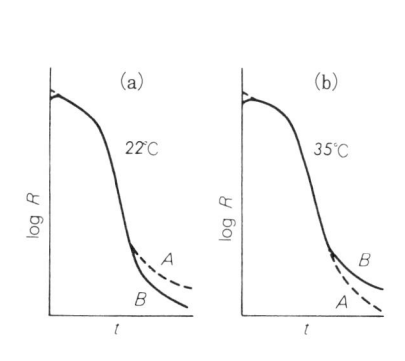

図 3.21 塗膜の電気抵抗変化

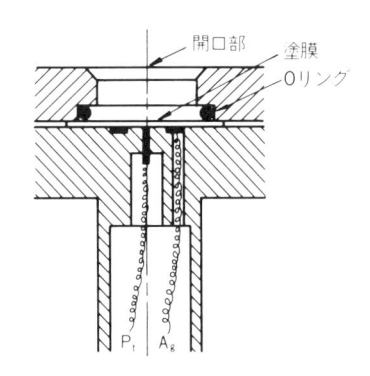

図 3.22 塗膜の酸素透過測定用セル断面図

P, 拡散係数 D は次式より求まる.

$$P = (i_\infty - i_0) l \cdot 2.24 \times 10^{-4} \cdot K/n \cdot F \cdot A \cdot Ps \tag{3.41}$$

$$D = 0.136 \cdot l/t \tag{3.42}$$

ここで,i_∞ は酸素飽和下での電解電流,i_0 は脱酸素下での残余電流,l は膜厚,K はセル定数,n は反応電子数,F はファラデー定数,A は透過面積,Ps は酸素分圧,t は i_∞ と i_0 の差の1/2の値になるまでの時間である.

ところが,例えば表3.6に示す自然乾燥型塗膜の場合,i_0 の値は酸素透過量に相当する $i_\infty - i_0$ の値に比べ,2〜5倍大きく,塗膜中の水可溶物質が陰極反応に関与していることもあり,酸素遮断性のみでは防食性は判断できない.更に,例えば四つの物質の混合ガスの透過性を質量分析計で同時検出すると,表3.7に示すようにおのおのの物質の拡散係数は異なる.

表3.6 エポキシ樹脂系塗膜の酸素の透過係数と拡散係数

試　　料	A	B	C	D
膜　厚　(μm)	55	55	60	65
残 余 電 流 (i_0)	5.1×10^{-9}A	5.8×10^{-9}	2.6×10^{-9}	2.4×10^{-9}
電解電流 ($i_\infty - i_0$)	2.3×10^{-9}A	1.2×10^{-9}	1.1×10^{-9}	8.0×10^{-10}
拡　散　係　数	1.3×10^{-10}	1.2×10^{-10}	2.4×10^{-10}	3.0×10^{-10}
透　過　係　数	4.8×10^{-14}	2.4×10^{-14}	5.0×10^{-14}	6.3×10^{-14}

単位:透過係数——ml (STP) cm/cm²・s・cmHg
　　　拡散係数——cm²/s

表3.7 メラミン・アルキド樹脂塗膜の混合ガス中の各物質の拡散係数

(10^{-10} cm²/s)

ガ　　　ス	H_2S	CO_2	O_2	H_2O
拡　散　係　数	9.6	9.7	2.5	1.3

一方,透過性と腐食反応との関係の典型的な例を図3.23に示す.この図は,塗膜下鋼面の腐食反応により鋼中に侵入した原子状水素——式(3.36)の反応——を,塗装鋼板裏面で再び水素イオンにした($H \rightarrow H^+ + e$)ときの電流の経時変化である.塗装鋼板を浸せきしてから裏側で水素が検出されるまでには,

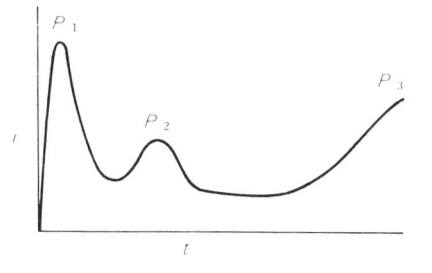

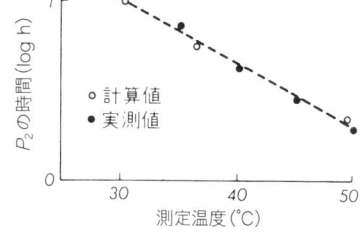

図 3.23　電解電流変化　　　　図 3.24　物質移動の時間

塗装鋼板内部の物質移動（塗膜中の水，鋼中の水素）による遅れが生じる．水が塗膜下鋼面に達したならば式(3.36)の反応は直ちに生じると仮定すると，この遅れはおのおのの物質の拡散係数より計算できる．この結果が図 3.24 である．

実測値である第二ピーク（P_2）の時間と計算値とは一致する．したがって，腐食反応は塗膜下に液が到着すれば生じ，かつ P_2 の時間は腐食媒体の拡散に基づくものであるといえる．しかし，一般には上例のように初期の腐食反応と塗膜の透過性とを取り扱った報告はない．

（b）　塗膜中の水可溶物質による腐食抑制

最も典型的な腐食抑制物質はジンククロメート，ストロンチウムクロメートなどのクロム酸塩系の可溶性顔料である．これらの顔料はクロム酸イオンを溶出し，クロム酸イオンの酸化作用あるいは吸着による不動態化が起こるためといわれている．ところが，これらの顔料は塗膜中に浸透した水などによって溶解しないと防食効果は発揮せず，逆に溶解量が多くなるほど，塗膜の遮断性は劣ることになる．また，塗膜中には他の可溶物質の存在も十分考えられ，それらは必ずしも腐食抑制に寄与するとはいえない．図 3.25 はその一例である．

試料はアミン硬化形エポキシ樹脂塗料（自然乾燥形）を塗装した鋼板である．塗料中には，顔料としてはストロンチウムクロメート・クレイ・酸化チタン・溶剤としてはメチルイソブチルケトン・キシレン・セロソルブアセテート，並びに樹脂・硬化剤が含まれている．領域Ⅰで電位が卑（Cathodic）に変化する

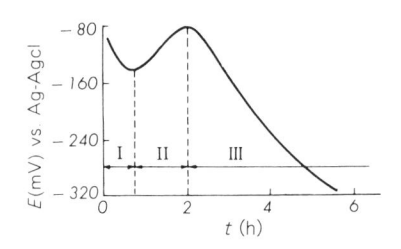

図 3.25 塗装鋼板の電極電位の経時変化

のは，塗膜下鋼面に水が拡散して腐食が進行するためである．領域IIで電位が貴（Anodic）な方向に変化するのは塗膜中の水により顔料が溶解し，クロム酸イオンによる鋼表面の不動態化のためである．ところが領域IIIでは，電位は再び卑な方向に大きく変化している．これは塗膜中にわずかに残留している溶剤組成のうち，セロソルブアセテートが塗膜中に浸透してきた水によって加水分解し，式(3.43)のように，酢酸が生成し，この酸によって領域IIで形成された不動態皮膜は破壊される．セロソルブアセテートを含有しない塗料では，領域IIIの卑な方向への電位変化は極めて緩やかであり，不動態皮膜の効果は持続する．

$$CH_3COOCH_2CH_2OC_2H_5 + H_2O \longrightarrow HOCH_2CH_2OC_2H_5 + CH_3COOH$$
$$\longrightarrow \begin{matrix} FeAc, \\ Fe(OH)_2, \\ Fe(OH)_3 \end{matrix}$$
(3.43)

一方，塩基性顔料は乾性油と反応して金属石けんを生成し，これによりビヒクルの親水性を減少させ，透過性は小さくなるといわれている．また，この種の顔料は可溶することにより塗膜下金属面を微アルカリ性に保ち，酸化皮膜の欠陥を補修するとの考えもあるが，いずれも実用的塗装鋼板を試料として電気化学反応を追跡されている例はほとんど見当たらない．

（c） **犠牲膜による防食**

鋼は価格・機械的性質・加工性などから考え，金属中で最も取り扱いやすく，金属中に占める使用率は極めて高い．ところが，腐食されやすいために高価と

3.3 塗膜の機能

なるが，鋼表面上に腐食しにくい金属膜を形成させる場合がある．特に Zn, Sn は金属的犠牲膜の代表例である．鋼と金属膜との電気化学反応により鋼は還元反応，金属膜は酸化反応による損耗が生じる．

通常の塗膜は金属からみれば基本的には犠牲膜ともいえる（塗り替えにより鋼構造物の寿命を延ばす．）．しかし，積極的犠牲機能を有するものではない．一方，ビヒクル中に占める金属粉顔料の濃度を上げていくと，塗膜の電気抵抗は急激に大きく減少する．すなわち，塗膜下金属と塗膜中の顔料とは金属的接触が起こる．この金属的接触を図りながら顔料を損耗させ，塗膜下金属を保護する膜がある．

代表的な顔料は亜鉛末（アルミニウム粉，鉛粉の使用例もある．）であり，$Zn \longrightarrow Zn^{2+} + 2e$ [この平衡電位は$-763\,mV$ で，式 (3.31) の $-440\,mV$ より卑である．したがって，鋼と組み合わせると鋼は酸化されず還元される．]の酸化反応と式(3.32)〜式(3.34)の還元反応とを組み合わせる方法である．この反応の速度は比較的大きいため損耗しやすい．そこで通常，亜鉛末を含んだ塗膜（ジンクリッチペイント）の上には水の透過しにくい塗膜が塗り重ねられる．ただし，欠点として塗膜下金属面は還元反応となるため，例えば式(3.34)の OH^- イオン生成反応が生じると上塗り塗膜は膨潤されやすく，上塗り塗膜との湿潤接着力は減少しやすい．また，亜鉛末の含有量が極めて多いために塗装後の機械的加工性は大きく減少する．しかし，鋼を保護する防食機構は明確であり，かつ保護能力は優れており［一般には目視によるさび(酸化物・水酸化物)の出やすさで判断される．］，多くの構造物に適用されている．しかし，もし表 3.5 の腐食形態を無視すれば，次のような腐食事故の可能性は十分考えられる．

表 3.8 は試料鋼の破断応力の 50 ％を浸せきと同時に印加してから破断するまでの時間である．ジンクリッチペイントを塗装した試料は無塗装鋼より極めて早く破断し，ジンクリッチペイントのもつ陰極防食作用により水素ぜい性腐食は促進する．水素ぜい性腐食（表 3.5 で区別すれば応力腐食割れに属する．）は鋼中の拡散性水素，いわゆる式(3.36)の反応に深く関係しており，この種の腐食を抑制するための塗膜の保護機能は水素反応に着目しなければならない．

表3.8 水素ぜい性腐食による試料鋼の破断時間

試　料	腐　食　環　境		破断時間（分）
無 塗 装 鋼	3％ NaCl,	60℃	12 000 以上
〃	〃　　　＋H_2S,	60℃	156
塗 装 鋼	3％ NaCl	25℃	20

注　塗料：ジンクリッチペイント
　　鋼材の引張強さ：2 354 N/mm²

図3.26は亜鉛末含有塗膜有無による鋼中への水素溶解挙動を塗装鋼板裏側より測定した一例である．Zn系塗膜存在により電流は極めて多く，塗膜下鋼面の水素反応は活発であるといえる．そこで，図中の20～30時間並びに300時間付近の電流の立上りは前記した第三ピーク P_3（図3.23）であり，各種塗装鋼の立上り時間と塗装鋼の水素ぜい性腐食による破断時間との関係を求めたのが図3.27である．この図より水素ぜい性腐食を抑制する塗膜の機能としては，犠牲膜による塗膜下鋼面の酸化反応式(3.31)より式(3.36)の還元反応を抑制する塗膜を主体に考える必要がある．

その一例を示すと，図3.28は無塗装及び顔料添加なしのクリヤー塗装鋼板の裏側の水素透過電流の変化である．この裏側の電流と塗膜形成側（腐食側）の

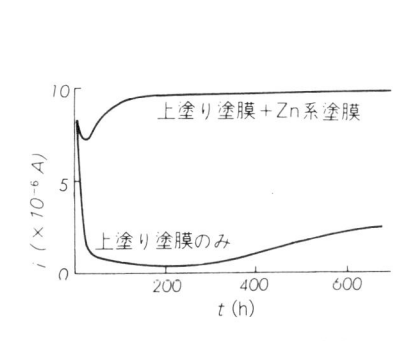

図3.26　塗装鋼板裏側の水素透過電流の経時変化

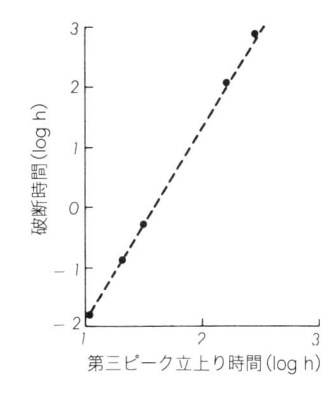

図3.27　第三ピーク時間と浸せき264時間後，荷重印加したときの水素ぜい化時間との関係

3.3 塗膜の機能

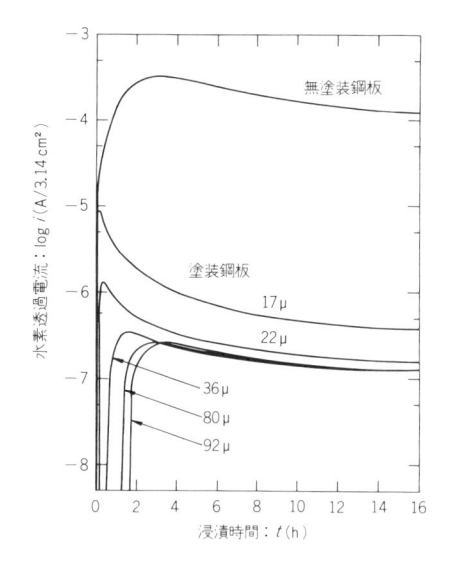

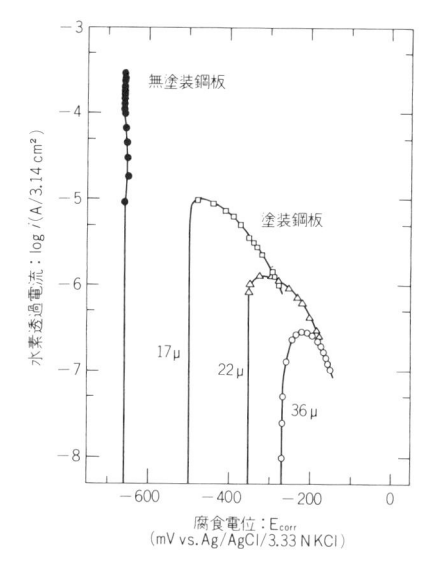

図3.28 無塗装，クリヤー塗装鋼板での水素透過電流

図3.29 水素透過電流と腐食電位の関係

腐食電位との関係でプロットしたのが図3.29である．鋼中への水素侵入反応を抑制するには腐食電位を貴にすればよい．そこで各種の物質添加の結果が図3.30で，通常の陽極反応抑制型防せい顔料（$SrCrO_4$）より，V_2O_5等の酸化物が望ましい．これを図3.20の分極効果よりその腐食-防食機構を推定すると，今V_2O_5を添加しない場合の腐食状態は図3.31の鋼の陽極溶液反応2と水素陰極反応1との交点Pで決定されていると考えられる．V_2O_5を添加すると，V_2O_5の陰極反応が腐食の陰極反応に参加し，腐食状態はQへと変化するが，腐食減量はV_2O_5有無にほぼ関係しないとのことから，鋼の陽極反応も分極増加を起こし，この場合の腐食状態がRで決定されていると考えられる．したがって，その帰結として腐食電位はE_{corr}からE'_{corr}へと貴側にシフトし，水素陰極反応量がi_{H/H^+}からi'_{H/H^+}へと減少することになる．

（d） 塗膜欠陥部の腐食機構

塗膜欠陥の定義は一義的でなく多種多様である．しかし，塗膜下金属面の腐食反応は電気化学的に進行し，かつ通常の塗膜による防食は抵抗分極作用に負

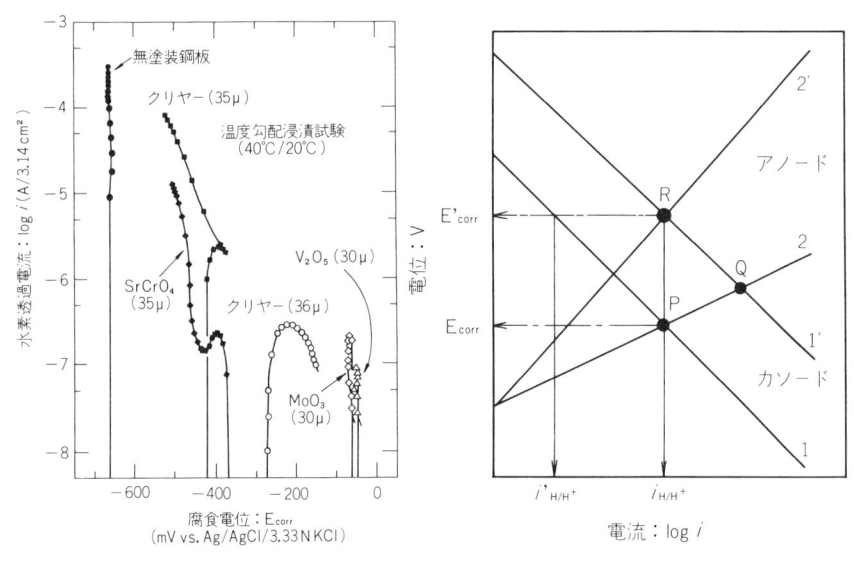

図3.30　各種塗装鋼板での水素透過電流と腐食電位の関係

図3.31　腐食状態図

うとの前提に立つならば，塗膜の電気抵抗が大きく減少している部位が塗装金属物に存在すれば，その箇所は欠陥であると定義できる．

理想的塗膜であれば塗膜欠陥部の金属の腐食状態は図3.32の(a)となり，塗膜は腐食関係に対してほぼ中立的立場をとる．ところが，多くの塗膜は塗膜欠陥下の金属の腐食反応により，欠陥周囲の塗膜〜金属間に影響を受け，同図(b)の横方向に腐食が広がる形態となる．欠陥部の腐食機構については塗膜の接着力と電気化学的反応との関係で説明される．例えば同図(b)の形態において，横方向に腐食が広がるその先端付近は式(3.34)の還元反応を呈し，これにより

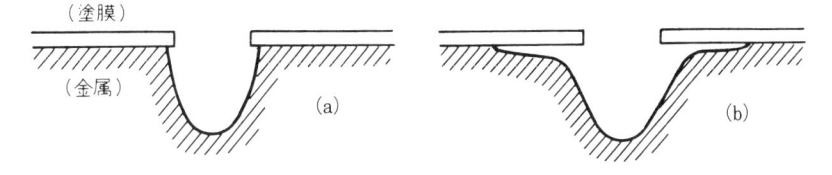

図3.32　塗膜欠陥部の腐食状態

OH⁻イオンが生成し，塗膜と金属の湿潤接着力は失われていく．そして欠陥下の金属は酸化反応を呈し，溶解する．このため，先端部の還元反応と湿潤接着力とのバランスで図3.32の(b)又は(a)となる．

山本らは図3.32の(b)の腐食形態であれば還元反応に特異現象が認められると報告している．それによれば，一般に無塗装鋼板を分極すると，図3.20の四つのタイプのいずれかであるが，塗膜欠陥の存在する塗装鋼板をCathodicに分極すると，図3.33に示すようにピークが認められ，そのときの腐食形態は図3.32の(b)である．ピークは次のような反応に基づいて生成すると考えた．

通常，塗膜の電気抵抗は極めて高く，かつ塗膜欠陥幅は小さいために，測定される陰極分極曲線には図3.32の(b)ならば，塗膜欠陥幅に相当する鋼面の反応と同時に，塗膜と鋼板とのすき間内の鋼面の反応も含まれる．すき間（すき間の高さは数µmから数十µm程度と想像される．）内の液は極めて微量であり，分極により液は変化するが容易に元の状態に戻らない．すなわち分極による影響が特異現象となって表れるとの考えである．ちなみに，腐食幅（欠陥内部の腐食反応が関与している幅であって，一般の耐食性価値であるさび幅でなく，むしろはく離幅に近似する．）が大きいと，ピークの電位は卑な方向になる．また同図(a)の孔食的腐食形態であればピークは認められない．したがって，ピークの有無より腐食形態，ターフェル接線（図3.33中の点線）の交点の腐食電流 $i_{cor.}$ より腐食体積（又は質量）がおのおの求められ，塗膜欠陥部の腐食

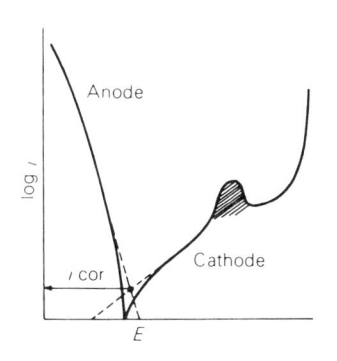

図3.33 塗装鋼板の分極曲線

状態を立体的に把握でき，塗膜の防食機構の解明に役立つとしている．

以上，塗膜の防食機構について記したが，従来，塗膜自身の保護機能は論じられていても，塗膜下金属の腐食〜防食機構から塗膜の機能が論じられることは少なかった．なぜなら，塗膜下の腐食反応を測定する手段の研究は少なく，また，塗装金属の腐食に関係する因子は多く，かつ複雑であるためと考えられる．したがって短絡的解釈が多く，科学的データに基づく解釈は少ない．山本らは，実用的塗装金属の腐食反応を電気化学的に追跡しうる装置（商品名；コロージョンレートメータ）を開発し，普及しつつあり，また超重防食塗装鋼板の塗膜の耐食寿命を極めて短期間で予測する方法なども提案されており，今後，塗装金属の防食機構の科学的解明は一段と進歩するものと期待される．

3.4 色と光沢（塗膜の光学的効果）

塗膜に要求される機能の一つに被塗物表面の色，光沢，テクスチュアー（凹凸など）がある．被塗物の外観を一新する機能だから，保護機能とともに，極めて重要な効果である．古い本では，塗装の目的は美観と保護と記してあるものもあるが，色や光沢の効果は美観だけにとどまらず，情報（安全など）の伝達，外界からの刺激（エネルギーなど）の伝導や遮断，保全（汚れや汚れの除去など）のような保護機能にも関係し，ひいては環境への効果も大きい．

塗膜の光学的性質にとしては次のようなものがある．

　色・つや・隠ぺい力

これらの効果は普通の（メタリック，パールなどのような光学的に非等方性の塗膜を除いた）いわゆるソリッドカラーと呼ばれる塗膜では，塗膜に光があたって透過・散乱・反射などを繰り返した結果の光が肉眼に入り，網膜の視神経を刺激して，その刺激が脳に伝えられて知覚として認識されるものである．光として感じられるのは波長が 360 nm から 760 nm くらいまでの電磁波であって，それよりも波長が短くなっても長くなっても光としては感じられない（図 3.34）．

3.4 色と光沢(塗膜の光学的効果)

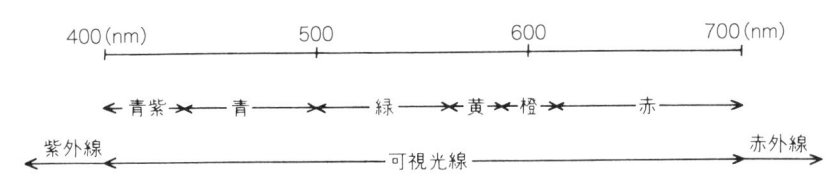

```
400(nm)        500        600        700(nm)
|--------------|----------|----------|
  ←青紫→←青─→←─緑─→←黄→←橙→←─赤──→
←紫外線──────────可視光線──────────赤外線→
```

図 3.34 可視光線の色と波長の関係

通常の(蛍光顔料を含む蛍光塗料や,アルミニウム顔料を用いたメタリック塗料,パール顔料を用いたパール塗料など,特殊な効果を示すものは別として)顔料着色塗料に光があたると図 3.35 のように反射・屈折・散乱・吸収を繰り返し,入射光線の一部が入射のときとは方向を変えて放射される.

メタリックやパールのような特殊な効果があると,その塗膜は入射あるいは観察の角度によって色が変わって見える.このような現象は異方性と呼ぶ.そのような成分を含まない(普通の)塗膜は見る角度によって色は変わらない,等方性である.

塗膜表面での反射は非選択的(波長によらない)で,塗膜が平らであれば(実際には細かい凹凸があるが)入射角と反射角が等しい鏡面反射である.鏡面反射以外の角度での反射を拡散反射という.反射しなかった光はビヒクルの屈折率に応じて屈折して,塗膜の中を進む.顔料粒子にあたると,一部は反射し,

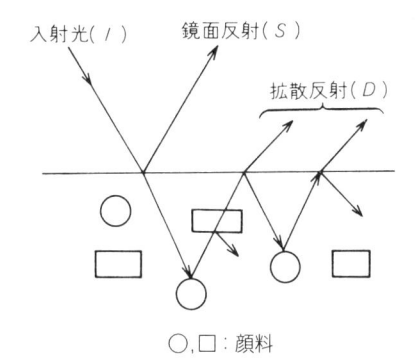

図 3.35 塗膜内外の光の挙動
(入射光(I),鏡面反射(S),拡散反射(D),○,□:顔料)

一部は吸収されながら進む．こうして一部は吸収され，残りは拡散を受けつつ進行して，再び，入射のときとは違った角度で外界に放射される．したがって拡散反射には塗膜の中からの放射も入る．塗膜の表面が平滑であれば，拡散反射の大部分は塗膜にあたって吸収された残りの部分ということになる．ビヒクルは一般にほとんど無色であるから，顔料として酸化チタンのように，可視域の光を散乱はするが，ほとんど吸収しない顔料を用いた場合は塗膜は白色である．酸化鉄（べんがら）やフタロシアニンブルーのように可視光の一部を吸収する顔料を用いたときは吸収された残りの部分の色になり，カーボンブラックのように可視域の全領域の光を吸収する顔料を用いたときは，その塗膜中での含有量によって塗膜の色はグレーや黒になる．

顔料を含まない塗膜や，顔料があってもビヒクルと屈折率の差が極めて小さく，その顔料が可視域の中の特定の波長の光を吸収しないときは，散乱も吸収も起きないから，塗膜は透明である．炭酸カルシウムやタルク・カオリンなどはこれに属し，このような顔料は体質顔料と呼ばれる．透明な塗膜では光は素地表面まで達し，そこで一部は吸収・反射されたものが戻ってくる．塗膜中での散乱吸収が十分でないと，素地表面の色が塗膜表面の色にも影響する．このような状態は隠ぺい力がない，あるいは十分でないという．

染料は一般に塗膜の中では溶解した状態であるので，光を散乱しない．特定の波長の光を吸収するから，色はあるが，その他の波長の光に対しては散乱も吸収もしないから透明である．着色セロファン紙のようなカラークリヤーはこれである．

3.4.1 色知覚のしくみ

可視光が眼に入って網膜にある視細胞を刺激するとそれが脳に伝達されて色知覚となる．視細胞には，すい（錐）体とかん（杆）体の 2 種がある．すい体は網膜の中心に近いところに密にあって，明るいとき働き，色覚を司る．かん体は網膜の周辺に分布していて，暗いときでも光に感じるが，色の区別はできない．そこで CIE（国際照明委員会）では視覚 4°以内で視感判定と高い相関のある 2°

視野を定めた．これは大体，1円硬貨を親指と人差し指ではさみ腕を伸ばしてみたときくらいの角度である．以来，比色，測色の条件としては2°視野が多く用いられていたが，実際にはもっと大きな面積が用いられているので，10°視野が用いられるようになった．現在でも2°視野を用いていることがあるが，大勢は10°視野になりつつある．

3.4.2 標準の光

人の眼に入る光は，物体の表面に入射した光に，その表面の反射率を乗じたものである．白い紙や布は白熱ランプの下では黄みがかって見えるし，蛍光灯の下では青みがかって見える．JIS Z 8781（CIE測色用標準イルミナント）では次の2種類の標準イルミナントを定めている．イルミナントとは相対分光分布によって定義された放射で，以前は標準の光と呼んでいた．

① 標準イルミナントA：一般照明用タングステン電球照明を代表するもので，分布温度（相対分光分布が対応するような黒体の色混温度）が約2856 Kである．

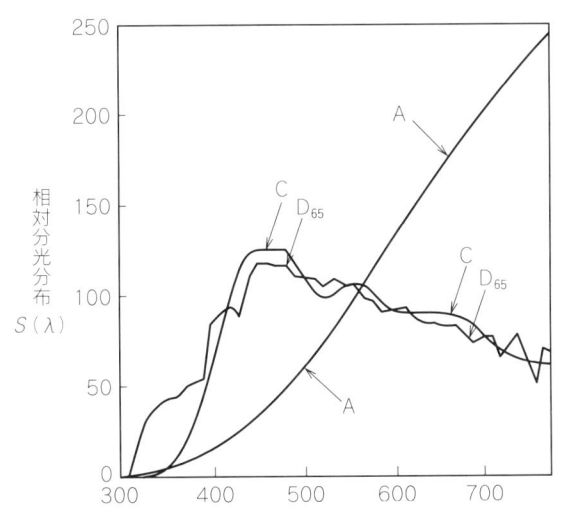

図3.36 標準イルミナントA，D_{65}及びCの分光分布

② 標準イルミナント D_{65}：これは平均昼光を代表するもので相関色温度（黒体の放射の相対分光分布は全く等しくはなくても色度が等しいか又は似ている黒体の温度）6 500 K である．

このほかに以前はイルミナント C（相関色温度約 6 774 K）も標準イルミナントとして用いられていたが，現在では外されている．昼光と比較すると紫外線の分光分布相対値が小さいので，紫外線で励起されて蛍光を発する物体色の表示には用いないことになっている．現在でも測色の結果を表すのに C 光源 2°視野という条件で計算した例をみることが少なくないが，今後は D_{65} になっていくものと思われる．

3.4.3 色の見方

色を視感によって比較する場合の方法，条件などについては JIS Z 8723（表面色の視感比較方法）に詳しく記してあるので，それを参考にするとよい．要点は，

光　　　　源：規定された標準の光，原則として前項の D_{65} で，試料面の照度は 1 000〜4 000 lx 程度で，均斉度が 80％以上で一様に照らす．

照明の方向：①試料面及び標準面の法線の方向を中心として拡散的に照明する．
②試料面及び標準面の法線に対して 45°の方向を中心として拡散的に照明する．
③拡散反射成分に鏡面反射成分も含めて評価する場合には，あらゆる方向から拡散的に照明してもよい．

作　　業　　面：試料・標準面（試料と比較すべき標準品など）のバックになる面は原則として光沢がなく，明度 L^* が 50〜80 の無彩色（後述）とする．

試料面の大きさ：視角 2°以上で，標準面と同じ面積になるようにする．このとき，マスクを用いるときはマスクは表面に光沢がな

く，試料の明度に近い無彩色のものがよい．
観察の方向：①試料及び標準面に対し法線の方向から照明した場合には45°の方向から観察する．
②試料及び標準面に対し45°の方向から照明した場合には法線の方向から観察する．
③試料及び標準面に対しあらゆる方向から均等に照明した場合には，法線の方向又は45°の方向から観察する．

3.4.4 測　　色
（1）分光測色方法

物体表面の色は物理学的には可視波長域の光に対する拡散反射率であるから，可視域のスペクトルごとにその反射率を測定することによって色の測定とすることができる．この方法を分光測色方法という．

分光測色を行うには，光源から出た光を回析格子，プリズムなどで波長ごとに分散させ，それをスリットなどを通して特定の波長の光にし，その光を試料面及び標準面にあててその反射光を積分球などで集めて，試料面にあてたときの光量と，標準面での反射量との比を求めて反射率とする．現在は標準面としては硫酸バリウムの粉末を成形したものを標準白色面としている．図3.37に分光光度系の原理を示す．

（2）刺激値直読法

試料に光源からの光をあて，その反射光を積分球などで集光し，フィルタを通して所定の波長範囲の光量を測定し，標準面の場合と比較すれば反射率を求めることができる．このとき，光源とフィルタの組合せを，後述の三つの等色関数の曲線と一致するような組合せにして機器の中に組み込んでおけば，刺激値が直読できる．

3.4.5 表　　色
色は物理学的には可視域の光であり，心理学では知覚である．人の眼に入っ

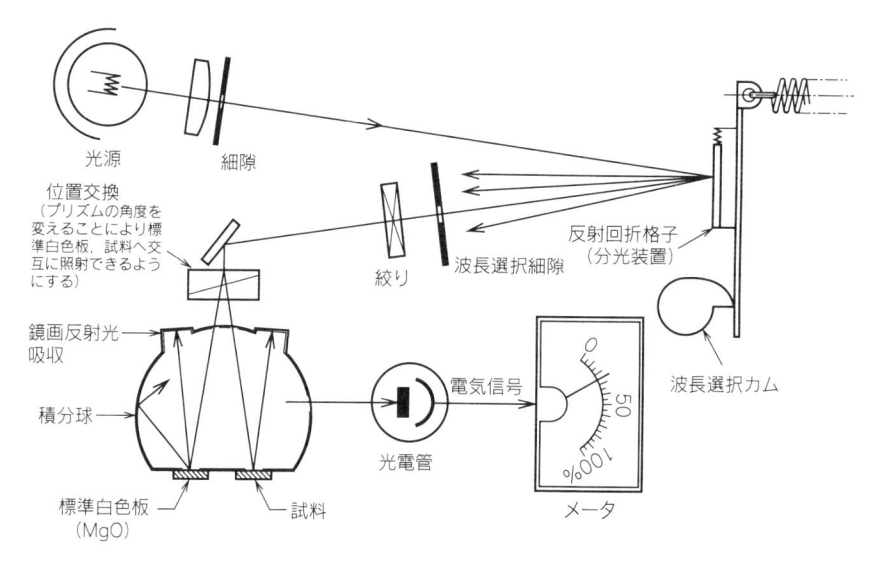

図3.37 分光光度計の概念図

た光が網膜のすい体細胞を刺激し，その刺激が脳に伝えられて知覚となる．色の表し方には混色系（CIE表色系）と顕色系（マンセル表色系など）がある．

（1） CIE(1931)表色系(XYZ表色系)，CIE(1964)表色系($X_{10}Y_{10}Z_{10}$表色系)

ヤング・ヘルムホルツの三原色説によれば，R（赤）・G（緑）・B（青）の三つの光の混色によって，すべての色が表せるはずである．しかし，W. D. Wright (1929)，J. Guild (1931) などの実験の結果はR・G・Bのプラスの混合だけではすべての色は表せないことがわかった．そこでR・G・Bに代わる三つの原刺激を考え，そのプラスの混合だけですべての色が表せるようにした．この原刺激をX，Y，Zとした．CIEは1931年に2°視野の場合のX，Y，Zを，1964年に10°視野の場合のX，Y，Z（これをそれぞれX_{10}，Y_{10}，Z_{10}と記す．）を定めた．X，Y，ZとX_{10}，Y_{10}，Z_{10}を図3.38に記す．

以前はこれらは刺激値と呼んでいたが，現在は等色関数と呼んでいる．

R・G・Bはそれぞれスペクトルの中から選ばれた光であったが，X，Y，Z

3.4 色と光沢（塗膜の光学的効果）

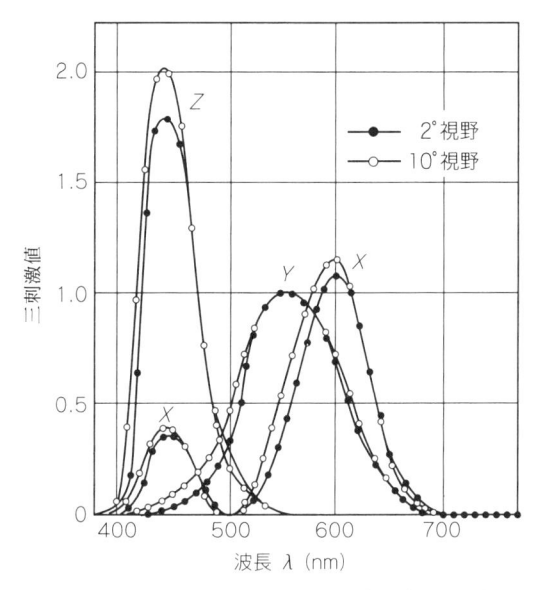

図3.38 2°視野と10°視野の等色関係の比較

は単独にそれだけを取り出して，例えばこれが Y ですと言って示すことはできない．Y を100%としようとすれば必ずその中に X も Z も入ってきてしまう．このことは図3.39を見れば明りょうである．Y は人の眼の視感度曲線（光の波長とその色を見たときの明るさの関係）に合わせてある．

分光分布 $P\lambda$ の光で照射される分光反射率 $\rho\lambda$ の物体の X, Y, Z は次の式で求められる．

ただし，$K = 100/P\lambda y\lambda d\lambda$ は完全拡散面のとき $Y=100$ とするための係数である．この式の意味を図3.39によって示す．

X, Y, Z だけではその相互の関係はわからないので，

$$x = X/(X+Y+Z),\quad y = Y/(X+Y+Z)$$

とすると，x, y はそれぞれ相対的な大きさを表す．$z = Z/(X+Y+Z)$ とすれば，$x+y+z=1$ だから x と y だけで z もわかる．可視域の各スペクトルの x と y を直角座標にプロットすると図3.40のような"馬蹄形"になる．実在の色は

この中に入る.この図は CIE 色度図と呼ばれるが,x と y では X, Y の絶対値はわからないので,普通 x, y, Y を記す.

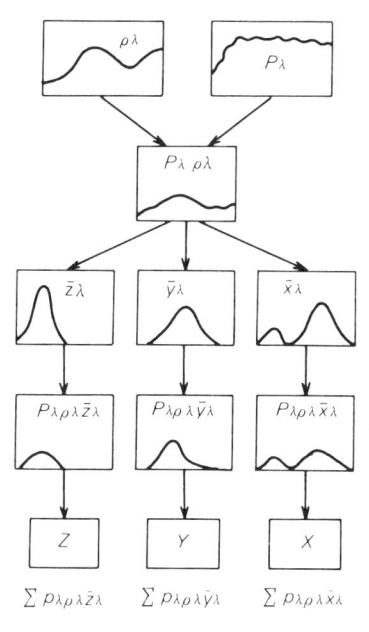

図 3.39 三刺激値の計算

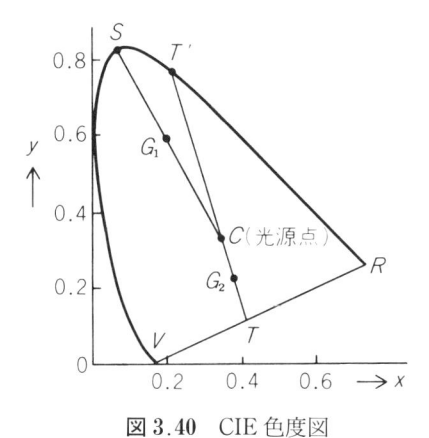

図 3.40 CIE 色度図

図 3.41 のようにスペクトルの色軌跡は馬蹄形の曲線部になる．そこで図のように 400 nm と 700 nm を直線で結ぶ．この線の上にはスペクトル色はない．

図 3.40 の C は白色である．図の G_1 を表すには C と G_1 を結んで延長し，スペクトル軌跡と交わる点 S を求め，このSの波長を主波長と呼ぶ．

次に (CG/CS)×100＝p を求め，これを純度と呼ぶ．このように CIE 表色系では① X，Y，Z，② 色度 (x, y)，Y，③ 主波長 λd，純度 p，明度 V のどれかで表示する．

（2） マンセル表色系

心理的表色系のうちで，日本で最も広く使われているものである．Albert H.

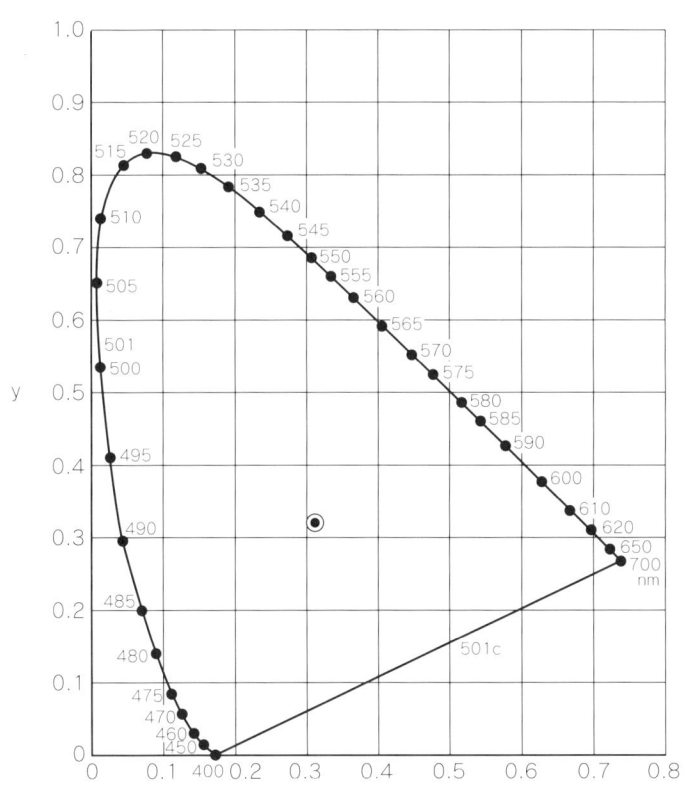

図 3.41　系統色名の一般的な色度区分

Munsell（1858-1918）はアメリカの美術教師であったが，彼が創始した色の体系の検討をアメリカ光学会に委託し，物理的な測色値との整合が行われた．これが修正マンセル系と呼ばれ，現在 JIS Z 8721（色の表示方法―三属性による表示）となっているものである．

この表色系では色は色相（Hue），明度（Value），彩度（Chroma）の三つの属性によって表示される．色は赤・黄・緑・青・紫などの"いろみ"のある"有彩色"と白・グレー・黒のように明るさだけで表される"無彩色"とに分けられる．

無彩色は明度 V だけで表示される．V は白の明度を10とし，理想的な黒は $V=0$ とし，この間を知覚的に等間隔になるように分割する．無彩色は記号 N で記し，明度をつけて N7のように記す．

有彩色の赤・黄…といった性質を色相と呼ぶ．色相は R（赤），Y（黄），G（緑），B（青），P（紫）とそのそれぞれの中間を YR, GY, BG, PB, RP とする．それぞれ1から10までに分割し，5がその中心として例えば5Y とは赤みも青みもない中心的黄というように配置する．R, YR, Y, GY, G, BG, B,

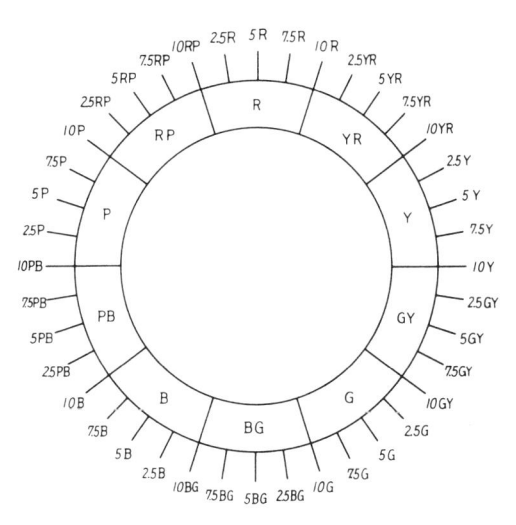

図3.42 色相環の分割[12]

PB, P, RP がそれぞれ 10 ずつの刻みで, 全部で 100 の色相に分割できる. 色相は 2.5 R, 5 BG のように記す (図 3.42).

彩度は"さえ"の尺度である. 無彩色は彩度 0 とし, さえた, 鮮やかな色になるほど, 彩度は高いものとする. 等彩度の色相をつなぎ合わせると円になる.

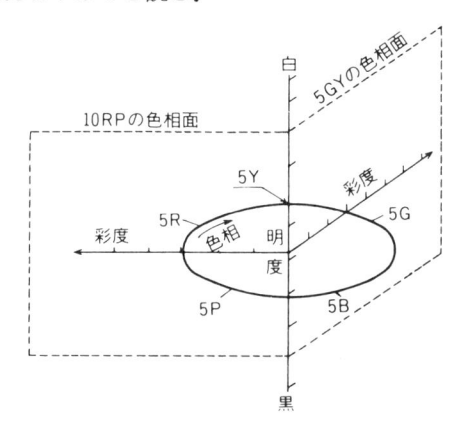

無彩色は彩度 0 であるからそれを中心軸とし, それと同じ明度の有彩色を同じ面に配列すると色立体が得られる (図 3.43). 色は HV/C の順に 2.5 Y 7/4 のように記し, 2.5 Y 7 の 4 と読む.

図 3.43 三属性の関係[13]

3.4.6 混　　色

テレビやパソコンのモニターの色は蛍光体や液晶の発する光の混合によって作られる. こまの上面に幾つかの色を塗っておいて, それを早く回すとその色の残像が重なって一つの色に見える. これらは加法である. このような混色を加法混色という. 違った色の塗料を混ぜ合わせると, 一つの顔料で吸収された残りの光を次の顔料が吸収するというように吸収が加算され, 反射光は少なくなる. いろいろな色の塗料や絵の具を混ぜると暗いグレーに向かっていくことは誰でも知っている. このような混色は減法混色という. 塗料の調色 (色合わせ) とは減法混色によって目的の色にすることである. 混色の基礎理論として

は Kubelka-Munk の理論があり，これに基づいて調色配合を計算することができる．

3.4.7 色　差

二つの色の違いの尺度を色差という．現在，塗料で最も広く用いられているのは $L^*a^*b^*$ 表色系による色差式である．これは 1976 年に CIE が推奨したもので，CIELAB（シーラブ）式と呼ばれる．以前は Hunter の提案した *Lab* 系が広く用いられていたが，視感判定との相関性は CIELAB の方が優れている．L^*，a^*，b^* は次の式によって計算する［JIS Z 8729（色の表示方法—$L^*a^*b^*$ 表色系及び $L^*u^*v^*$ 表色系)］．

$$\left. \begin{array}{l} a^* = 500\left[f\left(\dfrac{X}{X_n}\right) - f\left(\dfrac{Y}{Y_n}\right) \right] \\ b^* = 200\left[f\left(\dfrac{Y}{Y_n}\right) - f\left(\dfrac{Z}{Z_n}\right) \right] \end{array} \right\} \quad (3.44)$$

$$\left. \begin{array}{l} \text{ここに，} \dfrac{X}{X_n} > 0.008\,856 \text{ のとき} \quad f\left(\dfrac{X}{X_n}\right) = \left(\dfrac{X}{X_n}\right)^{\frac{1}{3}} \\ \dfrac{X}{X_n} \leqq 0.008\,856 \text{ のとき} \quad f\left(\dfrac{X}{X_n}\right) = 7.78\dfrac{X}{X_n} + \dfrac{16}{116} \\ \dfrac{Y}{Y_n} > 0.008\,856 \text{ のとき} \quad f\left(\dfrac{Y}{Y_n}\right) = \left(\dfrac{Y}{Y_n}\right)^{\frac{1}{3}} \\ \dfrac{Y}{Y_n} \leqq 0.008\,856 \text{ のとき} \quad f\left(\dfrac{Y}{Y_n}\right) = 7.78\dfrac{Y}{Y_n} + \dfrac{16}{116} \\ \dfrac{Z}{Z_n} > 0.008\,856 \text{ のとき} \quad f\left(\dfrac{Z}{Z_n}\right) = \left(\dfrac{Z}{Z_n}\right)^{\frac{1}{3}} \\ \dfrac{Z}{Z_n} \leqq 0.008\,856 \text{ のとき} \quad f\left(\dfrac{Z}{Z_n}\right) = 7.78\dfrac{Z}{Z_n} + \dfrac{16}{116} \end{array} \right\} \quad (3.45)$$

ここに，X，Y，Z：XYZ 表色系又は $X_{10}Y_{10}Z_{10}$ 表色系の三刺激値 X，Y，Z 又は X_{10}，Y_{10}，Z_{10} の値

X_n，Y_n，Z_n：完全拡散反射面の標準の光による X，Y，Z 又は X_{10}，Y_{10}，Z_{10} の値で，表 3.9

3.4 色と光沢（塗膜の光学的効果）

表 3.9

三刺激値及び色度座標の種類		イルミナント	
		A	D_{65}
XYZ 表色系	X_n	109.851	95.043
	Y_n	100.000	100.000
	Z_n	35.582	108.879
	u'_n	0.256 0	0.197 8
	v'_n	0.524 3	0.468 3
$X_{10}Y_{10}Z_{10}$ 表色系	$X_{10,n}$	111.146	94.810
	$Y_{10,n}$	100.000	100.000
	$Z_{10,n}$	35.200	107.322
	$u'_{10,n}$	0.259 0	0.197 9
	$v'_{10,n}$	0.524 2	0.469 5

の値とする．

標準品と試料との L^*，a^*，b^* の差をそれぞれ ΔL^*，Δa^*，Δb^* として，次式によって色差 ΔE^*_{ab} を求める．

$$\Delta E^*_{ab} = (\Delta L^{*2} + \Delta a^{*2} + \Delta b^{*2})^{\frac{1}{2}}$$

これらの式は上記のように X/X_n，Y/Y_n，Z/Z_n が 0.008 856 より大きいときにだけ適用することになっていて，それ以外の場合については JIS に記してあるが，塗料では適用範囲外になることはほとんどない．

CIELAB 式は Lab 式よりは視感評価との相関がよいが，それでも元来は微小色差を対象として開発されたもので，塗料の大きな変色のように大色差になると視感評価との相関がよいとは言えなくなる．そのような場合には，JIS Z 8730（色の表示方法—物体色の色差）の附属書 1（規定）に記されている CMC 色差式や，CIE の CIE 94 色差式（これは日本塗料工業会規格となっている．）が適用できるであろう．

3.4.8 光　沢

物体表面での反射は図3.44に示すように3種類の形に大別される．

① 鏡面反射（正反射）：入射光線がすべて入射角と反射角が等しい方向にのみ反射されるもの．例：金属表面，鏡
② 完全拡散反射：入射光線の入射角に関係なく，ランベルトの余弦則に従って光を反射するもの．表面はどの方向から見ても同じ明るさに見える．例：無光沢の面（マット）
③ ①と②の中間形：大部分は正反射の方向に反射されるが，一部は拡散反射するもの．例：光沢塗膜の面（グロス）

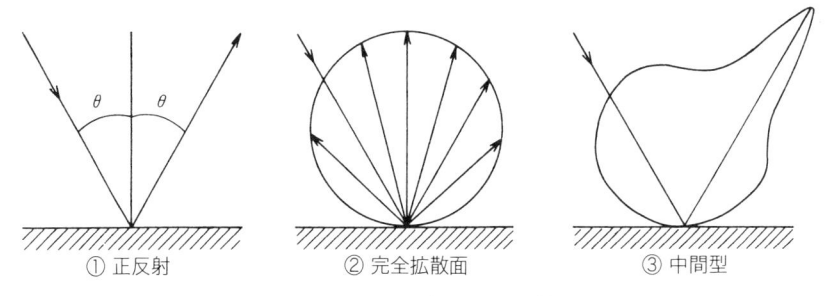

図3.44　塗膜表面での反射

このように反射光の空間分布によって決まる物体表面の知覚の属性が光沢である．一般には正反射光の成分が多いほど光沢が強い．しかし，心理的光沢感は二次的には塗膜の色にも影響を受け，一般には低明度・高彩度であるほど光沢感が大きくなる傾向がある．

（a）　光沢度の測定　光沢を量的に表したものを光沢度という．

（ⅰ）　鏡面光沢度　鏡面光沢度は図3.45の測定の概念図で示すように，規定された入射角 θ に対して，試料面からの鏡面反射光束 φ_s と同一の条件における基準面（屈折率1.567のガラス表面）からの鏡面反射光束 φ_{0s} との比をいう．すなわち，

$$G_s(\theta) = \frac{\varphi_s}{\varphi_{0s}} \cdot G_{0s}(\theta) \tag{3.46}$$

3.4 色と光沢（塗膜の光学的効果）

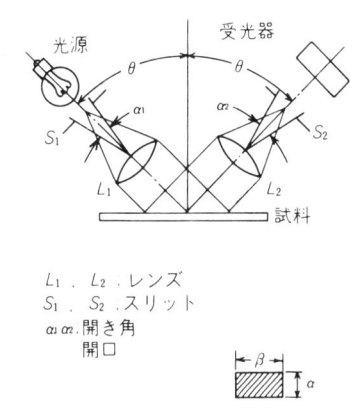

図 3.45 鏡面光沢度測定装置概念図

L_1, L_2: レンズ
S_1, S_2: スリット
$\alpha_1 \alpha_2$: 開き角
開口

で表される．ここに，φ_s：規定された入射角 θ に対する，試料面からの鏡面反射光束，φ_{0s}：規定された入射角 θ に対する，標準面からの鏡面反射光束，$G_{0s}(\theta)$：使用した標準面の光沢度(%)

図 3.46 は光沢感と計器で測った光沢度との関係を示す．これでわかるように，一般に光沢感の高いものは小さな角度，光沢感の低いものは大きな角度で

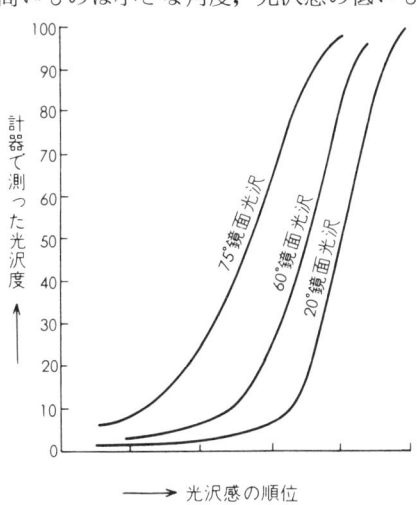

図 3.46 光沢度と光沢感の関係

測定したほうが，光沢感と計器で測った光沢度との対応がよい．

したがって JIS では表 3.10 に示すように，測定対象の種類により入射角 θ の基準を決めている．なお，塗料及び受光器の開き角も各鏡面反射角に対して定められている．ただし，塗料関係ではより広い光沢範囲で有利である 60°鏡面光沢度が主として使用されている．

表 3.10 鏡面光沢度測定方法の種類（JIS Z 8741）

測定方法の種類	方法 1	方法 2	方法 3	方法 4	方法 5
名　称	85 度鏡面光沢	75 度鏡面光沢	60 度鏡面光沢	45 度鏡面光沢	20 度鏡面光沢
記　号	$G_s(85°)$	$G_s(75°)$	$G_s(60°)$	$G_s(45°)$	$G_s(20°)$
適用例	塗膜，アルミニウムの陽極酸化皮膜，その他	紙，その他	プラスチック，塗膜，ほうろう，アルミニウムの陽極酸化皮膜，その他	プラスチック，塗膜，ほうろう，アルミニウムの陽極酸化皮膜，その他	プラスチック，塗膜，ほうろう，アルミニウムの陽極酸化皮膜，その他
適用範囲	方法 3 による光沢度が 10 以下の表面	—	—	—	方法 3 による光沢度が 70 を超える表面

（ⅱ）　**対比光沢度**　対比光沢度は拡散光束強度に対する正反射光束強度の比で表す．すなわち，物体表面の見る方向によって明るさが変わる度合で表すことになる．

（ⅲ）　**鮮明度光沢度**　表面に他の物体の像が写る程度の高沢面に反射像を写して，その鮮明度を比較する方法である．これには視感判定によるものと投影像の光電的な測定解析により定量的に表現するものとがある．

視感判定によるものは大別して次の二つとなる．

①　標準板と試料とのぼけを比較するもの（Hunter Gloss Comparater

3.4 色と光沢（塗膜の光学的効果）

法，Detroit Club 法など）
② 標準図形のぼけの限界を判別する方法（PGD計など）
試料面に写した大小の図形の鮮明さから光沢度を求める．

一方，光電的な測定解析によるものは従来から人の官能評価とは必ずしも結果が一致しないことや，測定値の変動幅が大き過ぎることなどが欠点であったが，最近，高鮮明度領域で官能評価値との対応もよく，識別能力の大きい写像鮮明度測定機が開発されている．

これは図 3.47 に示すような光学系で，くし型のパターンを被測定面に投影し，その写像鮮明性（Distinctness of image）を図 3.48 に示すように，試料面による反射を介して結像した短形波パターンの像の"短形波からの変形の程度"として定量化するものである．

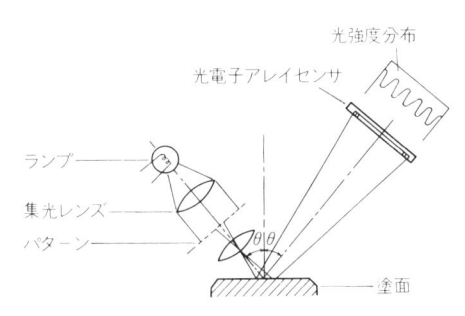

図 3.47 写像鮮明度測定機（NSIC）の光学系

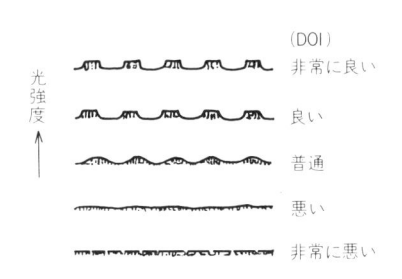

図 3.48 鮮明性の差異による像の光強度分布の測定例

引用文献

1) 吉田豊彦，田中丈之（1967）：ビヒクル—顔料の相互作用と顔料分散体の流動性，材料，Vol.16, p. 542
2) 中道敏彦ほか（1989）：アクリルオリゴマー濃厚溶液の粘度の温度依存性（II）粘性流動の活性化エネルギー，色材，Vol. 62, p. 63
3) 久下靖征（1979）：塗料の作業性についての研究（第II報）は毛塗り時には毛に加わる力と塗料の流動性，色材，Vol. 52, p. 418
4) 安藤浩一，野口幸輝（1991）：噴霧気流中の粒子挙動，色材，Vol. 64, p. 561
5) S. Wu (1978) : Rheology of high solid coatings. 1. Analysis of sagging and slumping : J. Appl. Polym. Sci., Vol. 22, p. 2 769
6) L. E. Nielsen (1976)：高分子と複合材料の力学的性質，p. 158, 220, 223，化学同人
7) J. Wright (1965) : The use of mechanical test in predicting surface coating performance, J. Oil Col. Chem. Assoc., Vol. 48, p. 670
8) 植木憲二（1967）：塗料物性入門，p. 100，理工出版社
9) T. R. Bullet (1963) : Adhesion of paint film, J. Oil Col. Chem. Assoc., Vol. 46, p. 441
10) 佐藤弘三（1981）：塗膜の付着，p. 74，理工出版社
11) G. Phillips (1961) : The physical behavior of paint films, J. Oil. Col. Chem. Assoc., Vol. 44, p. 575
12) 川上元郎，小松原仁（1999）：新版色の常識，第2版，p. 33，日本規格協会
13) 同上，p. 32

参考文献

- L. E. Nielsen (1977) : Polymer Rheology, Dekker
- 中道敏彦（1995）：塗料の流動と塗膜形成，技報堂出版
- 抜山四郎，棚沢泰（1939）：液体微粒化の実験（第4報）液体の諸性質が噴霧粒径に及ぼす影響，機械学会論文集，Vol. 5
- S. Pila (1973) : Factors involved in the formulation of anti-corrosive high build vinyl coatings, J. Oil Col. Chem. Assoc., Vol. 56
- J. F. Rhodes, B. W. King, Jr. (1970) : Levelling of vitreous surfaces, J. Am., Ceramic Soc., Vol. 53
- N. D. P. Smith et al. (1961) : The physics of brushmarks, J. Oil Col. Chem. Assoc., Vol. 44
- H. V. Boenig (1973) : Structure and properties of polymers, George Thieme Publishers

4. 塗料設計と塗料の使い方

4.1 塗装の基礎と環境対応

塗装する場合には，次のチェックポイントで行うことが必要である．
① 塗るべき素材（被塗物）の性質
② 素材の前処理と処理方法
③ 塗装方法
④ 塗料と塗装・乾燥方法の組み合わせ方
⑤ 乾燥方法
⑥ 塗装コストのミニマム化
⑦ 環境対応とコスト対応
⑧ 塗装による付加価値化

①の被塗物の種類も金属・コンクリート・木材・プラスチック・皮革・ゴム・セラミック・ガラスと数が増え，更にそれが，材料革命を続けて，多種多様にわたっている．したがって，塗るべき素材の性質をよく知ることが必要である．例えば，コンクリートは水分を含んでおり，いつも水分は出入りしている．このため，体積が増減しており，小さいクラックを発生する．塗料はこのクラックに追随できる弾性機能が必要である．

4.1.1 前処理と処理方法

塗料はまず被塗物によく付着していることが，塗料の性能の絶対条件である．付着をよくするには，被塗物表面の油・さび・ごみなどの不純物を除くこと，接着表面積を大きくすることが必要である．このため，溶剤・水系などの脱脂処理，化成処理，ブラスト処理，研磨などの処理がある．この工程は，その処理能力とともに，廃棄物，排水処理を含めた処理コストの低減が大きな問題で

ある.

(1) 脱脂処理

この工程はトリクロロエタン（TCE）が脱脂水準の高さ・処理能力・コスト面で抜群であった．しかし，オゾン層保護のため1995年末に生産が中止され，脱TCE洗浄技術が市場で競い合っている．

塗装では種々の後工程でりん酸処理などの化成処理を続ける工程が多いので，コストのかからないアルカリ系洗浄が多い．ただし，この場合には排水処理コストの負担が大きい．したがって，脱脂処理だけで塗装するケースでは図4.1に示すようにメチレンクロライドを用いた塩素系溶剤洗浄がまだ多く使われている．メチレンクロライドはトリクロロエタンより沸点が低いので，液中での洗浄やスプレー洗浄がしにくく，脱脂能力が少し劣る．また表面張力もメチレンクロライドの方が高いので，すき間などへ入り込みにくい．このため，第1脱脂槽で超音波洗浄装置を増やして対応している．しかし，メチレンクロライドは蒸発しやすく，一酸化炭素中毒症状を起こす可能性があるので，許容濃度を50 ppm以下にすることが必要である．ただ，オゾン層破壊や地下浸透の問題もあり，より規制が強化されるので，今後代替対策をとるべきである．

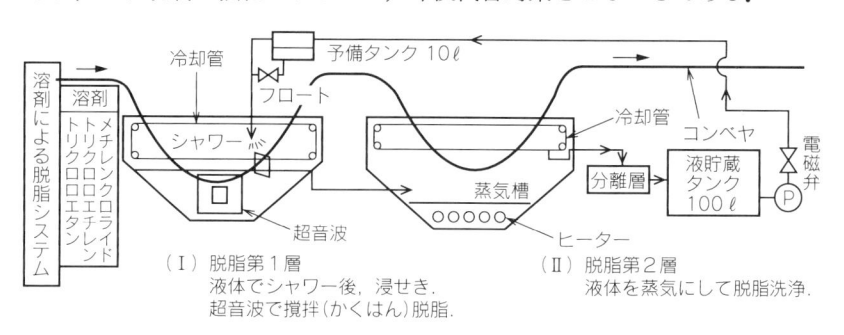

図4.1　メチレンクロライドによる脱脂処理工程の一例[1]

(2) 化成処理

金属は一般には板金物のような薄板には化成処理を用い，鋳物などの厚物にはブラストや研磨を用いて，被塗物表面積の増大と活性化を行う．特に化成処理はりん酸亜鉛や鉄のような防せい性のある化成皮膜ができるので，品質面で

安定している．しかし，脱脂→水洗→水洗→表面調整→りん酸亜鉛処理→水洗→水洗→純水洗→乾燥と工程が多く，薄板や小さいものはよいが厚板や大型品には搬送が難しく浸せき槽の容積にも限度があり，適用は難しい．それに，化成処理の最大の問題点は，排水処理コストである．

(3) ブラスト処理・研磨機・その他

厚板や大型品の前処理には，ブラスト処理が最適である．タンクなど構造物の状態でブラストできる利点から，現在はこの処理の地位は不動のものである．最近は，投射材の飛散が少ないシステムも開発され，屋外でも使用範囲を拡大しつつある．ただ，建築物や橋梁など，複雑でブラスト処理が困難な場所では，ディスクサンダーなどの人手による研磨機が必要である．その他，プラスチックなどには新しい前処理方法が開発されている．

4.1.2 塗装方法

一般に塗装方法は，
① はけやロールのように押し付けて塗る押付け形塗装方法，
② 浸せき（ディッピング）・シャワー塗装やフローコーター・電着などによる浸せき・流し塗り形塗装方法，
③ 塗料を空気や高圧や電気・遠心力などで霧化微粒化し，その塗料霧化粒子を被塗物に塗着させる霧化形塗装方法

に大別される．これらの三つの方法は，図4.2のような特徴をもっている．図4.2に示すように，被塗物の大きさや形状，要求される仕上がり水準によって，適用範囲が異なる．すなわちそれぞれに一長一短があり，どの方法を採用するかが，塗装設計者の判断による．例えば，霧化形塗装方法は形状の複雑なものであっても，美観上最もよい仕上がりができる．しかし最大の欠点は塗着効率が劣り，塗装ミストが多くなって，その処理コストが大になるという点である．最近の自動車業界では，静電塗装によって塗着効率が90％水準に達しつつある．しかし，残りの10％の塗料ミストの処理費が問題となっているのである．また，エアスプレーは簡単によい仕上がりができるが，50％以上発生する塗料

	①押さえ付け形塗装方法	②浸せき・流し塗り塗装方法	③霧化形塗装方法
被塗物の形状	はけ塗りを除いて平たい物とか少しの凹凸の物に限定される.  平板　波板	Aよりは少し複雑な物もできる（電着は良い）. 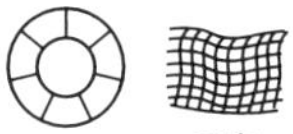 アミ	ほとんどの物が塗装できる.  自動車　洗濯機
塗られた物の美観	△～○	△～×	○～◎
均一性	○	上下差大　△～×	○
入り込み性	△～○	すみずみまで入る ◎	△～○
塗着効率	◎ 95～100%	◎ 95～100%	40%スプレー, 60%エアレス, 60～70%HVLP, 70～90%静電 ×～○
作業効率	ロールコーター,ロール,はけ塗り ◎　　△　　×	○～◎	○～△エア,◎～○エアレスHVLP,△～○静電
廃棄物処理コスト ◎少ない　×大	◎～○	◎～○	×～△～○

図4.2　各塗装法の特徴[2)]

ミストの処理費がコスト負担になる．このように，昔は被塗物に塗着しない塗料ミストは塗料の損失として算出されるだけで，なんら問題にならなかった．しかし現在は塗料の損失の何倍から何十倍もが，処理コストとしてかかるようになったのである．押付け形塗装方法や，浸せき・流し塗り塗装方法は塗料損失も非常に少なく，リサイクル性も良好であるが，被塗物の形状・美観・仕上げ・作業効率などの面で限界がある．100%塗着形霧化形塗装機や，複雑な形状の素材でも，浸せき後エアカットによる美装仕上げ可能な塗装機が強く期待されている．

（1）　HVLP方式とは

図4.3は現在使用されている塗装機を前述の三つの方式に従って分類したものである．この中で現在注目されているのが低圧霧化形のHVLP方式である．エアスプレーの塗着効率は一般には，40～50%と非常に低い．その理由は，図4.4の1)に示すように，A孔から吐出された液体状態の塗料は，B, C孔から出る0.2～0.4 MPaという強い圧力の空気によって微粒化し，霧化状の塗料ミス

4.1 塗装の基礎と環境対応

```
押さえ付け形塗装方法 ─┬─ 1) はけ塗り，自動はけ塗り
（はけ塗り）          ├─ 2) ロール塗り，自動ロール塗り，厚膜模様仕上げロ
                         ール，圧送ロール
（ロール塗り）         ├─ 3) しごき塗り
                      └─ 4) ロールコーター
                            a) ナチュラルロールコーター
                            b) リバースロールコーター

浸せき，流し塗形塗装方法 ─┬─ 1) 含浸塗装 ─┬─ 真空含浸塗装
                         ├─ 2) 浸せき塗装 └─ 常圧含浸塗装
                         ├─ 3) シャワー塗装
                         ├─ 4) フローコーター，カーテンフローコーター，加圧
                         │     型フローコーター
                         └─ 5) 電着塗装(カチオン，アニオン)，シャワー電着

霧化形塗装方法 ─┬─ 1) 空気霧化形 ─┬─ a) エアスプレー
                │                  │      （2液形エアスプレー）
                │                  ├─ b) ホットエアスプレー
                │                  │      （2液形ホットエアスプレー）
                │                  └─ c) 静電エアスプレー
                │                         （ホット静電エアスプレー）
                ├─ 2) 空気霧化   ─┬─ a) エアミックス形スプレー
                │     加圧霧化    │      （2液形エアミックススプレー）
                │     混合式      ├─ b) ホットエアミックス形スプレー
                │                  │      （2液形ホットエアミックススプレー）
                │                  └─ c) 静電エアミックススプレー
                │                         （ホット静電エアミックススプレー）
                ├─ 3) 加圧霧化形 ─┬─ a) エアレススプレー
                │                  │      （2液形エアスプレー）
                │                  ├─ b) ホットエアレススプレー
                │                  │      （2液形ホットエアレススプレー）
                │                  └─ c) 静電エアスプレー
                │                         （ホット静電エアレススプレー）
                ├─ 4) 静電形       固定式静電，ディスク形，ベル形
                └─ 5) 低圧霧化形   HVLP
                                   その他
```

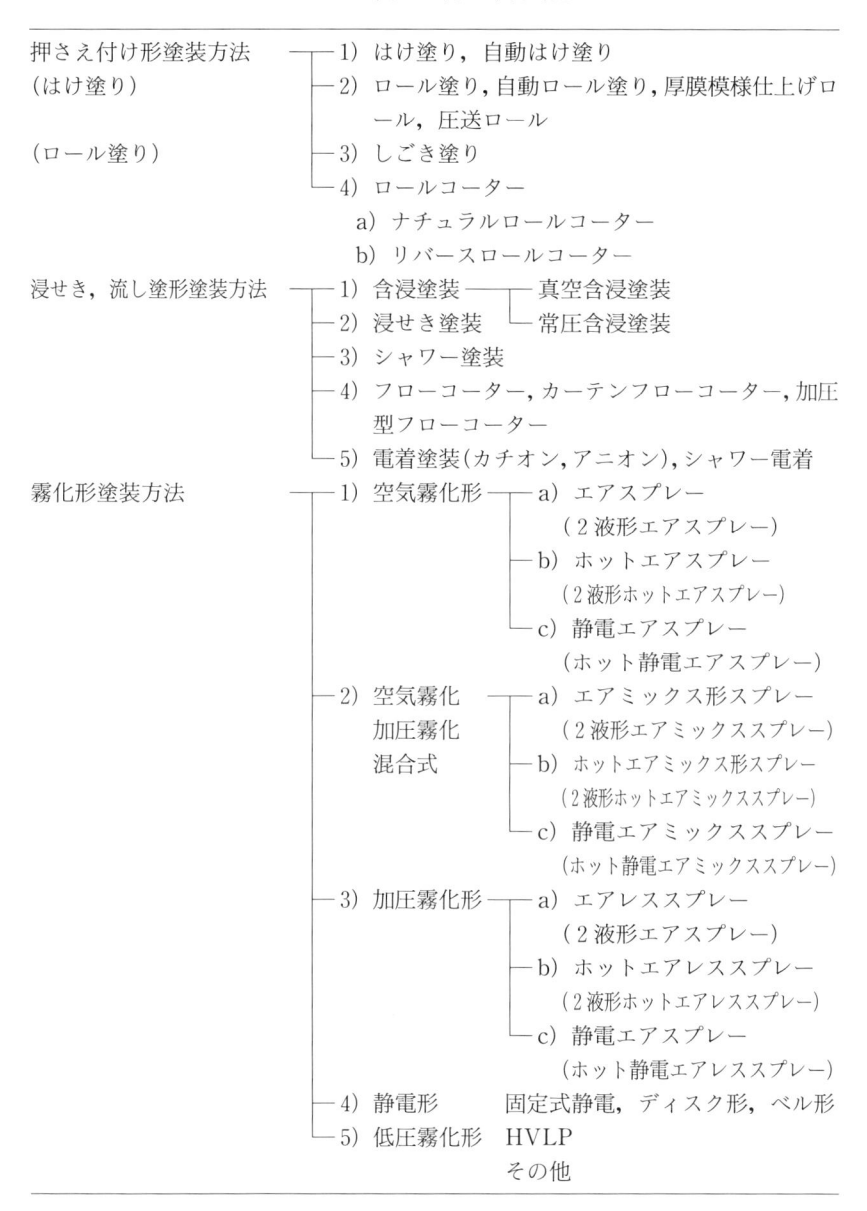

図 4.3 塗装方法装置の分類表[2]

144   4. 塗料設計と塗料の使い方

トになり，被塗物に塗着される．しかし，空気圧があまりにも高すぎるので，被塗物表面で跳ね返って，スプレーミストとなり，飛散してしまうために，塗着効率が悪いのである．HVLPガンは，図4.4の2)に示すように，E, F孔から吐出する霧化するための空気圧を1/10くらいの0.02～0.03 MPaレベルに下げ，跳ね返りを少なくしたものである．逆に，空気量は大幅にアップして霧化粒子を被塗物にロスなく塗着するようにした．このため，塗着効率は60～70％まで上昇した．しかし，微粒化はエアスプレーの30～40μmのレベルに達していない．このため，レベリングが劣ったり，ぼかしぎわが滑らかにならないなどのこともあった．最近は，HVLPガンの開発も急速に進み，E, Fの空気吐出孔をら旋状にし，Dより吐出した塗料に加速された空気が効率よくぶつかって，微粒化をよくしたものや，E, Fの孔の数を多くしたものなど，改良品が市場に多く出てきている．HVLPガンは高仕上がりを目的とした自動車補修塗装や一般の塗装市場で，塗着効率アップの一つの決め手として登場した環境対応

1) エアスプレーガンの原理

ノズル先端

0.2～0.4MPaの空気圧

・B
・A
・C

Aから出た塗料は，B, Cより出た空気より微粒化される．
A. 塗料の吐出口
B, C. 空　気　孔

エアスプレー　　HVLP

微粒化は良い　　少し微粒化は劣る

粒子数

30　　40　　50 μm

→ 粒子径

微粒化度

2) HVLPガンの原理

ノズル先端

0.02～0.03MPaの空気圧

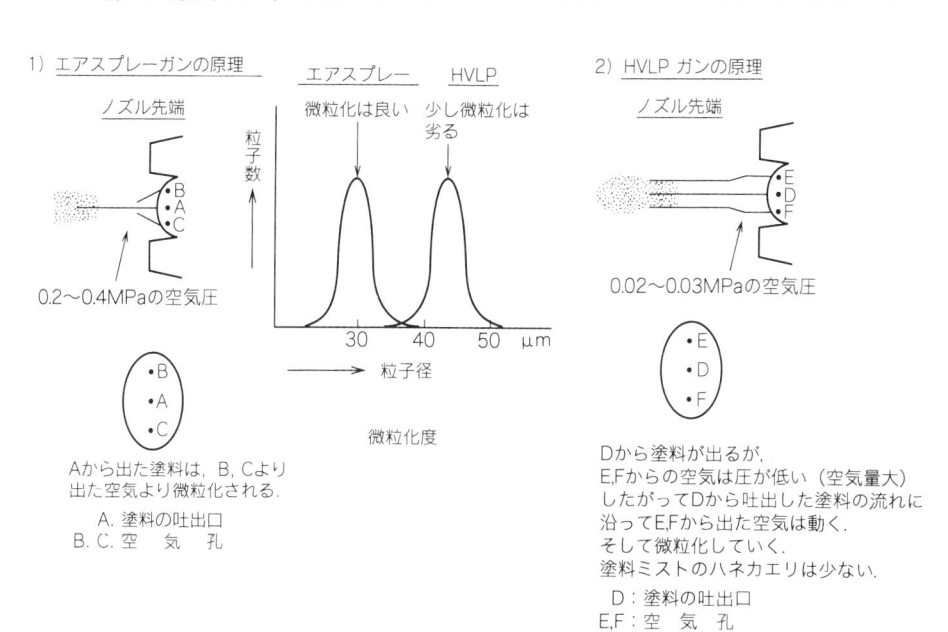

・E
・D
・F

Dから塗料が出るが，E, Fからの空気は圧が低い（空気量大）したがってDから吐出した塗料の流れに沿ってE, Fから出た空気は動く．そして微粒化していく．塗料ミストのハネカエリは少ない．
D: 塗料の吐出口
E, F: 空　気　孔

図4.4　HVLPガンの微粒化機構[3)]

機器である．1995年，アメリカで脚光を浴びたカルフォルニア規制は水系メタリックベース・ハイソリッド形クリヤーとHVLPという三本立てになっている．このように，環境対応は塗料と機器の組合せというシステムで展開していくであろう．

（2） 霧化形塗装機の使い分け，位置づけ

もとに戻って，霧化形塗装機の代表3タイプの特徴と使い分けを表4.1に示す．長い間の経験から，各タイプの位置づけも明確になり，適材適所の使い分けができるようになった．エアスプレーは最も手軽に何にでもきれいに仕上げられるが，吐出量が少ないため塗装の作業効率は劣り，塗着効率も悪い．エアレススプレーは作業効率も良く，塗着効率もまずまずだが，高仕上がりの要求には不適である．静電塗装は外観も塗着効率も作業効率もすべてが良いが，量産品向きであるため，ブース・コンベヤなどの作業ラインが必要であり設備費が高い．

このように3タイプは一長一短があるので，これらを組み合わせたエア静電・エアレス静電・エアミックスなどの機種も出てきた．更に，これらと2液混合塗装機・ホットスプレー方式などの組合せも出てきている．

（3） 霧化形塗装機の進歩と展開

エアスプレーガンの良さである高仕上がり性と作業のやりやすさを保ちながら，作業効率をアップするガンが多くなってきた．吐出量が多くなっても微粒化が低化しないという相反する特性を両立させたタイプのものが好評を得ている．

また，エアスプレーガンのような簡単な機器にも，手元の空気流入口のところに，圧力ゲージを取り付けたタイプも増えてきた．これは未熟練者でも決められた空気圧で塗装すれば，メタリック塗装のむら消しやぼかしぎわの滑らかさという高度の作業を上手に使いこなせる．

手持ちのエア静電塗装機で高仕上がり・高塗着率・高作業効率化ができるタイプが市場で注目を浴びている．これらの特徴をあげると次のとおりである．

　① ノズルの空気口の改良による善玉微粒化粒子を多くする（悪玉微粒化

表 4.1 代表的な霧化形塗装方法の特徴と使い分け[4]

	エアスプレー	エアレススプレー	静電塗装
原理 塗料の微粒化 塗着の機構	空気によって塗料を微粒化し，更に空気で微粒化粒子を押して，被塗物に塗着する．	塗料を高圧で圧縮し，それを小さい口径のノズルから，噴出させることで微粒化し，そのまま被塗物に塗着させる．	遠心力又は電気によって微粒化し，イオン化空気層で帯電し，電界に従って被塗物に塗着する．
塗着効率及びその良否の理由	40～60％ 被塗物に空気の力で押しつけられるので同じ力で反発する．そして飛散する．	60～75％ 塗料への内圧で塗着するので，被塗物に塗着したときの反発が少ない．	80～95％ 電界に従って微粒化した塗料粒子が，被塗物に付着するので塗料ミストの飛散が少ない．
仕上がり性	○～◎ 微粒化が良好なため，レベリング，ぼかしぎわの滑らかさなど美観良好．エアと吐出量のコントロールが自由にできるので，仕上がり性良好．	△～○ 微粒子が十分でなく，塗料圧のコントロールのみで仕上がるので，美観の面では十分ではない．	○～◎ 微粒化良好，機器の配置，補正によって高仕上がりができる．
作業効率 吐出量 (ml/min)	△ 1ガン当たり300 ml，圧送式で600 mlくらいで作業効率小．	◎ 1ガン当たり400～900 ml，大型では2 000～2 500 mlも可．	△～○ 1ガン当たり200～500 ml，ディスク形で1 500 ml．まずまずの作業性．
作業性塗装機の使いやすさ	◎ 空気圧量，塗料の吐出量を先にコントロールできるので細かい作業が可能．	△ 塗料の圧と距離でコントロールするので細かい作業ができない．	○ レシプロの速度，機器配置，補正などにより，ある程度は作業性を良くすることができる．
まとめ 工場の塗装ラインへの適応性	軽くて使いやすく，細かい作業ができるので，複雑な形状や多種類の塗装に適す．ただし塗着効率，作業効率は良くないので，ライン塗装での使用は少ない．多品種少量生産には適す．	美観仕上げには不適，防食，建築，船舶など，ある程度の仕上げで大量塗装を要する物，厚膜仕上げを要する物．	ある程度の作業効率と美観仕上げを要する物，工場のライン作業には最適．
用途	多品種少量生産向け，中規模塗装，自動車補修塗装など	大型機械，船舶，橋梁，重防食，建物など．	家電，自動車，金属製品など．最近プラスチック，建築資材に

4.1 塗装の基礎と環境対応

粒子とは，粒子径の大きいもの＝レベリング，仕上がりを悪くする．粒子径の小さいもの＝ブラウン運動を起こして被塗物に塗着しない．）

② 静電発生機内蔵型
③ 塗料の色替え簡単：塗料の吸入部はガン先端部にある．ガン中に残存する塗料の量はわずか5 ml，したがって洗浄時の塗料の最小のロスで簡単に洗浄できる
④ ガン質量：一般エアスプレーガン並み

この塗装機によって塗着効率92％を達した．400 ml/min の吐出量でも，塗着効率が高いので1回塗りで25～35 μm の塗膜厚になる．仕上げはエアスプレー，作業効率はエアレス，塗着効率は静電という三拍子そろった塗装機である．HVLP ガンの先端をいくものであり，霧化形塗装機の限界に挑戦している機器である．霧化形塗装機の世界でも，革新の波が見えてきた．これらの情報を収集し，適切な機器の選択を期待する．

（4） ロールコーター，フローコーターなど押付け，流し塗り形塗装機

押付け形塗装方法の代表格であるはけ塗りはロール塗装へと変わってきた．理由は作業効率である．最近は圧送ロールの水準が上がってきたため，建築物の塗り替えでも塗料を補給する必要がなく作業できるようになってきた．したがって，はけは複雑部のみに使い，他の部所はロールという工法になった．もちろん，エアレス塗装との競合はまだ続く．

工業塗装では，ロール塗装が威力を発揮している．高粘度でも，高速度でも塗装できるということは，PCM（プレコートメタル）でも，プレハブ外装パネルにも最適の塗装方式である．ただ，ロールコーターは形状が単純なもの，すなわち，平板のような物に限定される．塗装粘度が高いと基材への吸込みが少なく，低いと基材に吸い込まれる．塗料がシーラーか，フィラーか，下塗りか，上塗りかにより，粘度の調節をすることが必要であるが，塗料を基材表面に強く押し付け，接着させる塗装方法としては最適である．床用合板の下塗りでは，$1～2 g/$尺 $(11～22 g/m^2)$ という薄塗りである．一般にロールコーターは下塗りに用い薄塗りというケースが多い．PCM の場合には，上塗りにも下塗りにも

ロールコーターを用いている．

これに対し，フローコーターは工業塗装における流し塗りの代表格である．高速で走行する平板状の被塗物の上に，スリットあるいはオーバーフローさせた塗料を，均一なカーテン状にして流下させ，塗布するので，レベリング性のよい高外観の塗膜が形成されるのである．塗膜厚は，被塗物の走行速度と塗料の流下量によって決まる．一般に上塗り用として用いられるケースが多い．また，自由に膜厚がコントロールできるので，厚塗り用として使う場合が多い．表4.2に示すようにフローコーターだけの場合より，両者の組合せの方が，塗布量が少なくて仕上がり性がよい．ロールコーターでまず，吸込みをシールしておき，その上にフローコーターで，厚塗りしたからである．このように，同じ塗料でも，機器の組合せにより，塗布量や仕上がり性が変わってくるのである．両塗装機の特徴をつかみ，うまい組合せを期待する．

両者ともに，水系塗料への適応性がよく，リサイクル性に優れているので，環境対応機器として今後大いに活躍するであろう．また両者の組合せは，プレハブの外装パネルのように，タイル調やスタッコ調などの複雑模様にも，十分対応できる．被塗物形状の複雑度に，どれだけ対応できるかは，形状ごとに塗装条件を追求しなければならないが，相当の範囲まで可能性がある．特にロールのゴムの材質により，弾性化を多様にコントロールできる．ウレタン，シリ

表4.2 ロールコーターとフローコーターの組合せがよいというデータ[5]

		フローコーターのみの場合 (F/C：g)		ロールコーターとフローコーターの組合せ(R/C：g)
塗料使用量 (g/m^2)	1回目	80	100	60
	2回目	80	100	60
	3回目	140	200	140
	総計	300	400	280
仕上がり性(光沢/ムラ)		×～△	○	◎

備考　ストレート板の場合．

コーン，ニトリル，ブチルなどゴム材質の種類を変えることにより，模様への対応度は広がる．また，ロールをスポンジ状にし，複雑な凹凸面にも対応できるものもある．ただ押付け圧力度には限度がある．

押付け圧力と凹凸の複雑さへの対を両立させたのが，図4.5のシートロール方式である．この方式は被塗物自体がひずみを有する場合にもこのひずみを吸収し，うまく仕上げることができるという利点がある．張りつめたシートによって，被塗物面への押付け圧力を強くするとともに，弾性をもたせて凹凸面との密着性を上げたのがポイントである．特にA部の特殊ロールはいろいろな複雑形状の被塗物面によく付着し，押付け力を十分に発揮できるように考案されている．

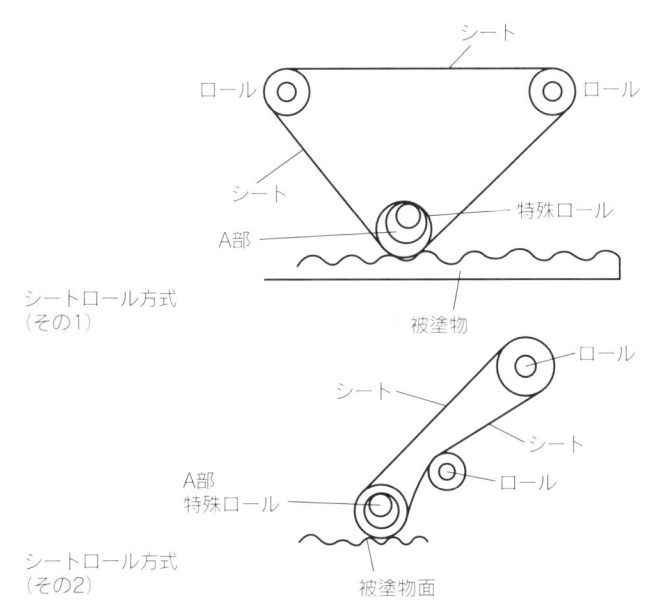

図4.5 凹凸面のある複雑形にも対応し押さえ付け力のあるシートロール方式[5]

（5） 霧化形塗装機と流し塗り，押付け形塗装機の組合せ

これは形状複雑な被塗物には霧化形塗装機，その後の仕上げを流し塗り，押付け形という組合せで，より複雑形へ挑戦した例である．霧化形では，最も吐

出量が多いエアレススプレーを用いた後，傾斜ベッド式フローコーターで凹凸部に塗装できる．

　押付け形の一方法として，しごき塗りがある．塗装したものを布などでしごく方法は，木材のステイン仕上げにも用いられているが，しごき材をエアカットにしたところに工夫がある．更に低圧スプレーと組み合わせると，大量処理ができる．大型パネルをコンベヤスピード 30 m/min という高速で塗装するには，エアレススプレーでもガン数を多くしなければならない．そのときノズル詰りなどがあれば，管理上難しい．また，エアレスではある程度の跳ね返りによる塗料ロスと塗料ミスト処理の問題も残る．ここでエア圧を極端に下げて，跳ね返りやミストをなくしたのが低圧スプレー法である．ただこれは，低圧のため微粒化は悪いが下塗りには通用する．エアカットで，余分な塗料を除去し，均一な塗膜を作る．除去した塗料は下のタンクにため，また低圧スプレーの方に循環させれば，ロス・ミストなしのリサイクルシステムができるのである．特に水系塗料でこのシステムをとれば，環境対応上万全である．

　このように，ある被塗物には，この塗装機という限定をしないで，塗料との組合せ・美観・性能面・作業効率面・イニシャル及びランニングコスト面・環境対応面から研究して，霧化形・押付け形・流し塗り・浸せき形の塗装機をどう組み合わせたらよいかを追求することが必要である．

（6）　浸せき形塗装（ディッピング塗装）

　浸せき形塗装は設備費が低く，塗料損失がなく，水系塗料であれば環境対応は十分あり，今後研究すべき塗装のタイプである．一例を図 4.6 に示す．

　泡防止のため，表面層をオーバーフローさせているのが一般的である．また，大型品の場合はディッピングではなく，シャワー塗装を行う場合もある．

　問題点は被塗物上下の膜厚差や下部に生じるたれ，わきの問題である．ただ，現在は，浸せき法は水系塗料が多く，品質設計時に増粘剤・表面張力を下げる溶剤やふっ素系添加剤・消泡剤などをうまく配合すると，相当のレベルの製品ができ上がる．また，被塗物の吊り下げ方や浸せき槽を二つにして，上下相互にひっくり返して塗装するなどの工夫をすれば，更にレベルが上がる．

4.1 塗装の基礎と環境対応

　網目状の被塗物（ラジエータなど）は現在浸せき塗装が多い．一気に電着塗装という方法もあるが，仕上がり精度の点で高度の水準を要求されない製品については，浸せき法での追究を勧めたい．水系塗料であれば，コストや環境面から最も適合した塗装方法の一つと考えられる．

　図4.7に，高橋俊郎の理論的な研究の一部を引用させていただく．高橋はそれをアルミサッシの塗装に応用し成功している．被塗物を浸せき槽に浸せきして引き上げるとき，引上げ速度や塗料の粘性などを変えると，被塗物に付着し

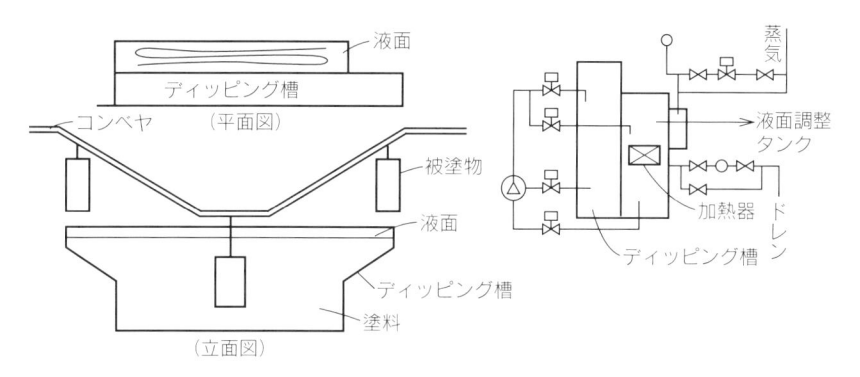

図4.6　浸せき塗装（ディッピング）[6]

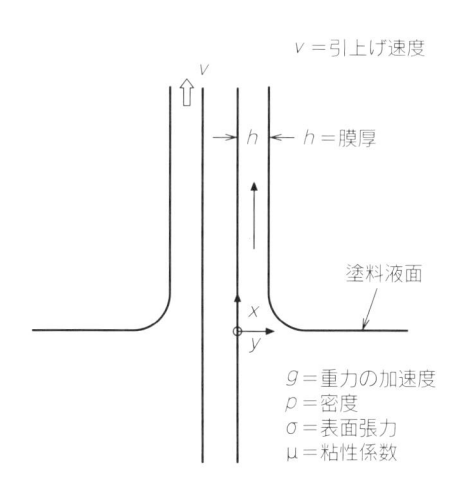

図4.7　浸せき塗装のモデル[8]

た塗料の膜厚は図 4.7 のように変化する．このときの塗膜の膜厚に影響する因子をあげると，引き上げ速度＝v，粘性係数＝μ，密度＝ρ，表面張力＝σ，重力の加速度＝g が考えられる．これから実験式を導くと，次の式になる．

$$h = C \times \left(\frac{\mu v}{\sigma}\right)^n \times \left(\frac{\mu v}{\rho g}\right)^{\frac{1}{2}}$$

ここに，h：塗料の膜厚，C：常数，n：指数である．

高橋は，無限平板をモデルにして展開し，それを円筒に拡張して，アルミサッシの実用化による数値を求めていくのであるが，髙橋氏の文献 8) を参照願いたい．

（7） 電着塗装

浸せき塗装の塗膜の不均一の欠陥を改良をしたものが，電着塗装である．複雑な形状のものでも均一塗膜を得るために，めっきの方法をとり入れ，電気めっきの金属イオンの代わりに樹脂のイオンによって，被塗物をめっきしたのである．正確には，イオン性ポリマー分散体を被塗物の表面層に電解析出して，防せい力のある保護膜を形成させたのである．被塗物を液に浸せきすると，複雑な形状のものでもすみずみにまで入り込む．これが，他の塗装法にみられない優れた防せい性を生み出す．図 4.8 に示すように，被塗物を前処理後電着し，未析出付着塗料を水洗除去し，析出塗膜を硬化させる．

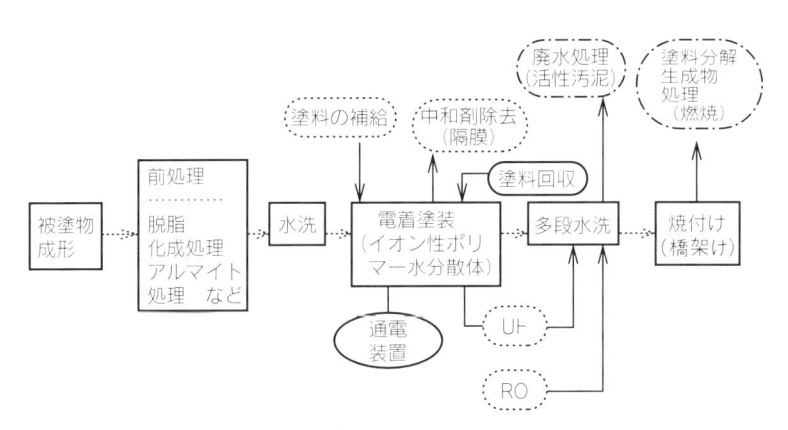

図 4.8　電着塗装システムのアウトライン[9]

電着には，アニオン電着（AED）とカチオン電着（CED）がある．図4.9に示すように，アニオン電着は，ポリカルボン酸樹脂を主体とする陰イオン電解性樹脂を用い，被塗物を陽電位に荷電し，被塗物に陰イオン樹脂を析出させて塗装する．このときに，被塗物金属やりん酸亜鉛皮膜の溶出が起こる．この溶出イオンが電着塗膜中に入り込み，防食性の低下や塗膜の変色などの現象を引き起こす．

カチオン電着は，ポリアミン樹脂などを主体とする陽イオン電着性樹脂を用い，被塗物を陰電荷に荷電し，被塗物に陽イオン樹脂を析出させて塗装する方法である．このとき被塗物は陰極であるため，金属はイオン化されず，不活性のままである．これが，カチオン電着がアニオン電着より優れた防食性を示す理由であり，自動車の防食性が飛躍的に上がった一つの要因でもある．ただ陰極近傍はアルカリ性（pH 11～14）になるので，耐アルカリ性の低いアルミニウム・亜鉛などでは，溶出の起こることも報告されている．またアニオン電着で

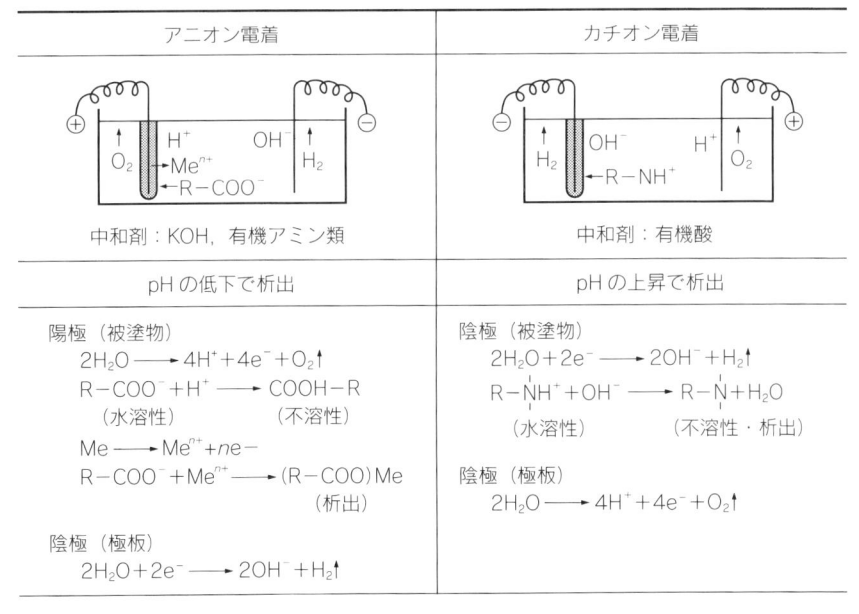

アニオン電着	カチオン電着
中和剤：KOH, 有機アミン類	中和剤：有機酸
pHの低下で析出	pHの上昇で析出
陽極（被塗物） $2H_2O \longrightarrow 4H^+ + 4e^- + O_2\uparrow$ $R-COO^- + H^+ \longrightarrow COOH-R$ （水溶性）　　　　（不溶性） $Me \longrightarrow Me^{n+} + ne^-$ $R-COO^- + Me^{n+} \longrightarrow (R-COO)Me$ 　　　　　　　　　　（析出） 陰極（極板） $2H_2O + 2e^- \longrightarrow 2OH^- + H_2\uparrow$	陰極（被塗物） $2H_2O + 2e^- \longrightarrow 2OH^- + H_2\uparrow$ $R-NH^+ + OH^- \longrightarrow R-N + H_2O$ （水溶性）　　　　（不溶性・析出） 陰極（極板） $2H_2O \longrightarrow 4H^+ + 4e^- + O_2\uparrow$

図4.9　析出のメカニズム[9]

は，陽極で酸素ガスが発生し，析出塗膜での酸化劣化が問題になる．カチオン電着では，同一電気量で2倍の体積の水素ガスが析出極（陰極）に発生するので，ピンホールなどに注意することが必要である．

防せい力の向上によって，アニオン電着からカチオン電着への移行が進んでいる．特に変性エポキシ樹脂とブロックイソシアネートによる橋かけ塗膜により防せい・接着・耐薬品性も大幅にアップし，自動車用下塗りをはじめ防せい力を要求されるものに使用されている．ただ，アルミサッシは前処理のアルマイト処理がアルカリに弱いことと，耐候性が必要なため，アクリル樹脂のアニオン電着を用いている．

電着塗料は UF（限外ろ過）と RO（逆浸透）の組合せによる完全リサイクル化の道を進んでいる（図4.8）．しかし，浴槽及び循環工程における塗料の安定性にまだ問題が残っているので，量産化製品以外の被塗物については，よく採用の可否を検討する必要がある．

電着塗装の次世代方法として，電解重合法が研究されている．被塗物表面に電解酸化及び電解還元により，低分子有機物から高分子塗膜を形成させる方法である．この方法は電着塗装に比べて高電圧を必要とせず，かつ低分子有機物が被塗物表面と相互作用をして，高分子塗膜ができ上がるので，接着性が優れているという期待がある．

（8） 2液混合形塗装機

ウレタン・シリコーン・ふっ素・エポキシ・不飽和ポリエステルのように，主剤と硬化剤を混合して塗装する2液形塗料が多くなっている．一般には，塗装現場で必要量を秤量し，その場で主剤と硬化剤を混合して用いている．しかし，工場の塗装ラインで使用したり，混合後の可使時間が短い場合には，2液混合形塗装機を用いることもある．図4.10は超速乾形のウレタンエラストマーの塗装に用いられている2液形塗装機である．主剤と硬化剤の比率はポンプのシリンダの径の比によってコントロールできる．混合は同図(a)のマニホールド形と同図(b)のガン先混合形で行うタイプがある．この方法はスプレーガンの操作はしやすいが，マニホールドとスプレーガンの間の塗料の洗浄に時間

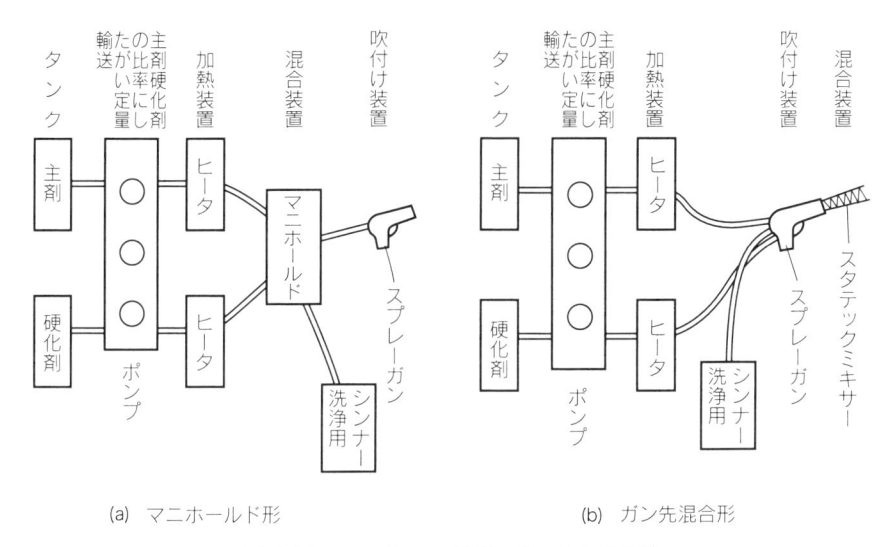

図 4.10　マニホールド形とガン先混合形[4]

(a) マニホールド形　　(b) ガン先混合形

を要する．同図(b)はガンの先端を洗うだけでよいので，洗浄の手間は少ないが，スプレーガンの操作がし難い．いずれにしろ，超速乾形の 2 液塗料は途中で塗装作業を中断するときには，常に洗浄という手間がかかるのが普及の難点である．

　この塗装方法は，途中でヒータにより加熱ができる．被塗物全体を暖めるより，塗着する塗料さえ暖めればよいという発想である．

　また，2 液混合形塗装機には，内部混合方式と外部混合方式がある．前者は塗装機の中で 2 液を混合するタイプである．後者は塗装機の外部（ノズルの尖端）で 2 液を混合させるタイプである．塗装機からみれば，後者の方が簡単であるが，表 4.3 のラジカル重合形の塗料にしか応用されない．付加重合形塗料には表 4.3 の示すように主剤と硬化剤が混合されないので硬化しない．

　主剤と硬化剤の比率どおりに，ガンの先に送るのも難しい．ポンプの定流輸送機能や混合部における両者の粘度差が大きく影響する．一般には，プランジャーポンプとギヤポンプが用いられている．前者はピストンの径，後者は歯車の組合せによって，主剤と硬化剤の量の比率が決まってくる．

表4.3 各2液重合形塗料の内部混合方式と
外部混合方式塗装機の適応性[4]

硬化のタイプ	付加重合形	ラジカル重合形
具体的な塗料の品種	ウレタン エポキシ シリコーンアクリル あるいはシリコーン ポリエステル＋イソシアネート ふっ素	ポリエステル ビスフェノール形 ポリエステル ＋過配化物 グリシジルアクリレート
内部混合方式の2液混合塗装機を用いたときの塗膜の混合状態	主剤，硬化剤の混合が均一であるため，全体が均一なピンク色に仕上がり，硬化状態も良好．	同　　左
外部混合方式の2液混合塗装機を用いたときの塗膜の混合状態	主剤の白の中に硬化剤の赤が点々として散布されている．したがって硬化は不良．	全体がピンク色になり硬化状態良好．

（9） **塗装ロボット**

（a） **塗装ロボットの位置づけ**　現在，霧化形塗装方式の自動化に際しては，レシプロかロボットかの採用を見極めることが大事である．単一なものを量産化する場合には，レシプロケーターに種々の塗装機を取り付けて塗装するのが最も効果的である．しかし被塗物の大きさ・形状が種々多様でありかつ形状が複雑な場合には，塗装ロボットを使うのが効率的である．塗装ロボットは，被塗物の形状を認識して，人間の手と同じような動きができるのである．塗装ラインに組むことにより，被塗物の多種多様化，生産量の変化，モデルチェンジなど広範な変化に対応し，長期間にわたって順応性をもたせることができるのである．もちろん，工場の塗装ラインでは，従来の自動塗装機と別々の場合もあるが，共存していることが多い．例えば，箱物の内部はロボットで塗装し，

外部はレシプロケーターで塗装するなど，相補いながら展開の道を歩んでいる．

（b）**塗装用ロボットの現状**　表4.4は代表的なロボットの仕様を一覧表化した．PTPは点から点への断続軌跡であり，CPは連続軌跡である．PTPの点間隔を小さくして，軌跡をCPのようにしたのがMPTP（マルチPTP）である．ロボットの動作は精度の高い繰返し作業であり，制御方法も限定される．プレイバックとは，ティーチング操作を記憶し，それをそっくり再生し，ティーチング動作を繰り返し行うことができることをいう．

表4.4に示すように，制御方式・動作範囲・記憶装置・ティーチング方式がそれぞれの種類で異なるので，被塗物の形状・大きさ・仕上げの程度によって適切なタイプを選ぶ必要がある．一例としてA方式で説明する．

（ⅰ）**制御方法**　塗装作業は動作の軌跡が重要であり，CP的制御でなければならない．したがって，A方式はMPTP式であるので適している．駆動制御は電気―油圧サーボ機構で位置，速度を制御していることがわかる．

（ⅱ）**多関節アームと自由度**　人間の腕のように動くには，手首の関節が必要となる．腕の旋回・上下・前後・手首の水平・上下・首振りという6自由度で，ほぼ人間の動作が可能になる．自由度の増すほど価格は高くなる．

（ⅲ）**動作範囲**　腕（アーム）の長さと旋回角度で決まる．図4.11にA方式のロボットの構成と動作範囲を示す．

（ⅳ）**記憶装置と記憶時間**　メモリと磁器テープが使われている．

（c）**今後の方向性**　塗装が多種多様になるにつれ，すべてをティーチング方式で行うのでは限界がある．下塗りにセンサ物質を入れ，膜厚やその濃度により塗装方法を変えていくようなシステムが開発されてくるであろう．

4.1.3　塗装ブースなどの塗装関連機器

（1）**塗装ブースの目的**

塗装ブースはごみやミストが着かないなどという塗装作業性や機能面でのテーマが着目されるが，第一の目的は人の健康や火災に対する安全性，そして環境保全である（図4.12参照）．併せて，ごみが付着しにくい，作業がしやすい

表 4.4 各種塗装ロボットの仕様[10]

仕様	各社標準方式	A	B	C	D
ロボット本体	外形・形状	多関節形ダブルリンク方式	多関節形ダブルリンク方式	多関節形ダブルリンク方式	多関節形ダブルリンク方式
	動作範囲 水平(mm)	2 520	3 150	3 350	1 850
	動作範囲 上下(mm)	FL 130～2 030	FL 250～2 040	FL 150～2 300	FL 530～2 500
	動作範囲 前後(mm)	1 070	975	1 330	1 200
	動作範囲 腕旋回(度)	70	93	90	01
	自由度	5.5（腕3）（手首3）	5（腕3）（手首2）	6（腕3）（手首3）	6（腕3）（手首3）
	最大速度(m/s)	2.0	1.7	1.5	1.75
	先端最大荷台(kg)	5	15	5	—
	位置再現精度(mm)	±2.0		±1.0	±2.0
	安全対策	本質安全防爆	本質安全防爆	本質安全防爆	本質安全防爆
	質量(kg)	800	735	650	500
制御装置	駆動方式	電気―油圧サーボ	電気―油圧サーボ	電気―油圧サーボ	電気―油圧サーボ
	制御方式	CP又はPTPティーチングによるCP制御	CPティーチングによるCP制御	CPティーチングによるCP制御	PTPティーチングによるCP制御
	記憶容量(s)	136	80	400	4種
	プログラム選択	4種	1種	1種	4種
	ティーチング方式	マニュアルティーチング又はPTPティーチング	マニュアルティーチング	マニュアルティーチング	ティーチングボックスによるPTPティーチング
	記憶方式	ワイヤメモリ	8トラック磁気テープ	磁気ディスクメモリ	コアメモリ
	外部同期信号	送受信各1回線	各3回線	各1回線	各7回線
	電源	AC200V 10kVA	AC200V 7kVA	AC200V 6.5kVA	AC200V 10kVA

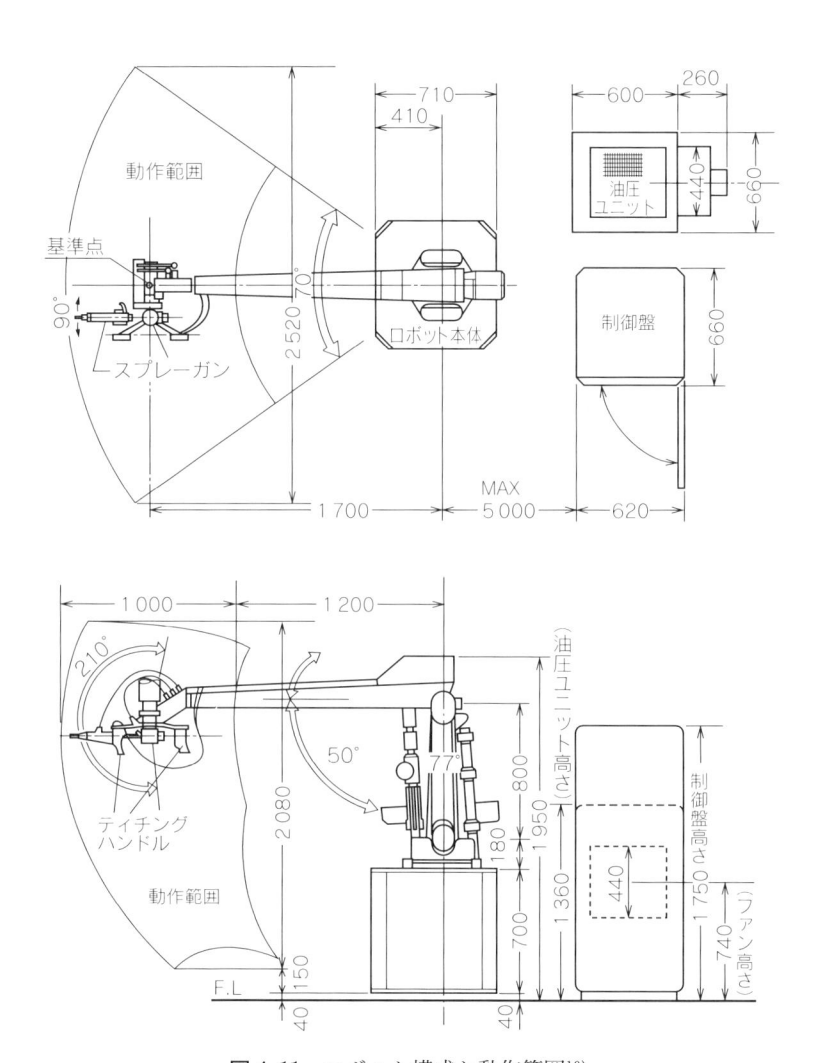

4.1 塗装の基礎と環境対応　　　159

図 4.11　ロボット構成と動作範囲[10]

ブースの効果	内容		関連法規
	ブースがない時の問題点	ブースがあると	
①人の健康にやさしい	 ①塗料スプレーミストをもろにかぶる．長く塗装すると呼吸器系統に疾患が起こる． ②有害物質である溶剤の濃度の高い場所で，長時間働いていると中毒症状を起こす(例えばキシレンで500〜100ppm)．	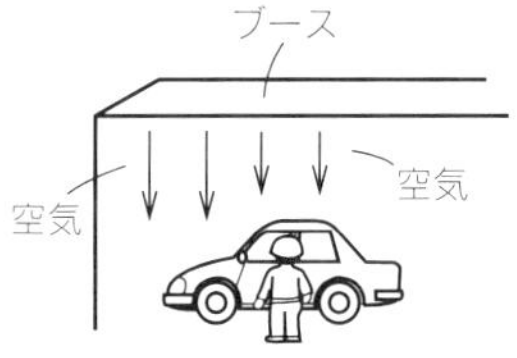 空気の流入により塗料ミストは下へ流れ，溶剤濃度は大幅に希釈される(200ppm以下)．	労働安全衛生法 中毒予防規則
②爆発や火事などの危険を少なくする	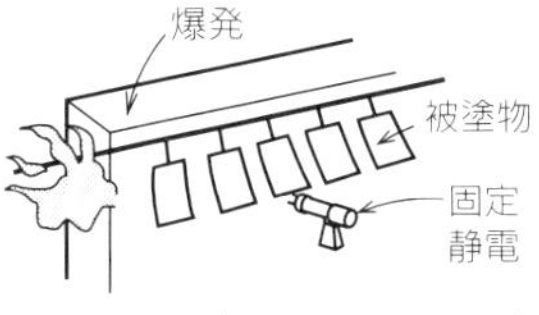 空気の流通が悪いと，塗装場所の溶剤濃度が1〜5%くらいになる．この濃度では爆発の危険性大である．更に引火の危険性も高まる．	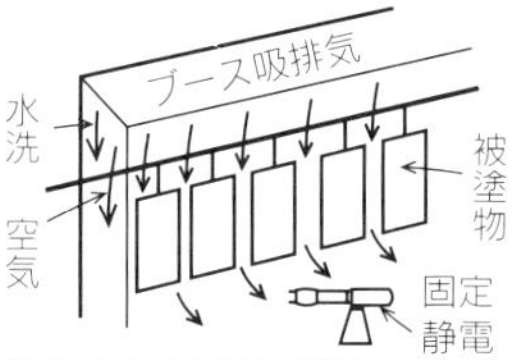 溶剤濃度を100〜200ppmに設計して吸排気する．爆発限界の1/30〜1/100に溶剤濃度が下がり，危険性がなくなる．	消防法，その他
③環境にやさしい	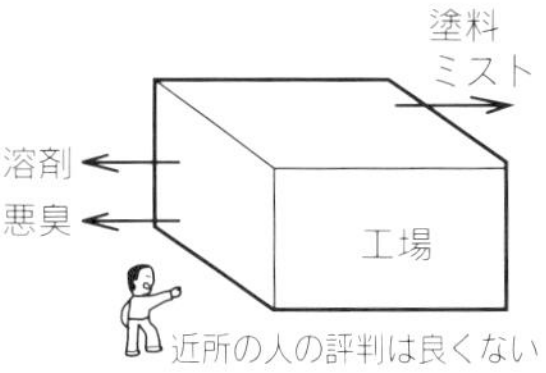 近所の人の評判は良くない	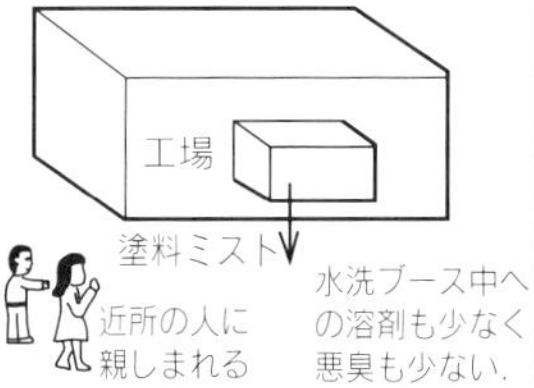 近所の人に親しまれる．水洗ブース中への溶剤も少なく悪臭も少ない．	大気汚染防止法 中毒予防法
④ごみがなく美観が大	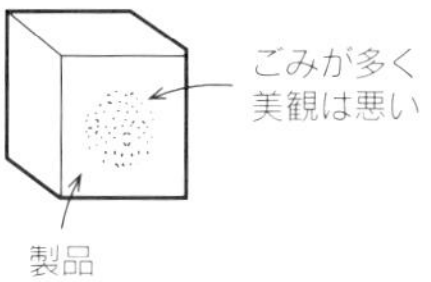 ごみが多く美観は悪い	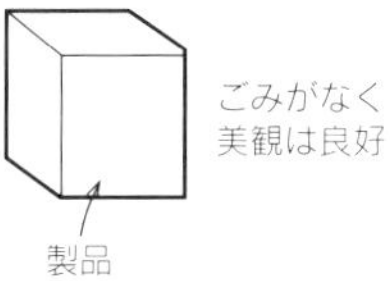 ごみがなく美観は良好	

図 4.12 塗装ブースの幾つかの目的について[11]

などの機能が必要になるのである．

（2） 塗装ブースや塗装関連場所を危険物，安全衛生面から見直すと

溶剤はある比率で空気と混ざり合うと爆発する．それも表 4.5 に示すように 1% くらいという少ない量であっても，爆発限界に達する．更に大事なことは，溶剤は液体の状態ではわずかな量であっても，蒸発して気体の状態になると，非常に大きな量になる．例えば，目安として 100 ml くらいの液体の量であっても，気体になると 22.4 l という 224 倍の容積という膨大な量になる．100 ml の量というと，わずかで危険は感じないが，気体になると，膨大な量になり危険になる．したがって，塗装作業場に入ると，排気や溶剤の臭いに気をつけなければならない．図 4.13 の A, B のチェック項目から蒸発している溶剤量を判定するのがよい．検知管で判定するのが確実だが，検知器では単独溶剤の濃度だけなので，シンナーの成分表から全溶剤濃度の目安をつけることも現場の知恵である．

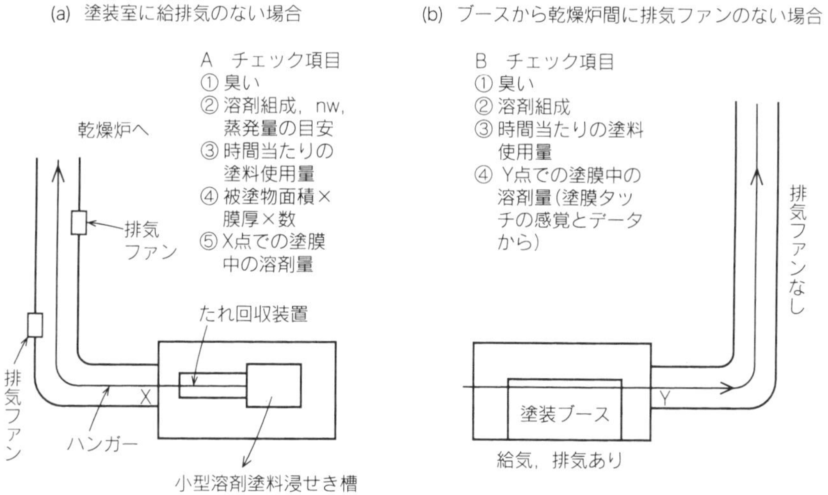
(a) 塗装室に給排気のない場合
A チェック項目
① 臭い
② 溶剤組成，nw，蒸発量の目安
③ 時間当たりの塗料使用量
④ 被塗物面積×膜厚×数
⑤ X点での塗膜中の溶剤量
乾燥炉へ
排気ファン
排気ファン
たれ回収装置
X
ハンガー
小型溶剤塗料浸せき槽
(b) ブースから乾燥炉間に排気ファンのない場合
B チェック項目
① 臭い
② 溶剤組成
③ 時間当たりの塗料使用量
④ Y点での塗膜中の溶剤量(塗膜タッチの感覚とデータから)
排気ファンなし
Y
塗装ブース
給気，排気あり

図 4.13 場所の溶剤濃度が気になる例[11)]

表 4.5 塗料によく使用されている溶剤の物性（危険物関係）[11]

	分子量	沸点 760mmHg	蒸留範囲 初留点	蒸留範囲 乾点	引火点 (℃)	発火点 (℃)	爆発限界(%) 下限	爆発限界(%) 上限
トルエン	92.13	110	110	112	4～15	552	1.2	7.0
キシレン	106.16	139	139	142	21～29	480	1.0	7.0
ソルベントナフタ1号	(110)	～	120	180	21～29	480	1.3	8.0
ソルベントナフタ2号	(125)	～	140	195	25～35		1.3	8.0
ソルベントナフタ3号	(135)	～	150	210	35～50	510	1.3	8.0
イソプロピルアルコール	60.10	82.6	81	84	11～21	400	2.0	12.0
イソブチルアルコール	74.12	107.9	102	110	27～44	434	1.68	
正ブチルアルコール	74.12	117.7	116	119	30～47	334	1.45	11.25
エチレングルコールモノブチルエーテル	118.18	171.2	166	173	60～74	244	1.1	10.6
プロピレングリコールモノメチルエーテル	90.1	120.1	～	～	75			
プロピレングリコールモノブチルエーテル	132	170	～	～	62			
酢酸エチル	88.11	77.2	75	82	−5～−7	427	2.18	11.5
酢酸ブチル	116.16	126.5	121	128	21～41	420	1.7	15.0
セロソルブアセテート	132.16	156.3	145	163	47～66	380	1.71	
プロピレングリコールメチルエーテルアセテート	132.2	146	～	～	73			
MIBK	100.15	115.9	～	～	14～28	440	1.35	8.0
シクロヘキサン	98.14	156.7	～	～	43～54	453	1.31	8.35

4.1 塗装の基礎と環境対応

（3） 塗装ブース及び関連作業場における溶剤濃度の計算

《溶剤濃度の計算式》

$$N = \frac{W/M \times 22.4 \times 10^{-1}}{Q} \tag{4.1}$$

ここに，N：溶剤濃度（％）

Q：排気量（m³/h）

M：溶剤の分子量

W：溶剤の気化量（g/h）

22.4：1 g 分子の溶剤量は 22.4 l になる．

いま，塗料中の溶剤は全量気化すると考えれば，

$$W = T(1 - nv)$$

ここに，T：塗料の使用量（g/h）

nv：塗料の不揮発分

《W の考え方》

① 吹付け塗装を塗装ブースで行うときには全量気化

② 図 4.13 の(a)のように，ディッピング塗装の場合には，X 点における塗膜中の残留溶剤の量を除く．

③ 図 4.13 の(b)のように，セッティング炉中の W の量は，Y 点における残留溶剤の量

④ W/M は各溶剤の g 分子量

大体の目安をつける場合には，メラミン橋かけ形焼付け塗料用シンナーでは，$M=100$，ウレタン塗料シンナーでは $M=110$ として計算するとしても，およその濃度がわかる（表 4.5 参照）．

○ **自動車補修用塗装ブースの場合**

塗料使用量 = 1 kg

$nV = 35\%$（メタリックベース 20％，クリヤー 50％として計算）

$W = 1\,000\,\text{g} \times (1 - \frac{35}{100}) = 650\,\text{g}$

$M = 110$ （ウレタン塗料用シンナー）

$Q = 22\,000 \text{ m}^3$

$\left\{\begin{array}{l}\text{ブース内寸法：長さ 7.1 m　幅 4.3 m　高さ 2.7 m} \\ \text{空気の流速}=0.2 \text{ m/s とすれば,}\end{array}\right\}$

$Q = 7.1 \times 4.3 \times 0.2 \times 60 \times 60 ≒ 22\,000 \text{ m}^3\text{/h}$

これを式(4.1)に代入すると

$$N = \frac{650 \times 110 \times 22.4 \times 10^{-3}}{22\,000} ≒ 6 \times 10^{-6} ≒ 0.000\,6\%$$

この濃度は爆発限界1%（キシレンとしてみた場合）よりも，はるかに少ない数値であり，安全である．

また，労働安全衛生法をみても，$0.000\,6\% = 6$ ppm であり，キシレンの恕限度（人間がその濃度の作業場で一定労働時間，作業してもよい濃度）200 ppm よりはるかに少なく，安全である．

一般に，ブース内，塗装作業場などで，人間が作業している場合には，労働安全衛生法に従わなければならない．ということは，恕限度スレスレの状況であっても，爆発限界濃度の 1/50～1/100 の濃度であり，爆発や火災の危険はないということである．しかし，作業場全体を見わたすと，これに当てはまらない場所もある．例えば，セッティングルーム・乾燥炉・手作りのビニルブースなどはあらかじめ計算をしてチェックしておくべきである．その後，念のため検知管で測定すべきである．一般には，あらかじめセッティング時間と溶剤の蒸発率のデータをとっておき，セッティング後の塗膜中の溶剤の残留量を確かめる．最近は残留溶剤の組成をガスクロマトグラフで簡単に測定できるので，一度確認することが必要である．いずれにしろ，塗装に携わる人は，自分で確かめる習慣をつけておくべきである．

（4） ブースの効果をフルに発揮するためのごみゼロ・磨きゼロ対策の一例

ブースの効果を発揮するための例として，自動車補修塗装用ブースの使い方について述べる．自動車補修業界，すなわち車体整備作業における工程合理化の大きなテーマとして，磨き工程ゼロということが脚光を浴びている．2K形

4.1 塗装の基礎と環境対応

ウレタンのような，良い仕上がりの塗料を使用すれば，レベリングや光沢の鮮映度は容易に達成できる．問題はごみ付着である．これは作業する人の心がまえと，ごみを着けないノウハウをもっているかにかかっている（表4.6参照）．

表4.6 ごみゼロ挑戦へのリーダのきめ細かい注意事項[11]

1. ブース	2. 塗る車	3. スプレーガン	4. 作業者
① 不要の物を入れず ② フィルターをこまめにチェック ③ 掃除を完全にする ④ ホース，遠赤，小物にごみなし ⑤ 塗装前に水をまく ⑥ 塗装中は他の人はブースに入らない ⑦ ブースで無駄なエアを使わない	① 紙を張る前に足を付ける ② 常にシリコンオフでふく ③ マスキング前のエアブローを完全に，ぞうきんがけをきっちりとする ④ マスキング時にすき間をあけるな，たるませるな ⑤ モールの際は新しいテープで張る ⑥ マスキングテープと車のすき間は必ずエアブローする ⑦ タッククロスはエアブローを併用．その後帯電防止ウエスでふく	① ガンからごみが出ないようによく掃除する（特にノズルチップの所を念入りにする）	① ブースに入る前，防じん服は完全にエアブローする

(5) 塗装ブースの幾つかの例及び塗装関連機器

塗装ブースを用いた塗装ラインの工程図及び幾つかのタイプのブースとスプレーガンの組合せについて考える．

○ コンプレッサ及び配管系

霧化形塗装機には，必ず圧縮空気が必要である．また，安全性の面から種々の機器類が電気駆動から空気駆動に転換するにつれ，塗装の分野でも圧縮空気

が重要な地位を占めるようになっている．

コンプレッサは，大量の空気を吸い込んで圧縮する機械であり，往復圧縮機と回転圧縮機がある．往復式は往復するピストンにより，吸込弁からシリンダ内に空気を吸い込み，これを圧縮して吐出弁から流出する．回転式は往復運動部分がないので，振動が少なく，基礎工事が簡単で騒音が小さい．吐出空気の脈動がほとんどなく，本体の機構は簡素化されている．特に最近は騒音には厳しくなっているので，スクリュー型(回転式)が多くなっている．設置場所の条件は，次のとおりである．

① 水平でしっかりした床面
② 壁から 30 cm 以上離れた空間
③ 雨水がかからず，湿気やほこりが少ない所
④ 通風がよく，40℃以上にならない所

一般には，空気は水・油・ちりなどを多く含んでおり，これが濃縮されると，これらの不純物濃度は更に高くなる．すると塗装面にはじき・白化・ごみなどの塗膜欠陥を生じる．更に，塗装機の故障の原因にもなる．このため機器と配管との組合せが必要になる．

代表的な組み合わせによる圧縮空気清浄システムでは，空気配管はまず必要な圧力と空気量を安定させて供給するように設計する，継ぎ目を少なくする，管径を少し太めで単純なレイアウトにする，漏れ止めを完全にする，配管内の圧力低下を十分に計算する，などの工夫が必要である．

4.1.4 乾燥方法，機器及びその仕組みについて
（１） 塗料用樹脂と乾燥機構との関係

塗料は塗装されると，溶剤分は蒸発する．その後，樹脂中の分子同士が結びついて(橋かけして)，だんだん大きくなり，三次元の網目を作る．これが塗膜形成である．

塗料の状態でも分子が高分子であり，溶剤が蒸発すると分子の変化がなく，塗料の状態のままの高分子の塗膜を作るタイプを溶剤蒸発形という．このとき

には，橋かけ反応が起こらないので，二次元構造の高分子の塗膜となる．このような樹脂を熱可塑性樹脂といい，前述の三次元構造の塗膜を作る樹脂を熱硬化性樹脂という．一般に三次元構造塗膜の方が，二次元構造の塗膜より，高性能の塗膜を作る．

乾燥の速さとは，網目を作る速さすなわち反応速度をいう．また，どのようなメカニズムで乾燥するかということで塗料を分類すると，それぞれに，乾燥に必要なエネルギー，すなわち乾燥機器や乾燥条件（温度，時間）が明確になるので，塗料の仕組みを容易に理解できる．

熱縮合，UV・EB硬化形と無機質硬化形の一部を除くと自然乾燥することができる．自然乾燥形塗料は建築物・船・橋梁などのように加熱することができないものは自然乾燥させるが，工場の塗装ラインのように加熱できるものは促進乾燥するのが一般的である．それは工場では，乾燥のため自然に放置しておく場所を極力減らさなければならないためである．

敷地面積の有効利用も，合理化の一つである．促進乾燥すると，溶剤の蒸発が速く，また反応速度が速くなり，網目を速く作る．

ウレタン塗料は常温乾燥に，16時間以上必要であるが，促進乾燥では，60°Cで30～50分で硬化する．工場生産では，温度を上げて乾燥時間を速くし，少ない設備費でいかに生産量を上げるかが勝負である．表4.7に促進乾燥の幾つかの例を記す．この中でPCMの場合には，150°C×20～30分の焼付け塗料を，250°C×30～60秒まで短縮をした．これは，コイルコーティングという薄板の状態で塗装したからでき上がったのである．

（2） 乾燥方法と乾燥機器

乾燥（硬化）させるためのエネルギーは非常に多様化している．したがって，最初の設備コストとランニングコストを見直し，もう一度エネルギー計算をしなければならない時期となっている．前述のように塗料も変革し，エネルギー源も改革進歩しているからである．図4.14に，現在の乾燥エネルギーと塗料との関係を示す．ここで，熱風は万能であり，促進乾燥の50°Cから，PCM，無機塗料の250～280°Cまで全範囲で使用されている．熱源も重油・灯油・プロパン

と多様化している．また，UVや赤外線は特に多彩になっているので，その使い方について述べる．

表4.7 省エネルギー，省力，コストダウンのための促進乾燥を採用している例

乾燥機構		塗料名	促進乾燥条件	被塗物	乾燥条件が適正な理由
溶剤蒸発形	溶剤	PS用アクリルラッカー	50°C×5〜10分	テレビキャビネット	高温になるとPS(ポリスチレンがとける)
	水系エマルションデイパージョン	アクリル，シェルコア形エマルション	90°C×10〜20分	鋼管アミ等	100°C以上ピンホール出やすい
酸化重合形		中油短油アルキド	50〜60°C×30〜40分	電車	大型車両では温度アップ困難
熱縮合形		ポリエステルメラミン	250°C×30秒〜60分	PCM(プレコートメタル)	乾燥時間を速く設備小，生産量アップ
熱縮合形		エポキシメラミン	〃 〃	PCM下塗コイルコーティング	同上
		カイナー形ふっ素	250°C×1〜3分	PCM上塗コイルコーティング	同上 ふっ素エマルションの成膜温度
		〃	235°C×20分	カーテンウォールサッシュ	あまり高くなるとアルミは素材変形
二液重合形		アクリルウレタン	50°C×60分	木工品	これ以上温度を上げると木材が発泡する
付加重合形		〃	60°C×30〜60分	自動車補修	ピンホールが出なく扱いやすい温度
			90°C×15分	〃 近赤外線	条件さえよければピンホールなし

4.1 塗装の基礎と環境対応

表 4.7 (続き)

乾燥機構		塗料名	促進乾燥条件	被塗物	乾燥条件が適正な理由
2液重合形	付加重合形	エポキシポリアミド	60～80℃×50～60分	自動車補修	あまり高温では電子部品がこわれる
		ふっ素イソシアネート	50～60℃×60分	無機窯業系建材	水分を蒸発成膜促進，大型品 この温度が限度
	ラジカル重合形	不飽和ポリエステル＋過酸化物	40℃×3～5分	自動車補修	冬期は乾燥を早める
有機無機複合形		アクリルエマルションあるいはディスパージョン＋セメント	40～60℃×5～10分	無機窯業系建材	大型品で短時間乾燥水分蒸発乾燥促進
無機質硬化形		けい酸塩＋触媒	250～280℃×40～60分	耐熱性無機窯業系建材	低温化したいが，これが限度

（a） **各波長の赤外線乾燥機の特徴・使い方** 幾つか意見があるが，近赤外線を 0.8～20 μm，中赤外線を 2.0～40 μm，遠赤外線を 4 μm 以上とした．図 4.14 に各機器の一例を示す．

（ⅰ） **近赤外線乾燥機** ハロゲンなどのガス灯を熱源としている．数千度の熱源から発生する近赤外線のエネルギーは強力で，従来の 1/2～1/3 の乾燥時間で塗膜を硬化することができる．立ち上がりも 2 秒くらいと大幅な短縮ができ，自動車補修から一般焼付け，粉体に至るまで広い用途がある．立ち上がり速度が速いことによるピンホールも，溶剤組成の研究で解決できる．現在，他の赤外線から近赤外線への切換えが早いピッチで進んでいる．ただ，ヒータの寿命が 5 000 時間と短く，消費電力も多い．

（ⅱ） **中赤外線乾燥機** 従来からの赤外線ランプであり，簡便で持ち運びがしやすく，コストも安いので，一般の塗装工場では多く使用されている．また，

ヒータの寿命も 20 000〜30 000 時間と長いので経済性にも優れている．ガス赤外線も，輻射（ふくしゃ）と対流熱の利用で根強い需要がある．

（iii） 遠赤外線乾燥機　加熱されたセラミックから発生する遠赤外線で乾燥させる．水や樹脂などには，4〜50 μm の赤外線波長を吸収する特性をもっているものが多いので，放射波長と合致して乾燥効果が大きい．ただし立ち上がりに 15 分くらい要するので，点滅を多用する場合には使いにくい．ヒータの寿命も長く，消費電力も低く，経済性も高い．

（iv） 各赤外線乾燥機のうまい使い分け　これらの各赤外線乾燥機をいかにうまく使い分けるかが，これからの硬化エネルギーの効率化につながる．これ

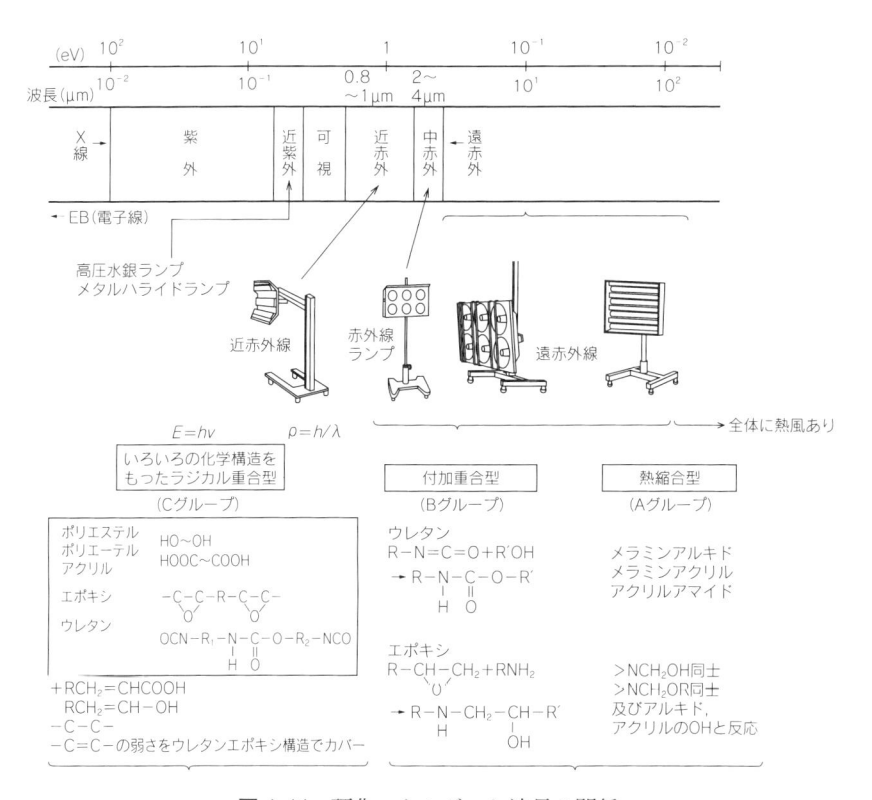

図 4.14　硬化エネルギーと波長の関係

4.1 塗装の基礎と環境対応

は必ずしもエネルギー効率だけではない．作業のしやすさ，塗膜外観など総合的な生産効率から判断すべきである．例えば，自動車補修のスポットリペアー（小部分の補修塗装）のように，早く最終硬化（イソシアネート反応率50％）のレベルまで乾燥させるには，近赤外線乾燥機が有効である．硬化が速くなれば，ブースの回転率が速くなり，1日6台以上の補修塗装ができるのである．1台2パネル程度の補修塗装料金を5～6万円とすれば，2台分多くできるので10～12万円/月の工賃売上高（粗利）がアップするのである．1か月であれば，230～250万円のアップになる．これは電力費＋減価償却費の2～6万円をはるかに超えるものであり，早く近赤外線乾燥機に切り換えるべきである．

逆に，一般の小型部品の焼付け塗装では，生産量の伸びはあまり期待できない．このような場合には，効率的な近赤外線乾燥機に切り換える必要はない．従来の中赤外線乾燥機のままでよい．切り換えた場合の減価償却費＋電力費の上昇が大幅であれば意味がないのである．

（b） UV塗装の仕組みと今後の展開　UV塗装は，設備の軽薄短小化とランニングコストの低減化，すなわち塗装コストミニマム化の流れに乗り，そのシェアを大きく伸ばしている．特に木材やプラスチックのように，乾燥温度を上げられない被塗物には，常温で8秒くらいで乾燥するシステムは画期的なものであり，合板・ホイルカバーなどの分野で，高いシェア率を占めている．

塗膜形成の仕組みは，二重結合をもつアクリルや不飽和ポリエステルの中に図4.15に示す光重合開始剤を2～4％加えた塗料を塗装し，図4.16に示す紫外線ランプを照射すれば，8～15秒で塗膜が硬化するのである．樹脂も前述のものばかりでなく，シリコーンアクリレート・ウレタンアクリレート・エポキシアクリレートなど，高性能のものが多く使用されている．また，二重結合の数を増減させることにより，柔軟な塗膜から，4H，5Hという硬い塗膜までできるので，ビニルクロスの耐摩耗形クリヤーから，ハードコーティングまで，多種多様な展開をしている．

反応のメカニズムは，UV塗膜にUV光が照射されると，UV膜中の光重合開始剤が分解して，ラジカルを発生する．このラジカルが樹脂中の二重結合のπ

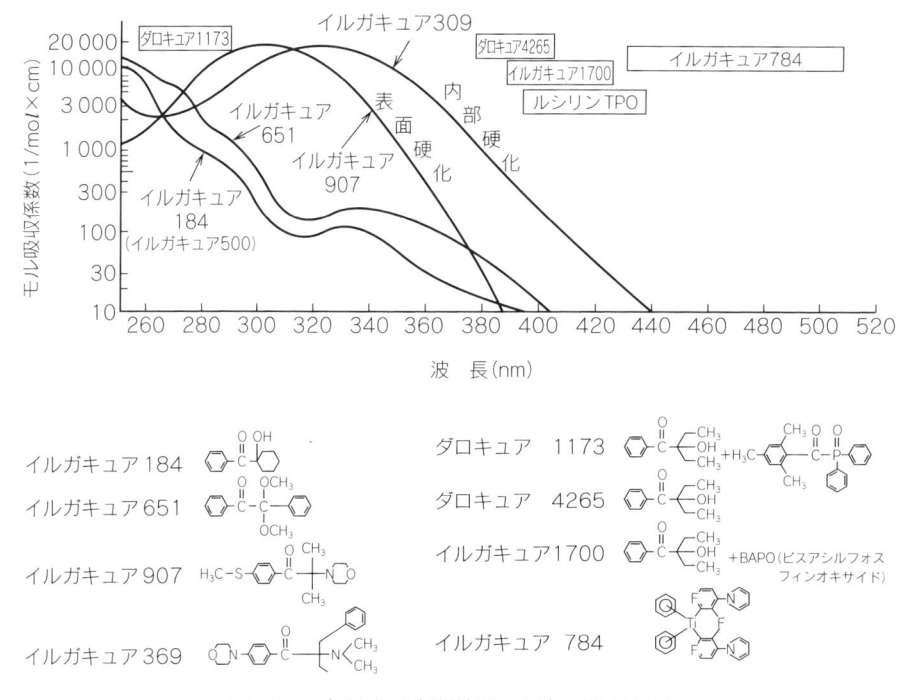

図4.15 各種光重合開始剤と吸収特性の比較

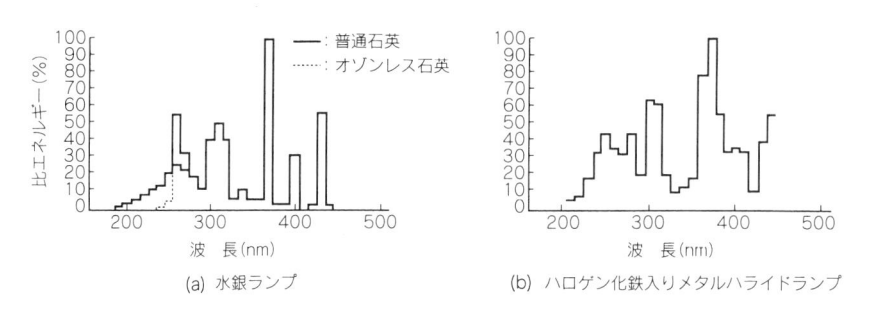

図4.16 紫外線ランプの分光エネルギーの分布例[12]

(a) 水銀ランプ

(b) ハロゲン化鉄入りメタルハライドランプ

結合を開かせて，瞬時に反応が進み，塗膜が形成されるのである．このように，ラジカル反応の特徴は，速く塗膜を形成することである．UV 乾燥も，30 秒とか 1 分という時代があったが，それが 10 秒を切るようになったのは，高出力の水銀ランプやメタルハライドランプの市場への浸透と，長波長での吸収の優れた UV 反応開始剤の開発による．図 4.16 に示すように UV ランプは，370 nm 近辺の波長部に高出力の UV エネルギーを照射する．UV 反応開始剤もその波長近辺で吸収の大きい，イルガキュア 309，ダロキュア 4265，イルガキュア 1700 などが出てきた．これらは，その波長で分解して，大量のラジカルを発生し，乾燥を速めるのである．8 秒で硬化するとして，UV 乾燥機の大きさを設計してみよう．

コンベヤスピードを 6 m/min とすると，

$$1\,\text{min} = 60\,\text{s} \quad\quad 60\,\text{s} \div 6\,\text{m} = 10\,\text{s/m}$$

これは 1 m 走行する間に 10 秒の照射を受ける．したがって，8 秒で硬化するように設計しておけば，10 秒の照射では，1 m の UV 乾燥機で十分に硬化する．1 m の乾燥炉であれば，設備費は安い．そのうえにコンベヤスピード毎分 6 m は高速であり，生産性が高い．もし，更に生産性をアップするために，3 倍の毎分 18〜21 m のコンベヤスピードにしたとしても，乾燥炉は 3 m ですむのである．これが，UV 乾燥システムが設備費とランニングコストミニマムを達成できる仕組みである．

ただ，UV 硬化塗料には次の二つの問題がある．

① クリヤーは UV 硬化するが，顔料の入った塗料は UV 硬化はしない．その理由は照射された UV エネルギーが顔料に吸収され，内部硬化しないことであった．しかし最近，長波長で内部硬化する UV 反応開始剤，前述の長波長形光重合開始剤及び，BAPO，ルシリン TPO などが開発され，白系プライマーが市場に出始めている．

② 耐候性が劣るので，屋外に使われる物には，使用が難しいという問題があって使用範囲が限られていた．その理由は，ⓐ UV 反応開始剤は，全量がラジカルを発生して消滅してしまうのではなく，50％以上が塗膜

中に残留する．残留した開始剤は日光に照射されると，日光中の紫外線により，またラジカルを発生する．このとき発生したラジカルは，せっかくでき上がった分子の網目を切断し，塗膜の劣化を進める役目をする．ⓑ UV 硬化反応は急速に進むので，樹脂分子間の結びつきが不均一になり，低分子のモノマーやオリゴマーと高分子の樹脂が混合した塗膜になる．低分子モノマーやオリゴマーは日光中の紫外線に弱いので，劣化がどんどん進む．

しかし，技術の進歩はこれらの壁を破りつつある．このため UV 照射時に，反応開始剤は全部ラジカルとなって消費され，未反応開始剤が塗膜中に残留しないようにする，樹脂や反応性剤をよく研究し低分子モノマーが残らないようにする，などの研究が進んでいる．また，紫外線吸収剤（UVA），光安定剤（HALS）を併用して劣化を少なくした 2 コートメタリックが，オートバイのガソリンタンクなどに使われている．

今後，手持ち形蛍光ランプとチューブ入り UV 硬パテによる簡易自動車補修塗装システムや，UV 照射室内で被塗物が自転して，被塗物面に UV 光が均一に照射される塗装方式や，水分散しやすい UV 重合開始剤と電着塗料との組み合わせによる UV 硬化形 ED や，高性能のカチオン UV 塗料や，可視光形開始剤（550 nm までの吸収をもつ）など，多彩な UV 塗料・塗装システムが研究され，市場への登場を待っている．

4.1.5　塗装コストミニマムを達成するための幾つかのチェックポイント

塗装は素材に，保護・美観・機能性を与える優れた機能膜である．しかし，その機能膜を作るには，コストの因子を十分に考えるべきである．昔は塗装された被塗物の中での塗装コストは，非常に少ない比率であった．

しかし現在は，塗られるもの自体の合理化がどんどん進み，コスト競争に勝ち抜くコストを目指している．その中で，塗装のコスト比率が上昇し，いかにこのコストを下げるかが焦点となっている．したがって，従来の発想にこだわっていれば，別の素材のシステム（めっき，繊維，プラスチックなど）に切り

換えられてしまうのである．それには，コストという考え方を単なる塗料とか，塗装費という考え方から，材料革新の流れ，市場要求の変遷，各技術の将来像などを見据えた広い観点に立った見方が必要である．それには，安全環境対応を十分に配慮した経済的なシステムをとらえながら次の点を考えなければならない．

（1）　材料革命と塗料を組み合わせて，より対加価値があり，コスト競争力のある商品作り

（a）　目的は同じであるが，素材も仕上げ方法も大きく変換した商品　化粧品を入れる容器が，軽く，持ちやすく，使いやすく，かつ高級感があり，多彩できれいな色になり，コストも安くなった．昔は金属にめっきしていた．現在は，プラスチック→UVクリヤ→アルミニウムの真空蒸着→カラークリヤや，クロムスパタリング→UVクリヤへと変換し，塗装・キャンデートン・メタリック・パールなど多彩になった．めっきは工程も10工程以上で，コスト高であった．それが，プラスチックを用いて，めっき以上の高級感を表現しコストダウンしたのである．

（b）　塗料近傍の技術と塗装との組合せによる自動車の防せい技術　表面処理鋼板＋カチオン電着＋チッピングプライマーは，10年以上の防食性を有する．特に表面処理鋼板は日本が世界に誇る技術である．すなわち，日本は多層合金めっき処理という，溶接・溶断・機械加工性が良くて，軽く，コスト競争力のある防せい技術を作り上げた．これと塗装を組み合わせることにより世界のどんな土地でも10年以上さびない技術を作り上げた．これは，めっきと手を組むことででき上がった．このように，塗装はあるときにはめっきと競合し，あるときには手を携えて，塗装のシェアの拡大を推進しているのである．

（2）　被塗物自体の寿命の中で，メンテナンス費用ミニマム化の考え方

現在はメンテナンスコストフリーの考え方は当然となっている．瀬戸大橋・明石大橋・関西新国際空港・建築物から自動車に至るまで，この考え方が浸透しつつある．長大橋や海上構造物は巨大化し，その塗り替え費用は高所作業や環境規制などから非常に困難になっており，膨大な額になることが予測される．

このため，塗装の経済比較を初期塗装費の段階から塗装対象施設の耐用年数全体について，塗り替えなどのメンテナンス費用を含めた経年総塗装費によって行うというレベルになっている．経年総塗装費の考え方は，瀬戸大橋の設計から採用されており，表4.8のような幾つかの塗装系で塗装費を比較している．その後，大型の構造物から建築物にも採用され，メンテナンスコストをいかに少なくするかが現在の流れになっている．更に，建築物などは，建物の寿命と同等の耐候性能で，塗り替え不要すなわちメンテナンスフリーの性能が要求されるようになった．このため，上塗りはシリコーン・ふっ素・ラダーシリコーン・無機塗料などが，超耐候性を指向して競い合っている．

表4.8 経年総塗装費の経済比較[13]

	さび落としと局部補修の仮定		上塗全塗替え	10年	20年	30年	40年	50年
A	鉛丹・フタル酸	2年ごと30%	2年ごと	8.73	41.33	173.24	706.85	2865.62
		3年ごと30%	6年ごと	5.35	23.41	93.11	411.74	1607.70
		5年ごと30%	5年ごと	3.44	15.05	62.00	251.95	1020.42
B	無機ジンク・MIO・塩化ゴム	6年ごと5%	3年ごと	5.44	16.45	60.37	257.84	986.72
		6年ごと15%	3年ごと	5.94	20.33	73.40	321.68	1274.23
C	無機ジンク・エポキシ・ポリウレタン	6年ごと5%	6年ごと	4.65	13.10	35.98	163.00	722.17
		6年ごと12%	6年ごと	4.98	15.67	44.64	205.46	913.36

備考　数字は鉛丹・フタル酸系の初期塗装費を1としたものである．物価上昇率15%/年，金利12%/年とした．

(3) 被塗物自体の生産工程の中で，どこへ塗装工程を組み入れたらコストが最低になるかという考え方

(a) プレコートかアフターコートか　塗装は被塗物が組み立てられた後の最後の仕上げ工程という考え方も，大きく変化しつつある．洗濯機や冷蔵庫などを生産するとき，プレコート方式は従来からのやり方である．アフターコート方式と，鉄板の状態で塗装後，切断，機械加工後組み立てるプレコート方式では，設備費・ランニングコストともに，表4.9のように大幅にプレコート方

表4.9 プレコートとアフターコートの設備費，敷地面積及びランニングコストの比較[2]

		プレコート	アフターコート
敷地面積(塗装場/製品倉庫)		小 ◎	大，2～4倍 △～×
工程	塗装方式	ロールコーター 廃棄塗料ほとんどなし	静電 それでも10%以上出る
	乾燥	230～280℃/2 min	150℃×20min
	コンベヤスピード	50 m以上/1 min	1 m/1 min 前後
ランニングコスト	表面処理	小 ○	大 △～×
	熱エネルギー	小 ○	2倍以上 △
	塗料など廃棄コスト	小 ◎	大 △～×
	管理費	少し少ない	少し大

表4.10 プレコートとアフターコートの塗料の性能の違い[2]

		プレコート	アフターコート
塗料に要求されるニーズ	光沢	85以上	同 左
	密着	100/100	同 左
	耐湿	120 h OK	同 左
	耐黄変	合格	同 左
	耐汚染	合格	同 左
	耐アルカリ	合格	同 左
	耐酸	合格	同 左
	機械加工性 OT	×	合格

式の方がコストダウンされる．これは，塗料を表 4.10 に示すように，機械加工性をよくすることによって達成される．樹脂は，柔軟性のよいメラミンポリエステルなどが開発され，プレコート化が相当の分野に浸透している．電気機器分野では，プレコート化率という表現により，コスト削減の一つの尺度となっている．

（b） 現場塗装か工場塗装か　建築物や重構造物の最終工程である塗装工程は，もう現場では見られなくなった．これらの塗装作業は高所での危険作業でありかつ足場を組むのに手間もかかる．そのうえ環境規制も厳しくなり，エアレス塗装のような作業効率の良い塗装方式を使うことが難しくなり，塗装速度の遅いはけ塗りやローラ塗装に頼らざるを得ない．また，雨降りや強風や寒さなど天候の悪いときには作業ができない．これらの問題点を現場で解決しようとすれば，膨大な塗装コストになる．

しかし，工場で塗装すれば前述の問題は解決される．また，塗膜の品質保証面からみても，塗装条件の悪い現場塗装よりも管理された環境にある工場で塗装したほうがはるかによい品質で安定したものが生産される．

工場塗装に適している塗料の条件について考えてみる．もちろん，建築用であれば耐候性・耐水性・クラック追随性・ガスバリヤー性・仕上がり性などの美観とコンクリート保護機能が必要であり，重防食用であれば高度の防食性と高耐候性というメンテナンスフリー化への機能が必要である．そのうえ乾燥時間が速く，取扱いや運搬に支障をきたさないという工場塗装適応性を具備しなければならない．乾燥時間が長いと，乾燥のため被塗物を放置するための敷地が必要であり，工場の敷地面積の少ない日本では難しい．もちろん，促進乾燥によって，乾燥時間が大幅に短縮される塗料は有効である．また，重構造物では，盤木を当てるので，盤木跡の出る塗料は適さない．このため現在は，酸化重合形や塩化ゴム系のような溶剤蒸発形から，エポキシ・ウレタン・ふっ素のような強固な三次元構造を作る 2 液重合形や，エマルション系などの水系塗料に切り換わっている．

橋梁は工場で銅板上のブラスト→無機ジンクリッチ→組立て→エポキシ下塗

り→ウレタン中塗り→ブロック組立て→ふっ素上塗りをする．溶接部はシールする．これを船で現地へ運搬し，据え付ける．シールを除去して溶接し，溶接部を他の部分と同様の塗装系で仕上げる．

建築用塗装 ALC 板の場合は，工場内でロールコーター・カーテンフローコーター又はエアレス・圧送ガンなど，最も効率のよい組合せで，塗装 ALC 板を生産する．後は現場ではめ込むだけでよいのである．また，ALC 板だけでなく，他の無機窯業系建材の選択は自由にできる．

このように，塗装工程をその基材の生産工程内のどの工程に入れるのが，性能・仕上がり・環境上最適であるか，コストはミニマムかを追究することが必要である．その中で，塗料・塗装機の技術水準（現在及び少し先の）をよくつかみ，どう組み合わせるかを研究すればよいのである．

（4） 塗料と塗装をうまく組み合わせて高密度・軽薄短小・経済性最大を狙ったシステム作り

ここではもう少し小さな範囲のシステム作りを取り上げる．塗装工場は設備費・機器類・敷地面積などのイニシャルコスト及びランニングコストが大であるという概念が一般的である．消防法などの法律，環境規制など難しいという思いもある．このようなことから，塗装を避けるという考えも出てきている．プラスチックの着色やビニルクロスはこの方向の一つの現れである．マーキングフィルムは塗料業界がこの傾向に対抗したシステムでもある．いずれにしろ簡便な塗装システムや代替手段を研究しなければ，あるとき，他業界からの別なシステムによる攻撃を受けるのは必至である．まず，その一段階として，小改良による塗装コストミニマムへの塗装システム作りについて述べる．

木工塗装ではウレタン塗料を多く用いており，乾燥に 50℃で 40〜60 分要するため，うなぎの寝床式の長い乾燥炉を用いていた．しかし，UV 塗料（ウレタンアクリレート）を用いれば，8〜15 秒に短縮されるため，乾燥炉は 1 m くらいでよいのである．こうなると設備費・敷地面積が大幅に縮小され，ランニングコストも低下するのである．

同様にアクリル電着によるコート電着は，環境対応・リサイクル型としての

評価は高い．しかし乾燥が180℃×20分であまりに高温で長い．UV電着塗料による乾燥工程では乾燥設備とランニングコストは大幅にダウンする．

このように，現在の技術水準でも組合せさえ考えれば，コスト削減の手段は多様にある．

4.1.6 塗料・塗装と環境対応について

1995年11月に大阪府生活環境の保全などに関する条件の炭化水素規制についての条例が大阪府に施行された．更に1996年4月に改正され，大阪府炭化水素類排出抑制対策推進要綱が施行され，欧米の水準以上の対応が必要となっている．また環境マネジメント規格"ISO 14001"を積極的に取得し，省エネルギーやリサイクルに取り組む企業が増えている．受け身から能動的に環境に対応する方向に世の中は動いてきた．塗料・塗装も積極的に環境対応する時代になったのである．ここで環境対応面から現在の水準・方向性について述べる．

(1) 各種の規制に対する各環境形塗料の対応レベル

表4.11に現在多く使用されているハイソリッド形・水系塗料・粉体塗料につ

表4.11 ハイソリッド形，水系塗料，粉体塗料の環境対応と技術水準

技術水準及び環境対応		ハイソリッド形（溶剤形）	水系塗料		粉体塗料
			一般	先行しつつあるメーカやユーザ	
塗膜性能		◎	○〜△ →	○	◎
美観（高鮮映性 高レベリング性）		◎	○〜△ →	○	○
塗装作業性（ブース内の温度，湿度の幅の広さ，排水処理コストの低減度，静電塗装作業性など）		◎	○〜△ →	○	○
環境規制対応	VOC規制(アメリカ)	◎	◎	◎	◎
	TA-LUFT（ドイツ）	×	◎	◎	◎

いて，性能・美観・塗装作業性及び環境規制対応のレベルを比較してみた．

ハイソリッド形は TA-LUFT の規制には不合格であるが，他の項目はすべて非常に優れている．したがってある水準の規制までは，十分に通じるし，塗装方式によっては，溶剤の蒸発を十分に少なくすることができるので，ハイソリッド化度を高くしていきながら，当分の間は使用されるであろう．

粉体塗料はリサイクルもでき，コスト面でも競争力が出てきた．ただ美観レベルが低いことが商品の適用範囲に制限があった．すなわち，ゆず肌のない高レベリング性や光沢の鮮映性の点で，溶剤形塗料より劣るということである．これが高外観性に慣れている日本人の厳しい判定眼に合わず，欧米に比較して低いシェア率に位置していたのである．しかし最近，自動車用の2コートメタリックの上塗りクリヤに合格した粉体塗料が開発されたという．粉体粒子を細かく，粒度分布を狭くしかつ塗装機も 10 μm 以下や 50 μm 以上をカットすることによって，美観水準を思いきりアップしたと思われる．

水系塗料については，表 4.11 のように最近の進歩は著しい．樹脂的にマイクロエマルションやディスパージョン形の市場展開，シェルコア形・橋かけ形の開発，塗装機器・付属関連機器の研究により，先行しつつあるメーカやユーザが示すような高い水準の層もあり，市場での浸透が急速に進んでいる．

表 4.12 はもう少し詳しくみたものである．すなわち，塗装方法によって，環境への影響は大きく変わる．それをよりわかりやすくした．

同表において，△～×や△～○などのように範囲に幅があるのは，環境規制の程度（都道府県及び市町村の条例，上乗せ規準の程度）により，幅があるからである．

わが国の大気汚染の環境規制は NO_x（窒素酸化物）や SO_x（硫黄酸化物）に対しては高い環境規準を設け，その規準値を達成するために各施設（工場など）ごとに厳しい排出規準を定めている．溶剤は光化学スモッグ発生の因子である．大阪府の炭化水素類排出抑制対策にみられるように，最近光化学スモッグの発生が問題になり，塗装方法・被塗物ごとに係数を定め，塗膜の厚さ（質量）から溶剤の排出量を把握できるようにした．これにより，溶剤の排出規制が大き

また，表 4.12 からは，霧化形塗装方法は大気汚染・悪臭防止・産業廃棄物・安全衛生・消防・リサイクルの点で，他の塗装方法に比較して劣ることを理解できるであろう．このことは規制に対応するには，非常にコストがかかるということを意味しているのである．表 4.13 に，水系塗料を例にあげて，コスト・作業能率・適用範囲などについて，霧化形塗装方法と浸せき法や押付け形塗装方法との比較を記す．

表 4.12 環境対応形塗料の環境規制への対応度[3]

塗料のタイプ / 環境規制	ハイソリッド形(溶剤形) A 霧化形塗装方法	ハイソリッド形(溶剤形) B 押さえ付け形・浸せき・シャワー塗装方法	ノンソルベント(UV・EBを含む) A 霧化形塗装方法	ノンソルベント(UV・EBを含む) B 押さえ付け形・浸せき・シャワー塗装方法	水系塗料 A 霧化形塗装方法	水系塗料 B 押さえ付け形・浸せき・シャワー塗装方法	粉体塗料 A 霧化形塗装方法
1. 大気汚染防止法	△〜×	○〜△	○〜△	○	○	○	○
2. 水質汚濁防止法	○	○〜△	○	○	△〜×	○〜△	○
3. 悪臭防止法	△〜×	○〜△	△	○〜△	○〜△	○	○〜△
4. 産業廃棄物処理法	△〜×	○〜△	△	○	○	○	○
5. 労働安全衛生法	△〜×	○〜△	○	○	○	○	○
6. 消防法	×	△〜×	○〜△	○	○	○	○
7 海外 TA-LUFT(ドイツ)	×	○〜△	○	○	○	○	○
7 海外 VOC規制(アメリカ)	○〜△	○〜△	○	○	○	○	○
8. リサイクル化(塗装過程で塗料のリサイクル化が可能か)	×	○〜△	△〜×	○〜△	○〜△	○	○

判定 ○→△→× 　　A 霧化形塗装方法(エアスプレー　エアレススプレー　静電など)
　良　　　劣　　　B 押さえ付形（ロールコート，はけしごきなど）
　　　　　　　　　　浸せきシャワー塗装法(フローコーター，ディッピング，ED など)

4.1 塗装の基礎と環境対応

表 4.13 霧化形塗装方法と押さえ付け・浸せき形塗装方法のコスト・作業能率・環境対応コスト・被塗物形状による適用範囲などの比較[3]

	霧化形塗装方法 (静電, エアレス, エアスプレーなど)	押さえ付け, 浸せき形塗装方法 (ロールコーター真空, フローコーターディッピング, ED など)
設 備 費	△ 〜 ×	○ 〜 △
ランニングコスト	○ 〜 △	○ 〜 △
塗着効率 (損失塗料)	静電　　エアレス　エアスプレー 70〜90%　60%(40%)　40〜50% (30〜10%)　　　　　(60〜50%)	ほとんど 100%（0%）
排水処理コスト	×	○
廃棄処理コスト	× スラッジなどの廃棄費用	○
塗料ミストなど廃棄物のリサイクル可能性	○ 〜 × (塗装色の多い場合)	○
作業能率	エアレス, 静電, エアスプレー ○ 〜 △	ディッピング　ロール　はけ塗り ロールコーター フローコーター ○ 〜 △ 〜 ×
被塗物の形状　形状の単純なもの (平板その他)	○	○ 〜 △
被塗物の形状　形状の複雑なもの	○	△ 〜 ×
美 観	○	平板　　　　　　複雑なもの ○ 〜 × ロールコーター 真空　　　　　　ディッピング フローコーター　　はけ

霧化形塗装方法の問題点は塗着効率が劣るということである．静電塗装のように塗着効率の高いものであっても，10〜20％の塗料ミストの処理に非常にコストがかかるということである．しかし，霧化形塗装方法は形状が複雑であっても優れた美観性で仕上げることができ，自動化も可能であるため，作業効率が良いという，工場ライン適応性とコンプレッサさえあれば塗装可能な作業性の良さの両面をもっており，必要欠くべからざるものである．したがって塗料ミストをいかに少なくするかが，この形の塗装方法の最大のテーマである．HVLPガンがその一つの現れであるが，静電塗装機との組合せなど，塗着効率100％への挑戦が続けられている．

　また，被塗物の形状が複雑であるから霧化形塗装方法を使用せざるを得ないのであり，組立前の平板の状態であれば，環境対応形の塗装方法である浸せき形や押付け形塗装方法で塗ることができる．これが，組立前塗装方法のプレコート方式である．プレコート方式は工程合理化で優れているだけでなく，環境対応形塗装法としても大きなメリットがある．

　このように，どの塗装方式を採用するかは，表 4.12，表 4.13 に示すような，いろいろな因子を考えて最適点をつかまなければならない．特に，これからは環境対応についての工程上・塗装方式・コスト面から追求が重要になってくるのである．

（２）　環境対応上の付属設備，システムなど

　塗装を実施するには表 4.12 の規制を考え，それなりの対応設備が必要になる．どういう設備を用い，そしていかにコストを最小にするかについても，追究することが必要である．水系塗料の霧化形塗装について一例を示す．

　表 4.11，表 4.12 に示すように水系塗料は，ほとんどの規制にも最もよく対応ができ，かつ性能・美観・塗装作業性ともに，バランスのとれた良さをもっている．しかし，泣き所は霧化形塗装の場合である．一般に，溶剤形塗料は水と混ざらないので，塗料ミストはブースの下部に沈殿する．上部のブース水は還流し塗料ミストを捕集して，全体のシステムはうまく循環している．ブース内に沈殿した塗料ミストは 6 か月に 1 度くらいブース清掃時に除去すればよいの

4.1 塗装の基礎と環境対応

でほとんど手間はかからない．しかし水系塗料はブース水に溶解又は分散するので，塗料の使用量が多くなるにつれてブース水中の塗料濃度が高くなり，還流が難しくなる．また夏期には腐敗したりする．そこで水中に分散した顔料・樹脂分を分離して，水だけを還流させるシステムが必要になる．それが凝集沈殿リサイクルシステムである．

また水系塗料は，ブース水中に落下した塗料ミストを限外ろ過装置でもとの塗料と水に分離し，塗料は最初の塗料と同様に使用し，水は循環させるクローズドシステムが研究されている．

このように，排水処理システムも，全体としてコストミニマムの方向に前進している．したがって塗装ラインを設計する場合には，塗料・塗装方式・付属システムなどの，技術・コスト水準をよく調査し，いかに全体コストを低減させるかを追究しなければならない．その考え方の一例を図4.17に示す．

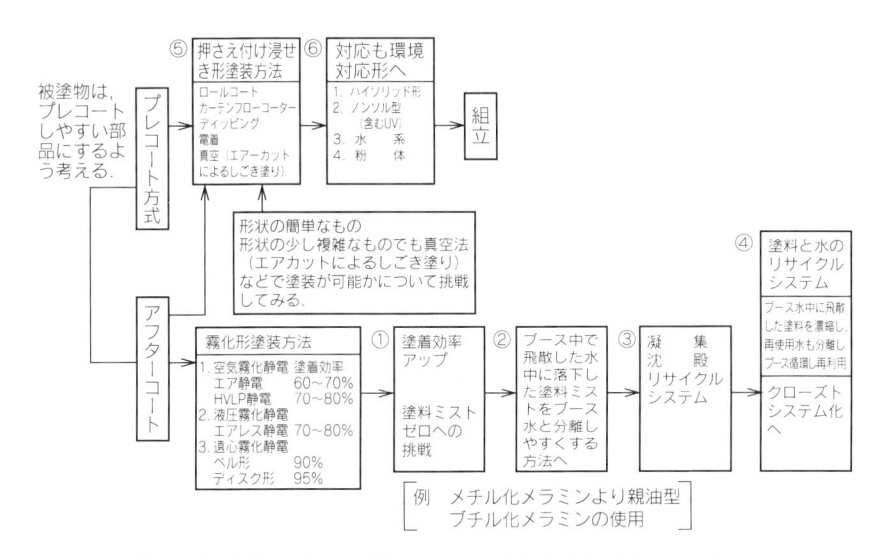

図4.17 環境対応型塗装システムを作り上げる考え方の一例[3]

4.2 金属の塗装

4.2.1 金属の種類・前処理・塗料との関係

最近は金属の種類が増え多岐にわたっているが，代表的な金属について述べる．塗装する際には，4.1.1項に述べたように脱脂と接触表面積のアップが必要である．しかし亜鉛・ステンレスなど塗料が接着し難い金属については，その条件を実施したうえに，樹脂自体の接着性が関係する．鉄には油やアルキドがよく接着するが，アルミニウムや亜鉛にはアクリルやエポキシやウォッシュプライマーが接着するということからも了解できるであろう．

また，図4.18のような表面処理鋼板が多く市場に出てきている．ボンデ処理鋼板はもう30年以上の歴史があり，市場での信頼は大である．更に1980年頃より，図4.18の(b)，(c)に示すような多層合金めっき処理鋼板が出てきた．

これは日本が世界に誇る表面処理鋼板技術であり，これにより自動車の長期防せい技術が確立した．溶接・溶断・機械加工可能な防せい鋼板である．鉄は

(a) ボンデ処理鋼板

化成処理

鉄

注意
1. 長期間屋外にさらされると表面が酸化し，接着性が劣化することがある．保管に注意．

A：亜鉛80：鉄20の合金めっき

(b) 多重合金めっき処理鋼板 a

B
A
鉄

1. B層の鉄の代わりにニッケルを用いることもある．
2. A槽，B層の金属組成はいろいろ研究され，複雑な例もある．
3. A,B層とも亜鉛の場合もある．

B：亜鉛20：鉄80の合金めっき

(c) 多重合金めっき処理鋼板 b

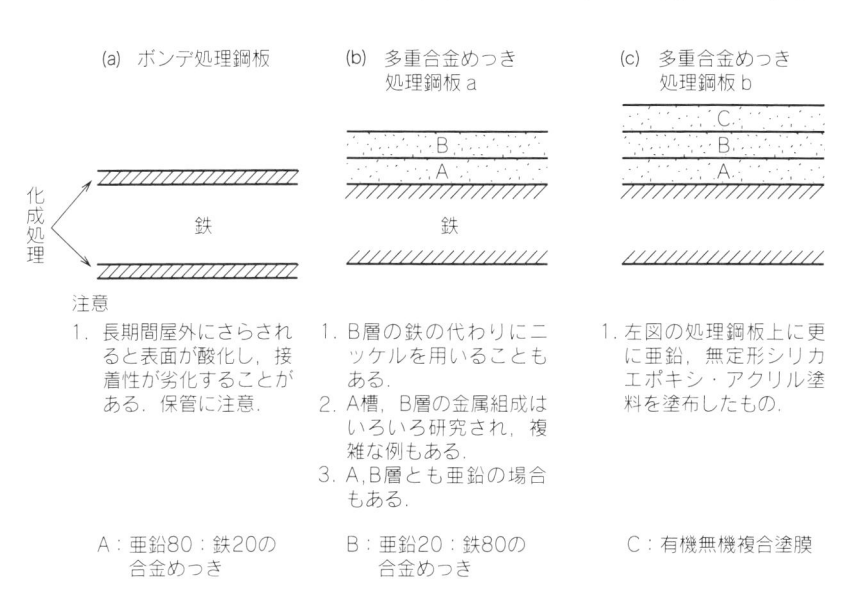

C
B
A

1. 左図の処理鋼板上に更に亜鉛，無定形シリカエポキシ・アクリル塗料を塗布したもの．

C：有機無機複合塗膜

図 4.18　幾つかの表面処理鋼板について

製造時の熱やひずみの影響を受け，その鋼板内に電位の高いA部と低いB部を生じる．すると，図4.19に示すような局部電池ができ，鉄がどんどん溶出する．この現象がさび発生である．これを防止するために，亜鉛やいろいろの金属の合金をめっきするのである．これらの金属は鉄よりもイオン化傾向が大なので，自分が鉄より前に溶出して鉄を守る．

図4.18(b)で，A層とB層の金属の組成を変えているのは，下のA層は亜鉛量を多くして防せい力をアップし，上のB層は鉄の量を多くして，カチオン電着塗料がピンホールなくB層に接着するようにしたのである．このように，下層と上層でそれぞれ別な機能をもたせためっきをする技術は日本的でもある．

図4.18(c)は(b)の上に有機・無機複合塗料を塗布して防せい性を更にアップしたものである．B層の鉄の代わりに，ニッケルを用いるのは溶出速度をコントロールして，防せいの持続性を高めたのである．このように表面処理鋼板は，金属や塗布物をいろいろ研究して防せい性・加工性などを大幅に向上し，自動車・プレコートメタルなどへシェアを伸ばしている．鉄板の表面処理が排水処理などから難しくなっている．一般の塗装工場では表面処理鋼板を使うところが多くなってきた．

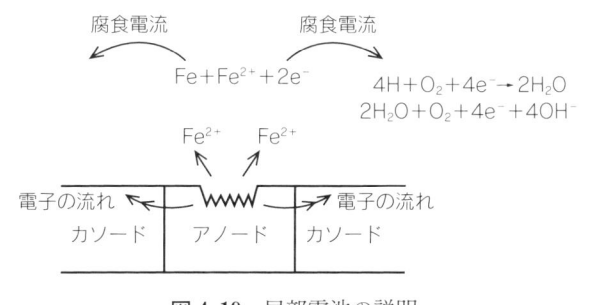

図4.19 局部電池の説明

4.2.1.1 マグネシウム合金について[14),15)]

（1） マグネシウム合金が高い市場評価を受けている理由

最近，マグネシウム合金が脚光を浴びており，この合金の性状，化成処理等

について述べる．この合金は，①構造用金属材料の中で，比重が 1.78 と最も軽く，かつ，②ダイカスト材として，引張強さが 200 MPa 程度と適度な強度を有する．その上，③熱容量がアルミニウムに比べて小さく，ダイカストなどの鋳造性に優れている．④ 0.6～1.2 mm 程度まで薄肉化ができるので，製品自体を大幅に軽量化できる．さらに，⑤寸法安定性，⑥耐くぼみ性，⑦切削加工性などの作業性もよく，市場の評価を高めている．

また，樹脂と比較して，表 4.14 に示すように熱伝導性が良いので，熱を放散できることや，図 4.20 に示すように電磁波シールド性の良さが，人体への影響を少なくする，等の特徴が明確になってきた．さらに水素吸蔵性材料や，水に浮く金属材料という付価価値可能性が秘められている．それに⑧ 650℃で溶解，再生できるのでリサイクルが容易であることや，⑨海水 1 トン当たり，1.3 kg のマグネシウムという鉱物資源の豊富さなどの優れた特性が明らかになってき

表 4.14 熱伝導率の比較（代表例）[14]

PC （GF 40%）	0.31
PPE／PA （CF）	0.41
PBT	0.25
マグネシウム　AZ 91 D	79
アルミニウム　ADC 12	100
亜　　鉛　　　ZDC 2	113

単位：W/m・℃

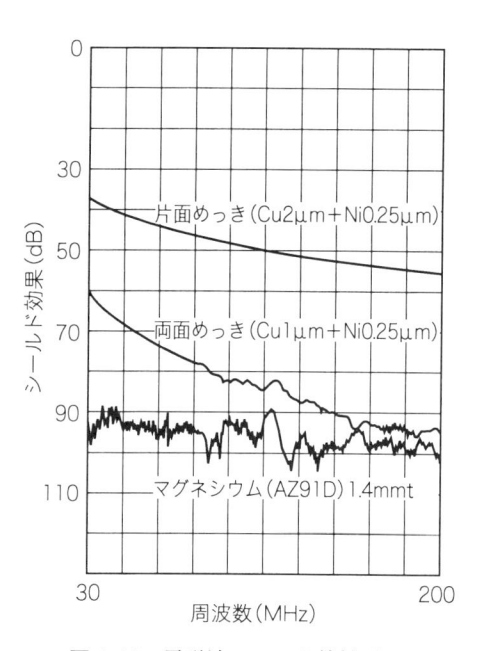

図 4.20 電磁波シールド特性[36]

た．

　これらが，現在の新製品に必要な素材の要求性能とぴったり合致し，マグネシウム合金の市場価値を大きくのし上げたのである．携帯電話，液晶プロジェクタ，ビデオ編集機，パソコン，コンパクトカメラ，ミニディスク，デジタルビデオカメラ・ハウジング，業務用テレビカメラ等の電気・電子機器，ステアリングコラム，シリンダヘッド・カバー，エンジン・カムカバー，ブレーキペダル・サポートなどの自動車部品などに使用され，市場の評価は非常に高い．

（2）　マグネシウム合金の組成及び特性

　マグネシウムを構造用途に使用する場合には，他の金属元素を添加し，マグネシウム合金として用いている．ダイカストやマグネシウム射出成形に用いているマグネシウム合金は，アルミニウム（Al），亜鉛（Zn），マンガン（Mn）などを添加している．図 4.21 に ASTM による記号の付け方，表 4.15 に主に用いられている合金の種類を示す．さらに表 4.16 には主要添加元素の目的，表 4.17 には一般に用いられているダイカスト及びマグネシウム射出成形用のマグネシウム合金の特徴を示す．

（3）　最近の加工方法

　鋳造，鋳物・ダイカストなどがあるが，最近よく使用されているダイカスト

```
A   Z   9   1   D
            │   └─ 開発順位
            └───── (Znを) 1％含有
        └───────── (Alを) 9％含有
    └───────────── 亜鉛 (Zn)
└───────────────── アルミニウム (Al)
```

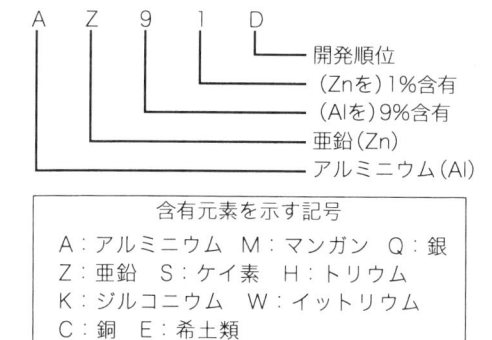

含有元素を示す記号
A：アルミニウム　M：マンガン　Q：銀 Z：亜鉛　S：ケイ素　H：トリウム K：ジルコニウム　W：イットリウム C：銅　E：希土類

図 4.21　マグネシウム合金の記号の付け方（ASTM による．）[14]

表 4.15　主に使用されるマグネシウム合金の種類[14]

成形方法	合　金　種
ダイカスト 射出成形	AZ 91 D, AM 20 A, AM 50 A, AM 60 B, AS 21 A, AS 41 B, AE 42 A
鋳　　物	AZ 63 A, AZ 81 A, AZ 91 C, AZ 91 D, AZ 92 A, AM 100 A ZK 51 A, ZK 61 A, ZC 63 EZ 33 A, QE 22 A, ZE 41 A, EQ 21, WE 43, WE 54
展 伸 材	AZ 10 A, AZ 31 B, AZ 61 A, AZ 80 A ZK 10 A, ZK 30 A, ZK 60 A, ZE 10 A M 1 A

表 4.16　主要添加元素と添加目的[14]

元素名	記号	添加目的
アルミニウム	A	機械的性質の改善
マンガン	M	耐食性の改善
銀	Q	耐熱強度の改善
亜鉛	Z	耐食性，強度の改善
けい素	S	クリープ強度の改善
トリウム	H	Zr の共存下で結晶粒を微細化し，機械的性質の改善
ジルコニウム	K	結晶粒の微細化
希土類	E	機械的性質の改善
イットリウム	W	Zr の共存下で結晶粒を微細化し，機械的性質の改善
銅	C	機械的性質の改善

表 4.17　ダイカスト並びにマグネシウム射出成形用マグネシウム合金の特徴[14]

合金記号	特　徴
AZ 91 D	機械的性質，鋳造性，耐食性などのバランスのとれた代表的な合金．
AM 20 A AM 50 A AM 60 B	延性，耐衝撃性を向上させた合金．鋳造性，静的機械的強度はアルミニウム含有量が少ないほど低下するが，伸びは逆に増加し，衝撃吸収エネルギーは最も大きくなる．
AS 21 A AS 41 B	150℃までの耐クリープ性を向上させた合金．アルミニウム含有量が少ないほど耐クリープ性及び伸びが良い．
AE 42 A	AS系より耐クリープ性，伸び，耐食性に優れる．鋳造性の改善が必要．

とマグネシウム射出成形法について述べる．図4.22に示すように，製品の流れでは両者は大きな差はない．

ダイカスト機には，図4.23に示すコールドチャンバー型と，図4.24に示すホットチャンバー型がある．コールドチャンバー機は，アルミニウム合金に使用されている大部分の機械が使用可能であるが，マグネシウム合金用の超高速機も市場に出てきている．ホットチャンバー機は若干生産性が向上する．

マグネシウム射出成形法は，チクソモールディング法ともいわれ，半溶融鋳造凝固の応用から始まり，1992年頃から急速に普及した（図4.24及び図4.25参照）．特徴は，マグネシウム合金チップを用い，溶解炉を必要とせず，合金種類の変更が容易である．技術の高度化により，ヒケやヒケ割れ，ポロシティの発生が少なくなり，寸法精度や機械的性質が向上し，薄肉品の精密成形が可能になる等の利点を有する．

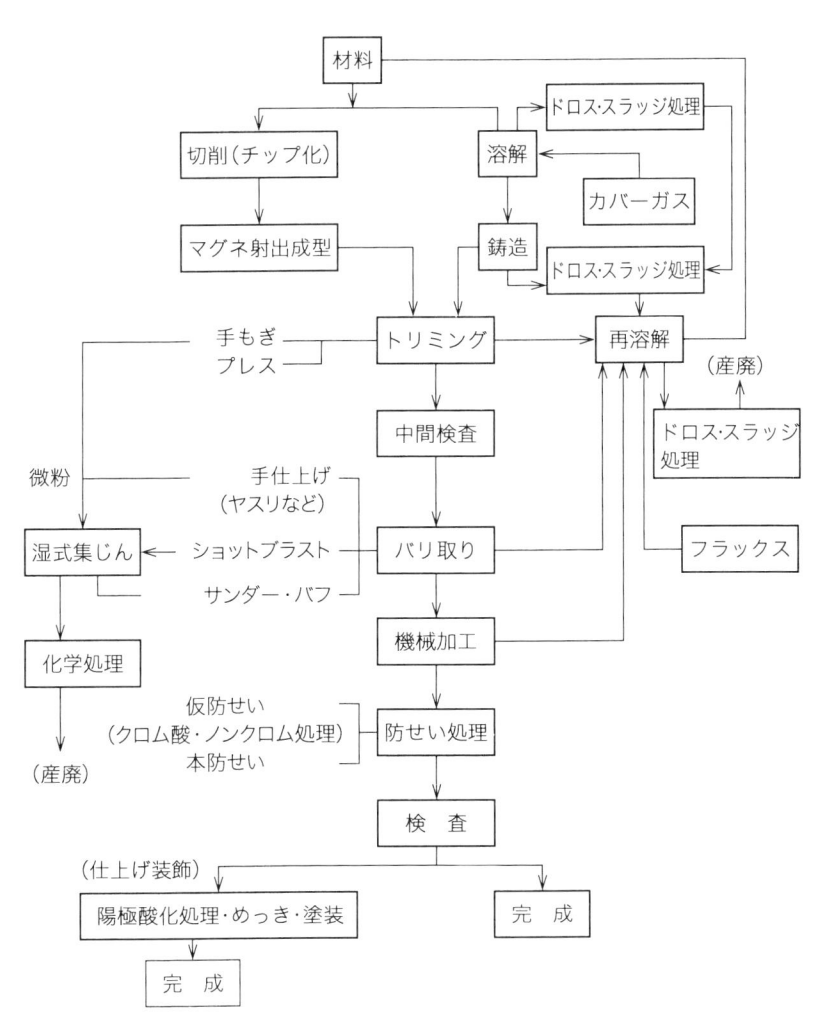

192   4. 塗料設計と塗料の使い方

図 4.22 マグネシウム合金成形のフロー[14]

4.2 金属の塗装

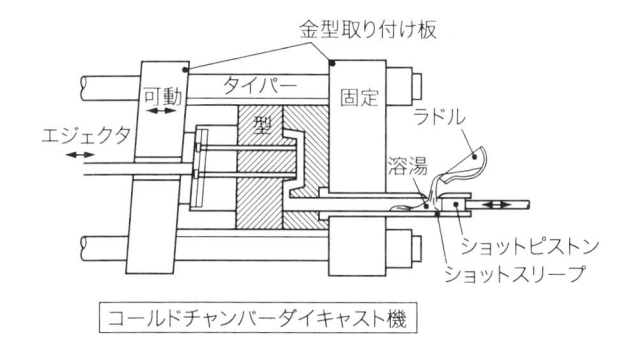

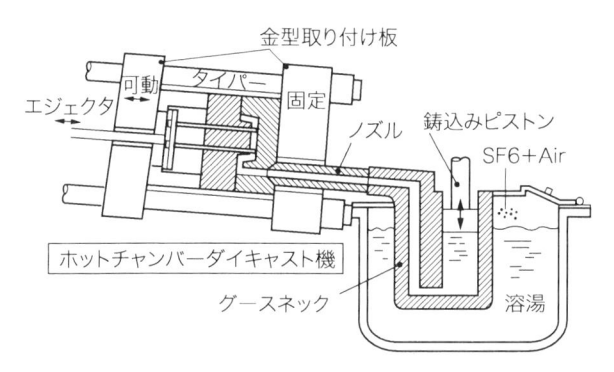

図 4.23 ダイカスト成形機の原理[14]

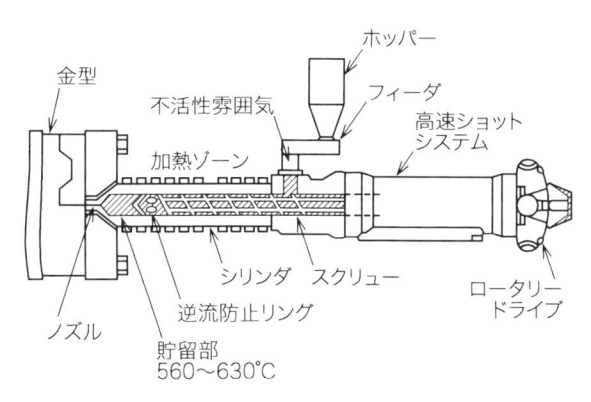

図 4.24 マグネシウム射出成形機の原理[14]

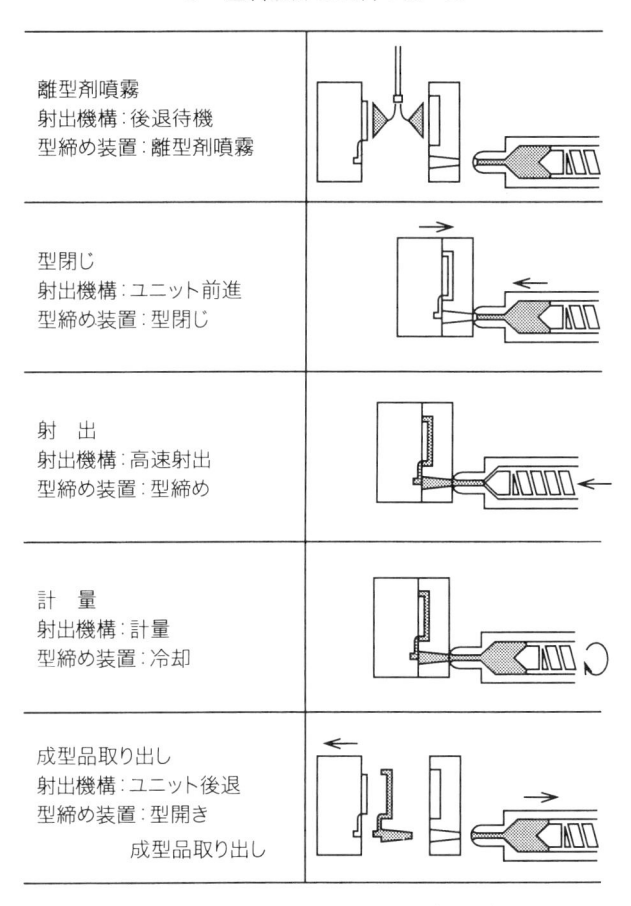

離型剤噴霧 射出機構：後退待機 型締め装置：離型剤噴霧	
型閉じ 射出機構：ユニット前進 型締め装置：型閉じ	
射　　出 射出機構：高速射出 型締め装置：型締め	
計　　量 射出機構：計量 型締め装置：冷却	
成型品取り出し 射出機構：ユニット後退 型締め装置：型開き 　　　　成型品取り出し	

図 4.25　チクソモールディングの工程[16]

(4) マグネシウム火災，爆発の防止について[17]
(a) 燃焼，粉じん爆発に対するマグネシウムの性質

① 比熱・溶解潜熱は小さく，溶解に要する熱量は少ない．すなわち，少ない熱量で着火する．

② 溶融マグネシウムは，大気中の酸素と反応して，閃光を発しながら緩やかに燃焼し，白色の酸化マグネシウムを形成する．

③ マグネシウムは溶融してから燃え出し，燃焼温度は 3 000〜4 000℃に達

4.2 金属の塗装

する．
④ マグネシウムの燃焼熱量は 6 100 kal/kg で，石油製品の 1/2 以下．
⑤ 大気中の窒素とも反応し，茶褐色の窒化マグネシウムを生成する．これは，常温でも水と接触すると，アンモニアガスを生成し，高温を発生する．
⑥ 燃焼中のマグネシウムに適度の水が触れると，水を分解して水素と酸素が発生し，爆発を起こしたり，マグネシウムの燃焼を加速させる．水をかけるな！
⑦ 適度の水を含む切りくずは裸火で簡単に着火し，水分を分解して水素と酸素を発生して爆燃する．
⑧ 酸類にはよく溶け水素を発生する（ただし，濃ふっ酸，クロム酸とは，不動態皮膜をつくり安定化する．）
⑨ 一般の水には安定．しかし微粉末や塩化物を含む水溶液，高温水では，反応して水素を発生する．
⑩ マグネシウムの微粉が空気中に浮遊分散し，濃度が爆発下限濃度以上で，十分エネルギーを持つ発火源があると粉じん爆発を起こす．
⑪ 溶融マグネシウムは酸化けい素（SiO_2）を還元して，けい素と酸化マグネシウムを形成する．溶湯マグネシウムの消火に砂を使用すると，反応して，激しく燃焼することがある．

(b) マグネシウムの火災，粉じん爆発防止対策

① **火災対策**　燃焼は可燃物と酸素（空気）と着火源（温度）の三つの要素が相互に関連して起きる現象である．このうち一つが欠けても燃焼は起こらない．消火には，その一つを取り除くか，効果を消滅させればよい．
② **粉じん爆発対策**　空気中で燃える物質は，微細化すると，そのほとんどが粉じん爆発を起こす危険がある．金属では，アルミニウム，マグネシウム，亜鉛，鉄，タンタル，ジルコニウム，チタン等はその危険がある．粉じん爆発の三つの要素は，イ）粉じんが空気中で浮遊，分散している，ロ）粉じん濃度が爆発限界内である，ハ）十分なエネルギーを持つ発火源が存在している，である．したがって対策は三つの要素から一つ以上の要素を除

けばよい．

（c）　安全対策上重要な集じん機・掃除機について

（c-1）　乾式集じん機　これは口布でマグネシウム微粉を補集するので，口布上に微粉層をつくる．これを電動式，手動式，エア式など逆洗すると，微粉が集じん機ボックス内で浮遊し，発火源（静電気，衝撃，電気，高温，化学）があると，粉じん爆発を起こす．したがって防爆タイプであっても，乾式集じん機を使用してはならない．

（c-2）　湿式集じん機
① マグネシウム専用の湿式集じん機で屋外に設置する（屋外タイプ）．
② 補修されたマグネシウム粉じんは，水中で水素ガスを発生するので，本体入り口側と出口側に，爆発放散口をつける．
③ 停止中は本体に水素ガスがたまるので，自動ガス抜き装置が必要である．
④ 集じん機の風量，静圧は設置場所，ダクトの長さ，取出し口数，発生する粉じんの形状と量によって異なる．マグネシウム粉じんに十分な知識を持つ集じん機メーカの技術者とよく打ち合わせることが必要である．
⑤ 集じんスラッジの回収は定期的（可能であれば毎日）行い，通気穴を設けた鋼製容器に入れ，上部に水を 20 cm 以上張り，他の可燃物から離れた屋外に保管する．
⑥ 湿式集じん粉は多量にためないで，少量のうちに焼却処理剤と混合して焼却処理するか，化学処理する（塩化第一鉄・塩化第二鉄処理）．
⑦ ダクト・フードもマグネシウム粉じんに十分な知識のある技術者と打ち合わせ，万全の対策をとる．
⑧ 装置の帯電防止は完全に行う．フランジ接合部などの純縁部は，アースボンディングをし，第三種接地を確実に実施する．6か月に一度接地抵抗を測定し，記録を保存する．
⑨ 固型のマグネシウム合金は安定しているが，粉末になると，表面積が増大し，空気や水分とも反応しやすくなる．粉体を少なくし，できた場合には，すぐ処理することがポイントである．

(c-3) 真空掃除機　真空掃除機は絶対に使用してはいけない．床・作業台，切削機械等を掃除するときは，はけ，ほうき，乾いた布，粘着テープ式掃除機等を用いる．

（5）製造工程中の各工程における安全対策

マグネシウムパーツの製造工程は，射出成形→トリミングプレス→ショットブラスト→仕上げ加工→機械加工→防せい処理→塗装・印刷の工程で行われる．この工程の中で必要な安全対策について述べる．

（a）成形品の保管上の安全対策

① 保管場所は，通気性のよい平屋，雨漏りのないこと．小ロットずつのブロックにし，コンテナに入れて保管する．多量に保管せず次工程に回す．下請にも同様の指導をする．火災に備えて，マグネシウム用消火剤を用意しておく．

② トリミングプレス等で発生したスプール・ランナー・バリ等は，ふた付鋼製容器に入れ，別の通気性の良い平屋の建物に保管する．多量に保管せずに，再生メーカに引き渡す．

（b）ショットブラストの安全対策

① 前述のように湿式集じん機を用いたほうがよい．

② 作業場は独立した不燃構造の平屋がよいが，独立できない場合は，他の作業場と隔壁で隔離する．雨漏れがなく，通気よく乾燥していること．

③ 床面はコンクリートで，細いダストもよく清掃できること．

④ 作業場は火気厳禁，モータ及び電気器具はすべて防爆型，消火剤を設置．

⑤ 1日1回以上清掃し，発生した切り粉や微粉はふた付鋼製容器に入れる．少量のうちに，焼却処理剤と混合して処理するか，専門業者に引き取ってもらう．

（c）仕上げ加工作業の安全対策　工程はバフ研磨，グラインダ，ベルトサンダ，カッタ，ヤスリ，サンドペーパ等の作業である．マグネシウムのくずは，小さくなればなるほど，空気（酸素）との接触面積が広がり，酸素と反応して燃焼しやすくなるので，危険な作業である．したがって，（b）で述べた湿式集

じん機を用いて，発生したマグネシウム微粉をできるだけ回収することがポイントである．

（d）　**機械加工作業の安全対策**　切削，穴あけ，フライス，タップなどの加工を行う場合，工具材質，工具形状，適正切削条件の選定が必要であり，詳細は Machining Data Handbook（3 rd Edition, 1980）等を参照されたい．

切削した切粉は，仕上げ加工作業から発生した微粉より大きく，粉じん爆発を起こすことはない．しかし微粉も少量発生するので，これは前述の湿式集じん機を用いて捕集する．最近，切削中に発火のおそれのない，水溶性の切削剤を大量に使用する方式が多くなっているので，以下にこの方法について述べる．

① 適度に濡れた切削くずは，着火すると爆発的に燃焼するので，火気には十分に気を付ける．

② 切削加工中は多量の水溶性切削剤を使用し，機械を止めても切削剤が出るよう別回路にしておく工夫も必要である．

③ 水溶性切削剤を用いた切削くずが着火した場合には，金属用消火剤を用いても消火は不可能である．したがって，切削くずを毎日少量のうちに焼却処理剤と混合して焼却処理することがポイントである．

（6）　**消火剤と消火作業について**

（a）　**燃焼しているマグネシウムに直接使用できない消火剤及びその理由**

① **水**　燃焼しているマグネシウムに水をかけると，爆発的燃焼状態になる．

② **ABC 消火器**　主成分は第一りん酸アンモニウムである．熱分解して，水・アンモニアガス・メタりん酸を生じて，マグネシウム火災を促進する．

③ **強化消火器**　炭酸カリウムを主成分とする水溶液であるので，火災を促進する．

④ **BC 消火器**　主成分重炭酸ソーダ．60℃以上で熱分解し，水，炭酸ガス，炭酸ソーダを生ずる．火災を促進する．

（b）　**燃焼しているマグネシウムに直接使用できる消火剤及びその理由**　乾いているマグネシウムが燃焼している場合は消火は可能である．しかし，適度に濡れたマグネシウムの切削くずの場合には，消火は不可能である．再三述べ

ているように，少量のうちに焼却処理剤と混合して処理することが肝要である．
① **マグネシウム合金溶解用フラックス**　主成分は塩化マグネシウム，塩化カリウム，塩化ナトリウムであり，消火効果は大きい．潮解性があり，長期保管には注意が必要．機械等の消火には，さびの発生という問題がある．
② **ダライ粉（鋳鉄の切りくず）**　比重が他の粉末消化剤に比べて大きく，熱伝導率が良いので，熱の放散が速く，消火効果は大．長期保管してさびたダライ粉はテルミット反応を起こして火災を促進する．要注意．
③ **乾燥砂**　②と同様で鎮火効果は大きいが，水分を含んだり，結合水を含む砂は火災を促進させる．十分に乾燥させ，かつテストした砂を準備しておくこと．ただし溶湯マグネシウムの火災には使用しない．
④ **金属火災用消火剤**　主成分はアルカリ塩化物である．比重が軽いので，内部で火はくすぶっている．たっぷりかけた状態で，そのまま放置し，再燃させないようにする．

その他，⑤黒鉛粉，⑥残土，⑦アルゴナイト消火薬剤，⑧消火剤メーカの優れた商品等があり，その性質をよく知って使いこなせば，自社に合った消火システムが確立されるのである．

（c）**消火作業**　マグネシウムの切りくずは，非常に活性が高く，空気中の酸素や水と反応して，発火しやすく，閃光や白煙を伴うので，あわててしまい，初期消火作業ができず，火災を大きくしてしまうケースが多い．宇野氏の体験的法則によれば，作業者全員が，適切な消火作業ができるように訓練しておくことが必要である．その訓練は，実際に現物で小規模実験を行い，いろいろなケースにおける消火方法を体得させておくことである．切削粉の大きさによる着火の難易度，燃焼速度，各消火剤の鎮火効果などを実験させ，準備しておくと，皆が閃光や白煙に恐れずに，迅速で適切な消火ができるようになるのである．

4.2.2　金属の化成処理・種類・特徴

一般に板金物のような薄板は，りん酸亜鉛処理を行う．この処理の良い点は

脱脂後，りん酸亜鉛皮膜を作り，この皮膜が接着面積を大きくするとともに，防せい皮膜になるのである．この処理を確実に行っている工場では，ほとんど発せいはく離クレームが出ていない．

脱脂は 4.1.1 項で述べたように，硫酸ソーダなどを用いたアルカリ脱脂法がコスト面から採用されている．アルカリ脱脂後，さび落としの酸洗工程を行っていたが，最近は，鋼板の保管もよくなり，発せいがほとんどなくなったことと，酸洗は環境的にも排水処理面からも難しくなり，除いている工場が多くなっている．

化成処理の皮膜には，いろいろな種類がある．その種類と特徴について，略述する．

（1）りん酸塩皮膜

りん酸亜鉛・鉄・カルシウム・マンガンの4種の皮膜がある．

（a）りん酸亜鉛皮膜　対象は主に鉄鋼・亜鉛であり，アルミニウムにも可能である．処理液の主成分は第一りん酸亜鉛である．鉄鋼上には $Zn_3(PO_4)_2・4H_2O$（Hopetite）と，$Zn・Fe(PO_4)_2・4H_2O$（phospho phylite）の皮膜が生成する．亜鉛上には，Hopetite だけが生成する．反応により容易に結晶性皮膜を形成することができるので，りん酸塩皮膜の中で最も皮膜形成性が優れている．生成皮膜は素材との結合力も強い．

化成処理工程の前に，りん酸チタンコロイド処理（いわゆる表面調整工程である．）をすると，皮膜結晶が微細化，薄膜化ができ，塗装下地として最適な皮膜を作る（結晶が粗く，厚膜であると，結晶層から塗膜がはく離することがある．）．皮膜処理時間は通常鉄鋼上では 2～3 分，亜鉛上では 5～20 秒である．このタイプは最も市場で多く発売されており，各目的に応じて多くの薬剤があるので，目的に応じて選択するのがよい．

（b）りん酸鉄皮膜　対象は鉄鋼である．処理液の主成分は第一りん酸アルカリ塩で，鉄鋼上の皮膜は $FePO_4$ と Fe_2O_3 の非晶質膜と考えられている．皮膜量は一般に 0.1～1.0 g/m^2 の極薄膜であり，主としてスプレー法で使われている．脱脂・化成同時処理が可能であり，排水処理費用が少なくてすみ，低コス

ト形化成処理として市場に広く浸透している．りん酸亜鉛皮膜と比較すると，塗膜下腐食の防止力が劣るが，塗膜との付着力はまずまずである．

（c） **りん酸カルシウム皮膜**　対象は鉄鋼である．処理液の主成分は第一りん酸カルシウムと第一りん酸亜鉛で，形成皮膜は $Zn_2Ca(PO_4)_2 \cdot 2H_2O$ である．りん酸亜鉛皮膜に比較して，耐熱性が優れている．結晶は緻密で質量 $1 \sim 3 \text{ g/m}^2$ の薄膜であり，塗装下地としては優れている．スプレー法，浸せき法のいずれも可能であるが，処理温度が $70°C$ 以上であることが難点である．表面調整工程を必要としないメリットもある．

（d） **りん酸マンガン皮膜**　対象は鉄鋼であり，皮膜は $Mn_5H_2(PO_4)_4 \cdot 4H_2O$ である．耐摩耗性に優れているが，処理温度が高くかつ浸せき法に限られていることなどから，塗装用前処理としてはあまり使用されていない．

（2） **クロム酸塩皮膜**

クロミウムクロメート皮膜とりん酸クロムの2種類がある．

（a） **クロミウムクロメート皮膜**　対象はアルミニウムと亜鉛である．処理液の主成分はクロム酸とふっ素化合物であり，形成皮膜は，非晶質の $Cr(OH)_2 \cdot HCrO_4$ クロミウムクロメートが主成分と考えられている．

アルミニウム上の皮膜は，防せい力に優れ，付着性・糸さび防止効果も高く，塗装下地には適している．付着量は $10 \sim 150 \text{ mg/m}^2$ で無色〜黄色である．付着量が多くなると耐食性は良くなるが，塗膜との付着性は劣化する．

亜鉛上の皮膜は防せい力は良いが，塗着との付着性は安定ではない．

（b） **りん酸クロム皮膜**　対象はアルミニウムと亜鉛である．処理液の主成分はクロム酸とりん酸とふっ素化合物で，形成皮膜は非晶質の $CrPO_4$，りん酸クロムが主成分である．アルミニウム上の皮膜は六価クロムを含まないので，飲料缶の塗装下地膜として多く使われている．防せい力ではクロミウムクロメートより少し劣るが，塗膜との付着力や塗膜下腐食抑制力は同等である．適正付着量は $5 \sim 40 \text{ mg/m}^2$ で無色〜緑色を帯びる．無色領域が広いので，クリヤ又はカラークリヤの下地として，最適である．亜鉛上の皮膜も耐食性があり，かつクロミウムクロメート皮膜より安定した付着性を有しているので，EG材又

はカルバニール材をベースとした表面処理鋼板の化成処理材として使われることもある．

（3） 非クロム酸塩皮膜

（a） **りん酸ジルコニウム皮膜**　対象はアルミニウムと亜鉛である．処理液の主成分はフロロジルコニウムとりん酸で，生成皮膜は非晶質であるが組成は明確でない．アルミニウム上の皮膜の耐食性はクロム酸塩皮膜より劣るが，塗膜との付着性や塗膜下腐食の防止力は同等に近い．飲料缶用に普及しつつある．

（b） **りん酸チタニウム皮膜**　対象はアルミニウムと亜鉛である．処理液の主成分はフロロチタニウムとりん酸で，生成皮膜は（a）と同様明確でない．アルミニウム上の皮塗の諸性能は（a）と同等の水準である．

（c） **シランカップリング処理**　対象はステンレスとアルミニウムである．非反応形であり，塗布型表面処理の分類に入る．ステンレスと塗料との付着性改善に優れた効果を示す．

（4） 塗布形表面処理

化成処理形に代わり，非反応形の塗布形が浸透してきた．同一の薬材で多種類の素材に対応ができ，排水処理の必要がなく，省エネルギー工法として今後の発展が期待される．

（a） **クロム酸シリカ複合形皮膜**　亜鉛・アルミニウム・ステンレス・鉄鋼など金属全般に適用される．塗布後乾燥するだけで効果を発揮する．過剰につけると，塗膜との付着性に問題を生じるので，単純な形状物の処理に使われている．PCMや表面処理鋼板のインライン処理用としても効力を発揮している．

（b） **クロム酸・樹脂複合形皮膜**　上記（a）と同様の特徴を有するが，樹脂による被覆性とクロム酸保持効果によって，耐食性では（a）より優れている．

（5） **マグネシウム合金の表面処理**[18]

マグネシウム合金の表面処理には，図4.26に示すような，電気化学的処理（陽極酸化処理など），化学的処理，めっき処理など，一般の金属に用いられている処理法がある．

それぞれ浴組成処理条件では差があるが，それらの一例を示す．表4.18はア

4.2 金属の塗装

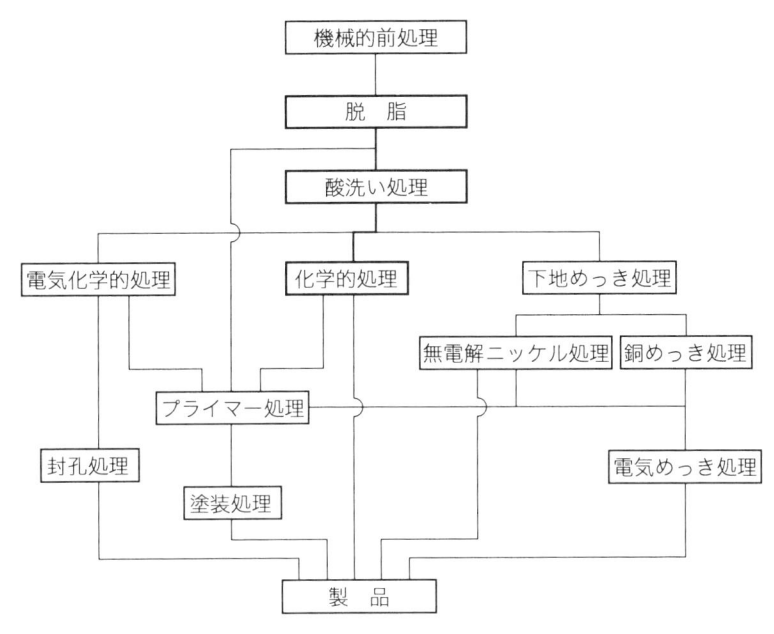

図 4.26 マグネシウムの表面処理系統[18]

表 4.18 アルカリ脱脂[18]

	浴　組　成 (g/l)		処理時間(min) 及び浴温(°C)	その他の条件
1	カセイソーダ リン酸ソーダ 濡れ改良剤	15～60 10 0.7～1	3～10 90～100	pH 11 以上
2	リン酸ソーダ 炭酸ソーダ 濡れ改良剤	30 30 0.7～1	3～10 90～100	pH 11 以上
3	カセイソーダ 濡れ改良剤	100 0.7～1	10～20 90～100	約 pH 13
4	フッ化ソーダ ピロリン酸ソーダ 四ホウ酸ソーダ	15 40 70	3～5 70～80	pH 12 以上

ルカリ脱脂工程の幾つかの組成・処理条件の一例，表4.19は酸洗工程の幾つかの浴組成，処理条件の一例，表4.20は化成処理工程の浴組成，処理条件の一例である．陽極酸化処理法についても，表4.21に浴組成及び処理条件の一例を記す．

また，最近は環境面で"脱クロム"の流れが非常に強くなっている．廃水処理，スラッジ等廃棄物ばかりでなく，処理皮膜に微量に残るクロムの量さえ問題になっており，クロムゼロの表面処理法が強く要求されている．幾つかのシ

表4.19 マグネシウム及び合金の酸洗[18]

名　　称	浴　組　成 (g/l, ml/l)	処理時間 (min)及び 浴温(°C)	寸法変化 (μm)	作業工程 (機械加工)
クロム酸	無水クロム酸　180	60〜300 60〜90	3以下	後
フッ酸	フッ化水素酸(50%) 　　　　　　　200	30〜40 R.T	3〜5	後
硝酸第二鉄	無水クロム酸　180 硝酸第二鉄　35 フッ化ソーダ　3	25〜180 R.T	5〜8	後
リン酸	リン酸(85%)　50	30〜60 R.T	10〜20	前
クロム酸 硝酸-フッ酸	無水クロム酸　280 硝酸(67.5%)　20 フッ化水素酸(50%) 　　　　　　　7	30〜120 R.T	10〜25	前，後
硝　　酸	硝酸(67.5%)　40	10〜30 R.T	10〜25	前
酢酸- 硝酸ソーダ	酢酸　　　　200 硝酸ソーダ　50	30〜60 R.T	10〜25	前
クロム酸 硝酸ソーダ	無水クロム酸　180 硝酸ソーダ　30	60〜180 R.T	10〜30	前
硫　　酸	硫酸(98%)　15	10〜60 R.T	40〜60	前
硝酸-硫酸	硝酸(67.5%)　80 硫酸(98%)　10	10〜20 R.T	40〜60	前

表4.20 マグネシウム及びその合金の化成処理[18]

名　称	該当名称	浴　組　成 (g/l, ml/l)	処理時間(min) 及び浴温(°C)	寸法変化量 (μm)
クロム酸	MX-1 Dow 1	重クロム酸ソーダ　100 硝酸(67.5%)　200	1/2～1.0 R.T	10～30
重クロメート	MX-3 Dow 7	重クロム酸ソーダ　150 フッ化マグネシウム　2.5	20～30 90～100	5以下
リン酸マンガン	MX-7	リン酸二水素マンガン　25 ケイフッ化ソーダ　3 硝酸ソーダ　2 重クロム酸ソーダ　0.2	30～60 80～90	2～10
改良クロム酸	MX-8 Dow 20	重クロム酸ソーダ　180 重フッ化ソーダ　15 硫酸アルミニウム　10 硝酸(67.5%)　85	1/3～1.0 R.T	10～30
硝酸第二鉄	MX-9 Dow 21	無水クロム酸　180 硝酸第二鉄　40 フッ化カリ　4	1/2～3/4 R.T	7～15
スズ酸	MX-10 Dow 23	ピロリン酸ソーダ　50 スズ酸カリウム　50 カセイソーダ　10 酢酸ソーダ　10	15～20	3～7 増加

ステムが市場で競い合っている．無水クロム酸や重クロム酸塩類を，マンガンやジルコニウムに転換している例も多い．これは時代の流れであり，転換速度が速い．表4.22に"ノンクロム"の体系を記す．表4.23にノート型パソコン・携帯電話ケース，表4.24に自動車部品の処理システムの一例を記す．特徴は，強アルカリ液によって表面調整した後，皮膜化成を行うことである．システムの設計では，強アルカリ表面調整工程前の素地調整をどのように行うかが重要であり，皮膜厚とともに体系づけている．

表4.21 マグネシウムの陽極酸化処理法[18]

名　称	浴　組　成 (g/l, ml/l)		処　理　条　件	色調及び 皮膜厚さ (μm)
ガルバニック 陽極酸化法 MX-5	硫酸アンモン 重クロム酸ソーダ 水酸化アンモン	30 30 2.6	48〜60℃ 10〜30 min 0.1 A/dm²以下	焦げ茶〜黒 1〜3
Caustic 陽極酸化法 MX-6	カセイソーダ エチレングリコール シュウ酸ソーダ	240 83 2.5	70〜80℃ 15〜20 min DC；6V, AC；6〜24V 通電前後に2〜5 min 浸せきのこと	淡白色〜淡褐色 5〜8
	中和液 フッ化ソーダ 重クロム酸ソーダ	 50 50	25〜30℃ 5 min 浸せき	淡褐色〜焦げ茶
HAE 陽極酸化法 MX-11	カセイカリ フッ化カリ リン酸ソーダ 水酸化アルミニウム 過マンガン酸カリ	160 35 35 35 20	R. T 8〜60 min AC；60〜90 V 電流密度 1.0〜20 A/dm²	3〜30
Dow 17 陽極酸化法 MX-12	酸性フッ化アンモン 重クロム酸ソーダ リン酸(85%)	240〜360 100 90	70〜80℃ 5〜30 min 60〜95 V 0.5〜20 A/dm²	ライトグリーン〜 ダークグリーン 3〜30

4.2 金属の塗装

表4.22 クロムを使わないマグネシウム合金用処理システムの体系[19]

No.	対象部材	主な要求性能	特徴
1	ノート型パソコンケース 携帯電話ケース	皮膜導通性・耐食性 塗膜密着性	化成皮膜の機能性を重視 化成皮膜は薄膜
2	自動車部品	塗膜密着性 塗膜高耐食性	塗膜品質を重視 化成皮膜は厚膜
3	携帯型家電製品ケース デジタルカメラ・ビデオ, etc.	皮膜耐食性 塗膜密着性・耐食性	No.1とNo.2の中間的性能 化成皮膜は中膜
4	その他	適宜	No.3をベースに要求性能に合わせ処理システムを設計する

表4.23 ノート型パソコン・携帯電話ケース[19]

① 脱　脂：アルカリ性，50～70℃，1～5 min
　　↓
② 水　洗：RT，0.5～1 min
　　↓
③ 表面調整1：酸性，30～60℃，1～5 min
　　↓
④ 水　洗：RT，0.5～1 min
　　↓
⑤ 表面調整2：アルカリ性，60～90℃，5～10 min
　　↓
⑥ 水　洗：RT，0.5～1 min
　　↓
⑦ 皮膜化成：酸性，30～40℃，1～2 min
　　↓
⑧ 水　洗：RT，0.5～1 min
　　↓
⑨ 純水洗：RT，0.5～1 min
　　↓
⑩ 水切り乾燥：80～120℃，時間は適宜．

表4.24 自動車部品[19]

①（汎用システム）
① 脱　脂：アルカリ性，50～70℃，1～5 min
　　↓
② 水　洗：RT，0.5～1 min
　　↓
③ 表面調整1：酸性，30～60℃，1～5 min
　　↓
④ 水　洗：RT，0.5～1 min
　　↓
⑤ 表面調整2：アルカリ性，60～90℃，5～10 min
　　↓
⑥ 水　洗：RT，0.5～1 min
　　↓
⑦ 皮膜化成：酸性，60～70℃，3～4 min
　　↓
⑧ 水　洗：RT，0.5～1 min
　　↓
⑨ 純水洗：RT，0.5～1 min
　　↓
⑩ 水切り乾燥：80～120℃，時間は適宜．

4.2.3 前処理のスプレー法と浸せき法の比較

小規模で実施する場合には浸せき法が設備費も安く有利であるが,搬送を自動化した量産ラインではそれぞれ利害得失があるので,よく調査をして決めるべきである.表4.25にりん酸亜鉛系皮膜処理の場合の両者の比較例を記す.

表4.25 処理方式の比較[20]

処理方式	脱脂工程		化成工程		必要タンク容量	設備スペース	操業時エネルギーコスト
	接液部の洗浄効果	接液の範囲	皮膜の耐アルカリ性	接液の範囲			
スプレー法	◎	○	○*	○	小	小	大
浸せき法	○	◎	◎	◎	大	大	小

注* 鋼板上にりん酸亜鉛系皮膜処理を実施する場合は,浸せき法に比較してスプレー法では,$Zn_2Fe(PO_4)_2$の生成割合が低くなり耐アルカリ性が劣るが,亜鉛めっき鋼板上に形成される皮膜では,処理方式によって皮膜の耐アルカリ性に差は生じない.

4.2.4 用途別での前処理の選定

表4.26に各用途で使われている化成皮膜処理の一例を示す.ただし,これは一例であり,素材や塗装の多様化により変わっていくのは当然である.家電製品とPCM(プレコートメタル)を例として説明する.

(1) 家電製品

1980年までは図4.27で示す①が主流であったが,現在は③が主流である.素材が表面処理鋼板に変わったので,前処理は洗浄のみで塗装工程に入れるのである.もちろん,他の②,④,⑤,⑥の方式も実施されている.

(2) PCM,コイルコーティングのライン

従来は溶融亜鉛めっき鋼板・冷延鋼板・アルミニウムの3素材に専用の化成皮膜を形成するので,図4.28のような前処理ラインであった.最近は前記3素材に加えて,EG,GA ガルファン,ガルバリウムなどと種類が増え,更にステンレス・TFSなども同じラインで処理しなければならなくなった.このため,図4.29に示すようなユニバーサル塗布形の前処理ラインが,新規では採用され

4.2 金属の塗装

表 4.26 各用途で適用されている化成皮膜処理の一例[20]

素材	化成皮膜の種類	薬剤のタイプ	自動車ボディー	自動車部品	家電	鋼製家具	ドラム缶	飲料缶	建材	一般塗装	PCM	表面処理鋼板	塗装性能	操業性	コスト	環境対策	防錆性能	耐摩耗性
鉄鋼	りん酸亜鉛皮膜	中膜形スプレー					◎			○							◎	
		薄膜形スプレー		○	○	◎				○			○	○				
		高ニッケル形スプレー	○	○	○					○			○					
		トライカチオン形スプレー	○	○						○			○					
		常温処理形スプレー				○									◎			
		中膜形ディップ								○			○				○	
		薄膜形ディップ		○						○			○		○			
		高ニッケル形ディップ	○	○									○					
		トライカチオン形ディップ	◎	○									◎					
	りん酸鉄皮膜	標準形スプレー			○	○	○											
		低温形スプレー								○								
		脱脂化成兼用形								○				○	◎			
		Sn含有形スプレー						◎					○			○		
		短時間処理形スプレー									○		○					
	りん酸カルシウム皮膜	薄膜形スプレー			○								○					
		薄膜形ディップ		○														
		中膜形ディップ								○			○					
	りん酸マンガン皮膜	中膜形ディップ															○	○
		厚膜形ディップ															○	○
亜鉛めっき	りん酸亜鉛皮膜	トライカチオン形スプレー	◎	○					○				○					
		トライカチオン形ディップ	◎	○					○				◎					
		高ニッケル形	○	○							◎		◎			○		
		低ニッケル形										◎				○		
	クロム酸塩皮膜	(塗布形)シリカ・クロム酸複合形										◎	◎				○	
		(塗布形)樹脂クロム酸複合形										◎	○				○	
アルミニウム	クロム酸塩皮膜	クロミウムクロメート	○	○					○	○	○		◎				○	
		リン酸クロム			○				○	○	○		◎				○	
		(塗布形)シリカ・クロム酸複合形							○				◎			○		
	インクロメート皮膜	リン酸ジルコニウム皮膜		○	○				○									
		リン酸チタニウム皮膜		○	○				○									
		タンニン酸皮膜							○				○			◎	○	
		シランカップリング処理								○			○			○		
ステンレス	クロム酸塩皮膜	(塗布形)シリカ・クロム酸複合形							○				○				○	
		(塗布形)樹脂クロム酸複合形							○				○				○	
	インクロメート皮膜	タンニン酸皮膜							○				○			○	○	
		シランカップリング処理								○			○			○		

ている．塗布剤はロールコート法で塗布する．

① CRS EG：溶剤塗装，

予備脱脂 — 脱脂 — 水洗

② CRS EG：電着塗装（1コートアクリル）

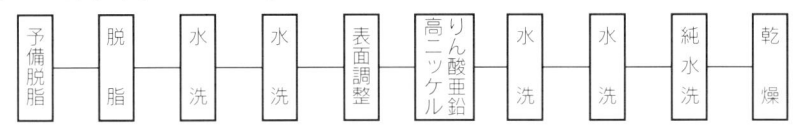

水洗 — 表面調整 — 高ニッケル りん酸亜鉛 — 水洗 — 水洗 — 純水洗 — 乾燥

③ 表面処理鋼板：ハイソリッド塗装，粉体塗装

予備脱脂 — 脱脂 — 水洗 — 水洗 — 純水洗 — 乾燥

④ 内製プレコート：表面処理鋼板－粉体塗装

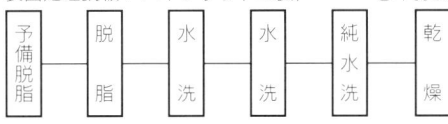

⑤ 内製プレート：CRS EG－粉体塗装

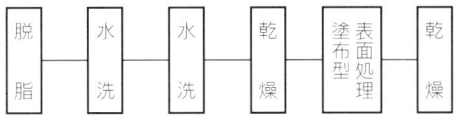

脱脂 — 水洗 — 水洗 — 乾燥 — 塗布型表面処理 — 乾燥

⑥ PCM：前処理，塗装工程省略

図 4.27　家電製品における前処理と塗装系との組合せ[20]

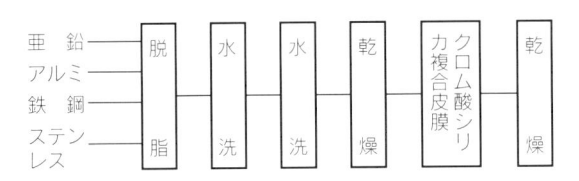

亜鉛 ─┐
アルミ ─┤
鉄鋼 ─┤ 脱脂 — 水洗 — 水洗 — 乾燥 — クロム酸シリカ複合皮膜 — 乾燥
ステンレス ─┘

図 4.28　PCM の前処理ライン[20]

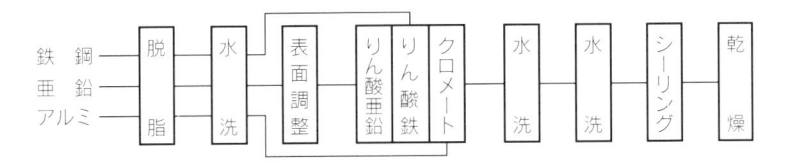

鉄鋼 ─┐
亜鉛 ─┤ 脱脂 — 水洗 — 表面調整 — りん酸亜鉛／りん酸鉄 — クロメート — 水洗 — 水洗 — シーリング — 乾燥
アルミ ─┘

図 4.29　ユニバーサル塗布形の表面処理ライン[20]

4.2.5 金属のブラスト処理

（1） ブラスト法

金属製品も大型になると化成処理は困難であり，ブラスト法や研磨方式で金属表面を除せいし，凹凸を作って表面積を大きくしなければならない．ブラスト法は数 10 μm から数 mm までの金属や非金属の粒子（研掃材）を遠心力や圧縮空気を利用して，種々被塗物表面に 50〜80 m/s の高速度でたたきつけ，その衝撃力や研掃力によって，表面の付着物・酸化層（さび，スケール）・ばりなどを除去し，塗装に適した新しい表面状態を作る方法である．したがって，化成処理の化学的処理法に対して，ブラスト法を物理的処理法といっている．両者の適用レベル・性能レベルなどを表 4.27 に示す．

（2） 研掃材の種類と特徴

研掃材の選択は塗装面の仕上がりを左右するので，目的に合った研掃材の選択が必要である．研掃材はショットと称する球状粒とグリットと称する鋭角粒がある．ショットは被塗物面にハンマー効果を，グリットは研削効果を与えている．表 4.28 に各研掃材の特徴を示す．なお研掃材として，最初は砂を用いていたが，現在はケイ肺の原因のためほとんど使われていない．

（3） 表面粗さと塗膜の付着性

塗膜の付着性はブラスト処理による表面の性状，すなわち表面粗さと表面の活性にある．一般に，方向性がなく表面粗さ曲線が複雑で，凹凸数が多い表面状態が望ましい．これが付着効果を高め，アンカー効果を生み出す．また，表面粗さを必要以上に大きくしても，凸部は塗膜が薄く凹部が厚くなり，それほど効果が出ない．通常，表面粗さは塗膜厚さに対して，1/5〜1/3 を目安にすることが望ましい．

（4） ブラスト処理と除せい度

ショットブラストの場合，表面の酸化スケールは研削効果でとれるのではなく，ショットの衝撃により，打こんの周りがはく離して落ちるのである．図 4.30 にスチールショットを使用した場合の投射密度（被処理材表面の単位面積当たりの投射量）と除せい度との関係を示す．図 4.30 から，小さいスチールシ

ョットを使用した方が効率的に除せいできることがわかる．しかし，実際には酸化スケールの厚さ・投射距離・投射角度などの要因を考えて，ブラスト条件（投射密度，研掃材）が決定される．

表4.29に各種のブラスト規格を示す．現在，重防食塗料の本命である無機ジ

表4.27 接触面積を拡大する各処理法の適用レベル・性能レベルなどの比較

処理方法		処理すべき素材の大きさ	接触面積拡大レベル	脱脂レベル	防せいレベル	密着レベル	無機ジンクが塗れるか	作業効率	問題点
物理処理	ブラスト処理	建築物，重構造物から小物まで，どんな大きい物でも適用できる	◎	○	防せい力はないが無機ジンクの組み合わせで◎	◎～○	○	◎	ブラスト粉じんのため工場などの設備のある所以外は困難
	ディスクサンダーなどの手工具処理		○～△	○～△	防せい力はないがエポキシジンクなどの組み合わせで○	○～△	×	△～×～×	◎どこでもOK
化学処理	りん酸亜鉛処理	1) ディッピング槽に入る大きさの物	◎	◎脱脂工程があるため	◎～○	◎	必要ない	◎	1) 処理設備が必要 2) 排水，スラッジなど環境対応費用が大
	りん酸鉄処理	2) 厚板，鋳物など，熱容量の大きい物は困難	○	◎～○脱脂工程があるため	○～△	◎～○	必要ない	◎	

備考　更に防せい力を向上させる場合には，多層合金めっき処理鋼板又は亜鉛めっき処理鋼板を用いればよい．

ンク塗料も，この下地処理規格と相まって広く浸透したのである．この中では，SIS（スウェーデン規格）が最もよく普及している．SIS の Sa 2.5 のニアーホワイト以上が無機ジンクが塗装できる表面である．これを除せい度の面積百分率で置き換えると，95%以上のさびが除去されている表面状態である．これは被処理材が SS 400 の場合には，約 80〜120 kg/m² の投射密度で得られる．

（5） ブラスト加工の加速方式及びその特徴

研掃材を被塗物表面に高速度でたたきつけるには，加速させなければならな

表4.28 各種研掃材とその特徴[21]

投射材	性質及び特徴	投射材	性質及び特徴
スチールショット	・清掃効果がよく広範囲に使用される ・粒径範囲 ϕ 0.3〜3.0 mm ・硬度範囲 HRC 45〜50 ・寿命 2 100〜2 900 サイクル（粒径で変化）	カットワイヤ	・鋼線を切ってつくる ・線径範囲 ϕ 0.3〜2.5 mm ・硬度を自由にできる ・寿命 3 000〜3 500 サイクル ・価格が比較的高い
		亜鉛ショット	・軽合金製品の清掃によい ・粉じん爆発の危険が少ない
スチールグリット	・スチールショットを砕いてつくる ・多角形状をもつ ・粒径範囲 0.3〜3.0 mm（長径） ・硬度範囲 HRC 46〜50 　　　　　 HRC 63〜65 ・寿命 700〜2 000 サイクル（硬度・粒径で変化）	アルミカットワイヤ	・アルミニウム線材を切ってつくる ・軽合金製品の清掃によい ・アルミニウムのダストが粉じん爆発の危険がある ・価格が高い
		ステンレスカットワイヤ	・ステンレス線材を切ってつくる ・ステンレス製品の清掃によい ・腐食の心配がない ・価格が非常に高い
白銑（せん）ショット	・非常にもろく割れやすい ・新しいうちは清掃効果がよい ・歴史は古いが現在はほとんど使われていない	けい砂	・主にエアブラストに使用される ・砂じん発生が多く作業環境が悪い ・作業者はケイ肺を恐れている

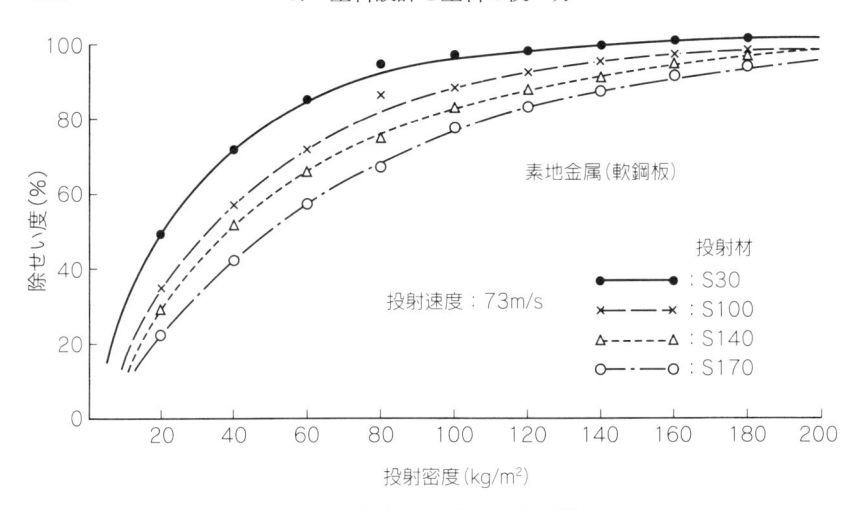

図4.30 投射密度と除せい度の関係[21]

表4.29 各種のブラスト規格[21]

SSPC 呼称名	アメリカ		スウェーデン	イギリス	ドイツ	日　本		内容の概略
	SSPC	NACE	SIS	BS	DIN	JSRA–SPSS		
White Metal Blast Cleaning	SP 5	No.1	Sa 3	First	Sa 3	Sd 3	Sh 3	肉眼で見える さび，黒皮な どが全くない こと
Near White Blast Cleaning	SP 10	No.2	Sa 2.5	Second	Sa 2.5	Sd 2	Sh 2	95％は肉眼で 見えるさび， 黒皮のないこ と
Commercial Blast Cleaning	SP 6	No.3	Sa 2	Third	Sa 2	Sd 1	Sh 1	2/3は肉眼で見 えるさび，黒 皮のないこと

注　SSPC：Steel Structures Painting Council（アメリカ）
　　NACE：National Association of Corrosion Engineers（アメリカ）
　　SIS：Swedish Standard SIS 055900-1967（スウェーデン）
　　BS：British Standards Institution4232（イギリス）
　　DIN：Deutsche Industrie Normen 55928 Part 4（旧西ドイツ）
　　SPSS：日本造船研究協会(JSRA)編　"塗装前鋼材表面処理基準"（日本）
　　Standard for the Preparation of Steel Surface Prior to Painting（SPSS）

い．現在，主に用いられている加速方式は空気圧（吸引式・直圧式）・水圧及び遠心力・摩擦力による方法である．表4.30に，代表的な遠心力による加速方式（インペラー方式）と空気圧による加速方式について，その特徴を示す．

（6） 製品の搬送方式

ブラストマシンは，製品の搬送方式によって，次のように大別される．それ

表4.30 ブラスト加工技術の各種方式とその特徴[22]

		遠心力による加速方式	空気圧による加速方式（エアブラスト）
研掃材		・粒径が比較的大きく，重い研掃材に適する ・スチールショット・グリット ・亜鉛ショット，銅ショット ・樹脂ショット	・粒径が小さく，軽い研掃材に適する ・スチールショット・グリット ・亜鉛ショット，銅ショット ・アランダム ・ガラスビーズ ・樹脂ショット
適用性		・被処理物の形状に制限がある ・広い範囲に均一な仕上がり面を必要とする場合に適する	・手作業が主体であり，どんなものにも適する ・極部集中処理に適する
作業能率		自動化が容易．量産向きで作業能率がよい	ロボットシステムの組合せで対応はできるが，一品加工品向きであり作業能率はあまり良くない
設備	コンプレッサ	不要	必要
	ブラスト装置	製品形状に応じた自動化機械	手作業の場合，簡易な機械
ランニングコスト	設備費用	自動化の設備費用分が高くなる	大型製品の人手作業の多い設備には有利
	電力量	1/10～1/15 （対エアブラスト同一処理量）	1
	人件費	低い	高い（手作業）
	消耗品	機械部品だけであるが，比較的高価	いろいろ多い（ブラストホースなど）

それに製品に適した搬送方式を選ぶ必要がある．

（a）**タンブリング形**　小型製品に最適で加工費も安い．処理数が多い場合のバッチ処理．打こんの問題がある．

（b）**テーブル形**　製品をテーブル上に置いてブラストする．中・大型製品に適す．テーブルに接している下面はブラストできないので，反転作業が必要．

（c）**ハンガー形**　打こんを嫌う製品に適すが，吊り下げに人手を要す．これをロボットやマテハン機器により自動化する傾向にある．塗装のハンガー式とも連結しやすい．

（d）**コンベヤ形**　連続的にブラストでき，板状や長物製品に適す．塗装と連結しやすい．

4.2.6　手動式研磨

手動式研磨は金属面のさびなどの異物除去，アンカー効果だけでなく塗り替え時の旧塗膜・下塗りの整面作業にも使われる．ワイヤブラシ・たがねなどもあるが，多くは研磨紙による研削作業である．研磨紙も正方形のシートから，サンダーの形状に合わせたものが多くなっている．サンダーとの接着も昔はのり付けだけだったが，現在はパット式である．旧塗膜や下塗りの研磨も合わせて，研磨紙の番手と工程との関係を図 4.31 に，図 4.32 には主な手動式の研磨機器を示す．

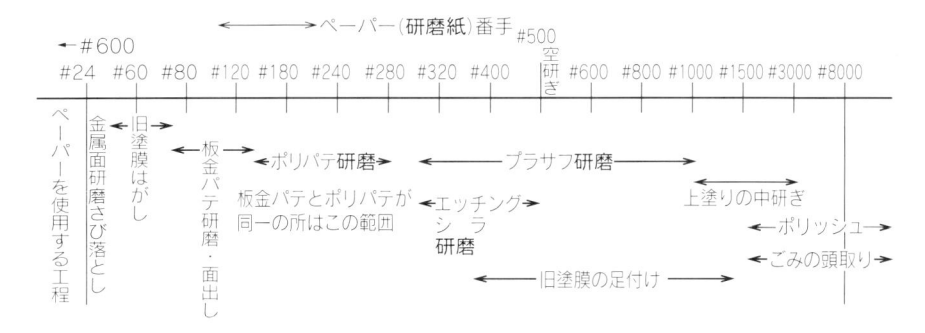

図 4.31　研磨紙の番手とそれを使用する工程[23]

4.2 金属の塗装

A. ディスクサンダー

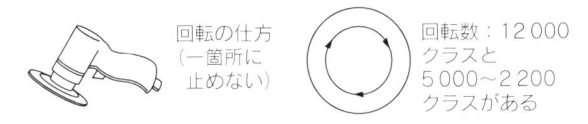

回転の仕方
(一箇所に止めない)

回転数：12 000クラスと5 000～2 200クラスがある

B. オービタルサンダー　回転数：6 000～9 000rpm

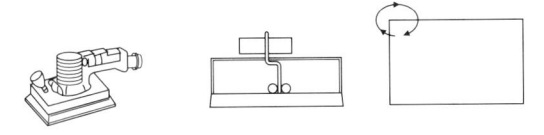

C. ストレートラインサンダー　ストローク数：2 000～3 000回/min

D. ギアアクションサンダー　回転数：1000rpm以下

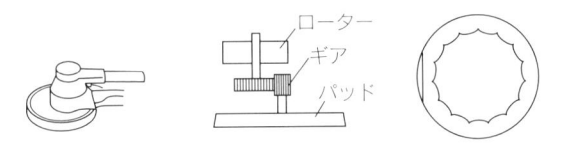

ローター
ギア
パッド

E. ダブルアクションサンダー　回転数：7 000～9 000rpm

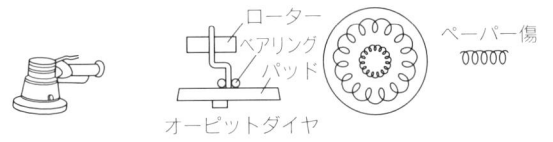

ローター
ベアリング
パッド
オービットダイヤ

ペーパー傷

E. トリプルアクションサンダー　回転数：800rpm

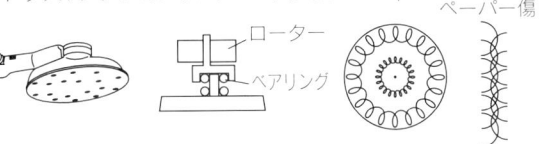

ローター
ベアリング

ペーパー傷

図4.32 各種の手動式研磨機器[23]

4.3 金属製品の塗装工程（塗装ライン）の実際

今まで述べた前処理・塗料・塗装方式・塗装機器・設備がどのような組合せで塗装ラインを作り上げているか，また厳しい競合の中でどう変遷しているかについて述べる．

4.3.1 自動車の塗装ライン

自動車塗装業界はコスト削減化という最近の技術の先端テーマが目白押しの分野である．

① 酸性雨・すり傷対策に対応した新橋かけ形塗料
② パール・アルミニウム・金属コーティングマイカなどの高意匠形塗料
③ 私だけの車を造るインクジェットによる塗装面へのイラスト化
④ エッジ防せい形や高耐候性形カチオン電着塗料などの高品質化
⑤ ハイソリッド形中塗り・上塗り
⑥ メタリックベース・中塗りの水系化
⑦ 上塗り粉体クリヤ
⑧ 重金属削減
⑨ 低温・短時間焼付け塗料使用量低減形カチオン電着塗料
⑩ ED・中塗りのW/W（ウエット・オン・ウェット）システム
⑪ 中塗り・上塗りのW/Wシステムなど

その一例を示すと，グリース除去・洗浄後・化成処理・水切乾燥後に電着層に入る．カチオン電着塗料はマイクロジェルによって焼付け時の塗膜溶融粘度を制御し，エッジ部の被覆をよくして防せい力を良くしている．また同塗料の焼付け温度は180〜170℃に，更に150〜160℃と低温・短時間化されてきた．ED乾燥後はシーラント・チッピング・アンダコートなどを塗装し中塗り工程に入る．

中塗り工程以降も次のような省略化が検討されている．

① 粉体/リバース電着（焼付け回数と電着使用量の削減）

② 2コート電着システム（中塗り層の削除）
③ 電着/中塗りのW/W化（電着焼付け工程の省略）
④ 3C2Bパールの3C1B化（カラーベース焼付け工程の省略）
⑤ PPバンパー用プライマーレス上塗り塗料（プライマー層の削除）

4.3.2 自動車補修塗装工程

この業界も，①損害保険会社と生命保険会社との相互参入による指定工場制，②自動車ディーラーの内製化率のアップ，③他産業から参入という変革の波の中で，ボデーショップ（板金塗装工場＝車体整備工場）は，生き残りをかけて競争を展開している．

（1） 品質保証と工程を大幅に合理化する2K形塗料と塗装システムの展開

今まで自動車ディーラーの下請けだったボデーショップが生き残りをかけて，直需（直接お客様と取引する．）や指定工場化を図っている．それにはボデーショップが修理復元で成り立っている以上，補修した塗膜が新車と同レベルの耐

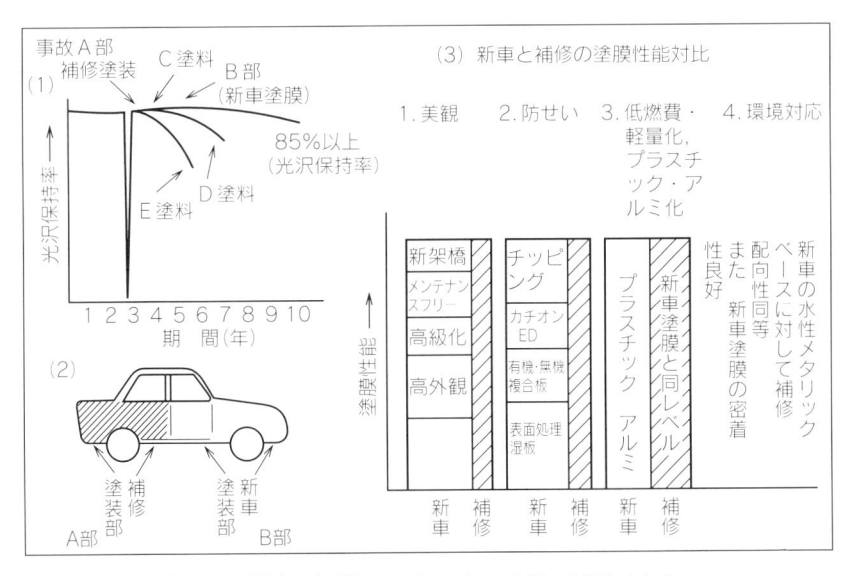

図4.33 新車の塗膜は10年くらい光沢の減退が少ない
（補修塗料のレベルアップ）

候性をもつことが条件である．図4.33に示すように，DやEの塗料でなく，Cのレベル（新車同等）の塗料でなければならない．これが2K形塗料である．

（2） ボデーショップの仕事の仕組みが大きく変わる

ボデーショップの仕事の流れは，

①入庫→②見積り→③アジャスタとの料金調整→④部品発注→⑤脱着→⑥板金修整→⑦パテ付け→⑧研磨面出し→⑨プラサフ塗布研磨→⑩マスキング→⑪脱脂清掃→⑫調色→⑬上塗り塗装→⑭乾燥→⑮磨き→⑯組付け→⑰整備→⑱洗車→⑲検査→⑳出庫→㉑納車

という工程になっている．この中で，②，③，④は最も時間のかかる工程であった．これを図4.34に示すように，衝突現場で電送写真し見積りをセンターに送ることにより，直ちに料金の決定をし仕事にかかれるようにしたのである．もちろん部品もすぐ発注し，部品遅れによる仕事の停滞をなくしつつある．次

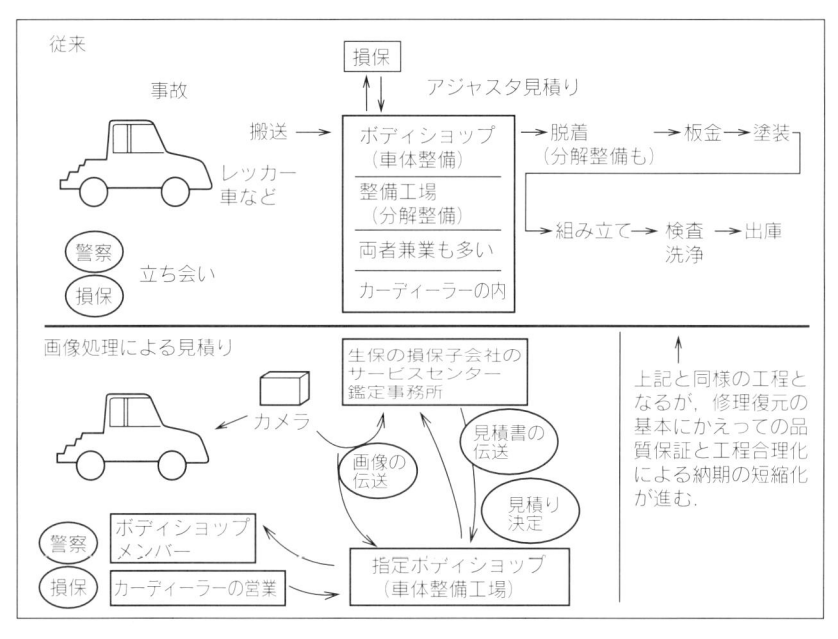

図4.34 ボデーショップの指定工場化と画像電送処理システムによる見積り時間の大幅短縮[24]

に時間のかかるのは⑫の調色と⑮の磨きである．

　同じカラー番号でも色ブレがあるのは現代の常識である．新人であれば，1～3時間，ベテランでも30分～1時間かかっていたのを，各塗料メーカがカラー番号ごとの色ブレ見本帳を作り，30～40分のレベルにもってきている．更に，この名人芸の領域を装置産業化しようという動きが出てきている．三方向から光を当てて測色できる三次元測定機と何万色ものカラー配合内蔵型コンピュータの組合せによって，夜間に新人でも調色できるようにしたのである．これによる5～10年の修練期間が節約でき，新人の即戦力化ができつつある．

　磨き時間は2K形塗料を使うことにより，レベリングと光沢のさえは達成した．ごみ除去はブースを用い静電気を最小限にすることにより達成しつつある．これにより，1ブースで1日2～3台の補修のレベルが5～6台と飛躍的に向上しているのである．更に近赤外線を用いて，乾燥時間を1/2～1/3にし，ブース回転率を向上させている工場も増えている．

（3）簡易補修法

　簡易形小傷修正法が脚光を浴びている．不況の時期，顧客は小傷は修理しなくなっており，これが補修の需要を20％減にしている．これを掘り起こし新規需要に結びつけようという目玉商品がこの方法である．それには損害保険の免責料金以下でお客様の懐具合に見合った価格で，1時間くらいでできることが必須条件で，チューブ入りUV乾燥パテと上塗り方式が検討されつつある．なお，この方式はボデーショップで行わず，自動車ディーラーのサービス部門・分解整備部門で実施することが検討されている．

4.3.3　船舶の塗装工程

（1）船体区画と適用塗料

　船体は多くの区画から造られており，その区画によって環境・暴露条件が異なり，また船舶の種類によっても異なる．

　表4.31に船体各区画の環境条件と適用塗料を示す．更に，各区画ごとに要求される塗膜性能も異なってくるので表4.32に示す．

表 4.31 船体各区画の環境条件と適用塗料[25]

船体区画		環境条件	適用塗料
外板	外舷(げん)部	①海水の飛まつを受ける ②紫外線の影響を受ける ③荷物搭載時や航行時は没水に近い条件となる	塩化ゴム系 エポキシ樹脂系
	水線部	①海水と暴露の乾湿交互作用を受ける ②標流物，接岸による機械的損傷を受ける ③生物付着もある	塩化ゴム系 エポキシ樹脂系
	船底部	①常時海水中にあり，厳しい腐食環境にある ②電気防食が併用される ③海洋生物（フジツボ，アオサなど）が付着する	塩化ゴム系 エポキシ樹脂系 タールエポキシ樹脂系
暴露甲板部及び上部構造物外部		①海塩粒子を含む大気暴露環境にある ②紫外線の影響が特に大きい ③歩行や荷役により機械的損傷を受ける（暴露甲板部） ④美観が要求される（上部構造物外部）	塩化ゴム系 エポキシ樹脂系
タンク	バラストタンク	①海水が積まれる ②タンク上部は水蒸気で充満する ③電気防食が併用される	タールエポキシ樹脂系
	原油タンク	①硫黄化合物を含む原油が積まれる ②原油中の揮発油成分に接触する	エポキシ樹脂系 タールエポキシ樹脂系
	石油製品タンク （プロダクトタンク）	①積荷からの化学的アタックがある ②結露タンク洗浄時の残留による影響を受ける	エポキシ樹脂系
	清水タンク 飲料水タンク	①清水が積まれる（海水以上に浸透性が大きく，ふくれを生じやすい） ②飲料水適性が必要である（飲料水タンク）	エポキシ樹脂系
カーゴボールド （船倉）		①高温多湿で結露しやすい ②積載カーゴにより腐食性ガスが発生する場合もある ③塊状カーゴの場合，荷役時に機械的損傷を受ける	塩化ゴム系 エポキシ樹脂系 変性エポキシ樹脂系

4.3 金属製品の塗装工程（塗装ライン）の実際

表 4.31 （続き）

船体区画	環 境 条 件	適 用 塗 料
上部構造物内部	①美観が必要である（居住区，ストア関係）	アルキド樹脂系
	①高温多湿となる ②床面に海水や油がたまる（機関室，ポンプ室）	変性エポキシ樹脂系

表 4.32 船体区画・部位に要求される塗膜性能[25]

区画・部位 塗膜性能	(1)外舷部	(2)水線部	(3)船底部	(4)暴露甲板	(5)上部構造物外部	(6)バラストタンク	(7)原油タンク	(8)清水タンク	(9)石油製品タンク	(10)カーゴボールド	(11)内部区画
耐水（海水）性	△	○	○	○	○	○	△	○	○	△	○
耐 候 性	○	△	—	○	○	—	—	—	—	—	—
耐生物汚損性											
海塩粒子耐久性	—	—	—	—	—	—	—	—	—	—	—
耐 摩 耗 性	○	○	△	○							
塗重ね付着性	△	○	○	—	△	○					
耐 油 性							○		○		
耐 薬 品 性									○		
美 観	○				○						○

備考　○：最も要求される性能．
　　　△：やや要求される性能．
　　　—：特に要求されない．

（2） 船舶の塗装工程

新造船の標準的な塗装工程を表 4.33 に示す．塗装作業は地上でブロック段階で塗装する方法，すなわちブロック塗装が主体である．鋼材は鉄鋼メーカ又は造船所でショットブラストして表面のミルスケール（黒皮）やさびが除去され

る．その後直ちにショットプライマーが塗装され，ブロック組立期間中の発せいを防止する．ブロックが完成すると，各区画ごとの塗装仕様に従って，地上で防せい塗装を行い，更にブロック搭載後仕上げ塗装を行う．

表4.33に従って塗装するが，少し詳しく説明する．

(a) **内業工程での塗装** 前述の鋼材のショットブラストを一次下地処理という．ショットプライマー（無機ジンク系）塗装後，鋼材はガス切断・曲げ・溶接などの内業加工によってブロックに組み立てられる．溶接加工直後，溶接ビード部を動力工具で処理し，塗装はけによるプライマー塗装を行い"さびゼロ対策"を実施している．

(b) **地上ブロック組立後の塗装** ブロック塗装であり，ここで多く塗装することが工数削減と合理化につながる．すなわちブロックの状態での塗装は工数・塗装品質・安全衛生面で，非常にメリットがある．ブロック塗装前の下地

表4.33 船舶の標準的な塗装工程[25]

工　程	塗装工程（作業内容）
内業工程 （2〜3か月）	(1) ショットプライマー塗装 ① 一次下地処理（ショットブラスト） ② ショットプライマー塗装（ショットラインで全自動塗装） ③ マーキング（EPM 又は PEM） ④ 溶接部補修塗装（パワーツール処理し，はけによるプライマー塗装：さびゼロ対策）
組立後の塗装 地上ブロック （〜1か月）	(2) ブロック塗装 ① 二次下地処理（ブラスト処理又はパワーツール処理） ② 防食塗装（塗装作業者によるエアレススプレー塗装） ③ 上塗り塗装の一部（船体区画ごとの仕様の塗料のエアレススプレー塗装）
搭載後の塗装 （2〜3か月）	(3) 区画塗装 ① 二次下地処理（ブロック接合部：ブラスト処理又はパワーツール処理） ② 防食塗装（ブロック接合部ははけ又はエアレススプレー塗装）及び上塗り塗装（区画ごとの上塗り塗料のエアレススプレー塗装） ③ 防汚塗料の仕上げ塗装（エアレススプレー塗装）

処理を二次下地処理という．ショットプライマーの発せい部・汚れなどのほか，溶接部のひずみ取部のような焼損箇所などであるが，ここでの作業の充実さが付着性や防せい性などの塗膜性能の良否に大きく影響するので，工程中最重要の作業である．

（ｃ）**ブロック搭載後の塗装**　ブロック塗装の残し部分やブロック移動，搭載用金物（吊りピース）の切断跡，ブロック継手部及びブロック塗装の損傷箇所の補修手直しなどのほか，各部位や区画の最終仕上げ塗装まで行う．

（３）　船舶建造工程の中での塗装工程の位置づけ

塗装するケースは非常に多い．今後ダブルハル（二重船殻）化により，更に増すであろう．

4.3.4　重防食塗装，鋼構造物の防せい・防食塗装

重防食塗装は各被塗物によっていろいろと塗装仕様があるので詳細は略す．高耐候性を要求される場合には，上塗り塗料として低汚染型ふっ素樹脂塗料が多く使用されている．

4.3.5　鉄道車両の塗装

アルミニウム車両や軽量ステンレス車両が増えている．これは，鋼製車両が防せい処理のための塗装や化粧直しの再塗装にコストがかかることにより，他素材の車両が増えたのである．しかし塗装による乗客の快適感や高級感は重要な要素であり，塗装車も伸びるであろう．

現在，使用されている各上塗り塗料の性能比較を表 4.34 に示す．この表からわかるように，フタル樹脂系からポリウレタン・シリコーンアルキド・ふっ素系に変わっていくであろう．

車両外板の前処理・塗装工程を表 4.35〜表 4.37 に示す．

表 4.34 高耐候性車両用塗料各種性能比較表[26]

項目 \ 塗料の種類			フタル酸樹脂系	アクリル樹脂系	シリコーンアルキド樹脂系	ポリウレタン樹脂系	シリコーンアクリル樹脂系	ふっ素樹脂系
実績			現行各種車両 寒冷地輸出車両	現行新幹線車両	シリコンアルキド研究会 JR大宮 JR長野 JR大井 JR土崎パノラマエキスプレスアルプス号	スーパー特工車両,107系地961951113381系小田急,京急,阪急,営団地下鉄,南海,東武,名鉄	気動車	名鉄,相鉄,江ノ電,鹿島臨海,京成 営団地下鉄
耐久性能	耐候性	耐久年数(推定)	3年とする時	4年	6年	6年	7～8年	10年以上
		初期光沢	80～87	80～85	87～92	90～95	80～85	80～87
		3年後 光沢	65～70	70～75	75～85	70～85	70～80	75～85
		3年後 色差	4～7	2～5	2～5	2～5	1～5	0～2
	耐紫外線		○	◎	◎	◎	◎	◎
	耐塩害		○	○	◎	◎	◎	◎
	耐酸性		○	○	○	◎	◎	◎
	耐アルカリ性		△	△～○	△	◎	◎	◎
	耐洗剤性		○	○	○	◎	◎	◎
	耐寒熱サイクル性			△～○		◎	◎	◎
塗料性状	塗料形態 乾燥形態		1液 酸化重合	1液 溶剤揮発	1液 酸化重合	2液 重縮合	2液 重縮合	2液 重縮合
	乾燥性	20℃	5 h	1 h	6 h	6 h	6 h	8 h
		50℃	50 min	30 min	50 min	60 min	90 min	120 min
	指定色		△ 油性の色により鮮明色難しい	○	○～△ 油性の色が若干残る	○	○	○～△ 高耐久性酸料による限度あり
	取扱い性		◎	◎	○	○	△	○
	文字書き (オーカル適性)		○	○	○	○	△選択性	△選択性

4.3 金属製品の塗装工程（塗装ライン）の実際

表4.34 （続き）

項目		塗料の種類	フタル酸樹脂系	アクリル樹脂系	シリコーンアルキド樹脂系	ポリウレタン樹脂系	シリコーンアクリル樹脂系	ふっ素樹脂系
塗料性状	塗重ね性（1年後）	同一塗料	○	○	○	○	○	○
		フタル酸の上	○	△中塗り要す	○	○	○	○
		アクリルの上	△研磨要す	△研磨要す	△研磨要す	△中塗り要す	×はく離要す	×はく離要す
		上にフタル酸		○		△研磨要す	△	△
		上にアクリル	△中塗り要す	○	△中塗り要す	△研磨要す	△研磨要す	△研磨要す
	有害性		第2，第3種有機溶剤	第2種有機溶剤	第2種有機溶剤	第2種有機溶剤イソシアネート	第2種有機溶剤	第2種有機溶剤イソシアネート
作業性	マスキングテープ性養生紙選択		○ ○	△ △	○ ○	○ ○	△ △	○ ○
	塗装機		エア，エアレス，静電	エア，エアレス，静電	エア，エアレス，静電	エア，エアレス，静電	エア，エアレス，静電	エア，エアレス，静電
	塗料使用残		次回可 有	次回可 有	次回可 有	×廃棄 小	×廃棄 小	×廃棄 小
	はく離剤の効果							
価格比			1.0とする時	2.0〜2.5	2.5〜4.0	2.5〜4.0	5.0〜7.0	8.0〜10.0

表4.35 車両外板の素材に対する前処理方法[26]

基 材	前 処 理 方 法
鉄	グリットブラスト　SIS-Sa 2.5以上
アルミニウム	サンドブラスト（けい砂）SIS-Sa 2.5以上 又はグラインダ研磨後，化学薬品処理
ステンレス	ヘアーラインやダル加工後の溶剤脱脂 又はダラインダ研磨後，化学薬品処理

表 4.36 車両外板塗装工程[26)]

工　　程	鋼　製　車	ア ル ミ 車
1．素地調整	グリットブラスト(スチール)	サンドブラスト（けい砂）又は化学薬品処理
2．地肌塗り	エポキシ樹脂プライマー	エポキシ樹脂プライマー
3．地肌拾い	同上	同上
4．下地付け	不飽和ポリエステル樹脂パテ 研磨含む4回付	不飽和ポリエステル樹脂パテ 研磨含む4回付
5．研　磨	＃150〜＃220 サンダー	＃150〜＃220 サンダー
6．下地拾い・下地付け	ポリウレタン樹脂サーフェサー	ポリウレタン樹脂サーフェサー
7．地塗り	同上	同上
8．研　磨	＃280〜＃320 サンダー	＃280〜＃320 サンダー
9．上塗り		
10．研　磨	＃400 サンダー	＃400 サンダー
11．上塗り		

表 4.37 山形新幹線車両上塗塗装仕様[26)]

工　程		塗　料	作業内容	標準膜厚	塗装間隔
9	上塗り (色付け)	アクリルポリウレタン樹脂エナメル メタリック指定色	主剤80 硬化剤20 の質量比で混合し専用シンナーで80〜100％希釈する．吹付粘度11〜13秒	25〜35 μm	30分以上
10	上塗り (ムラ取り)	同上	上記内容で若干，吹付粘度を下げる． 10〜11秒	10〜20 μm	
11	上塗り (クリヤ)	アクリルポリウレタン樹脂クリヤ	主剤80 硬化剤20 の質量比で混合し専用シンナーで0〜20％希釈する．吹付粘度10〜14秒	20〜30 μm	16時間以上
12	研　磨	―	＃400 ペーパーで塗り分け部のみ研磨する．	―	―

4.3 金属製品の塗装工程（塗装ライン）の実際

表 4.37 （続き）

	工　程	塗　料	作　業　内　容	標準膜厚	塗装間隔
13	上塗り（塗り分け）（仕上げ吹き）	アクリルポリウレタン樹脂エナメル指定色	主剤80硬化剤20の質量比で混合し専用シンナーで20〜30％希釈する．吹付粘度18〜25秒	25〜30 μm	16時間以上
14	上塗り（塗り分け）（仕上げ吹き）	アクリルポリウレタン樹脂エナメル指定色	同上	同上	同上

4.3.6　粉体塗装

粉体塗装の環境対応性は衆目の認めるところであるが，レベリングや光沢の鮮明度などの美観性が劣る点が，自動車など高外観性を要求される分野での使用が難しかった理由である．しかし，現在は粒子径を 10 μm 前後というレベルまで微粒化し，表面を改質し均一硬化反応の促進化などの方法により美観が急速に改善され，高外観分野への登場が間近になってきた．また，塗装機器・設備の進歩も著しい．

図 4.35 は標準的な粉体塗装の塗装ラインである．この中で表面処理装置・

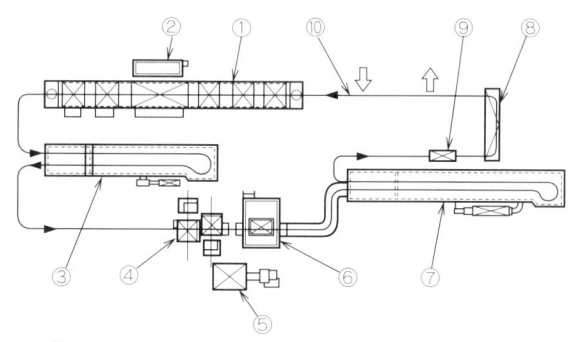

①前処理装置　②セットリングタンク　③水切り乾燥炉
④自動塗装ブース　⑤粉体回収装置　⑥手吹き補正ブース
⑦焼付け乾燥炉　⑧テークアップ　⑨駆動装置　⑩トロリーコンベヤ

図 4.35　粉体塗装設備の標準的配置図[27]

乾燥炉・搬送装置・着脱荷装置は従来の溶剤形塗料に用いられていたものと基本的に同じものでよい（乾燥炉の熱容量アップなどの改装はあるが）．しかし，静電粉体塗装機・粉体塗装用ブース及び粉体塗料を回収し，精選し混和し，供給に要する機械装置類は独特のものである．

（1）静電粉体塗装機・設備

通常は①100〜200Vの交流電気を昇圧して，直流に変換させる発電機構と，②粉体粒子を定量的に送り込む送粒供給機構と，③送粒された塗料粒子を帯電させる帯電機構と，④帯電粒子を塗着させるとき，最適のパターンに形成させる拡散機構の四つの機構が必要である．現在，各メーカは特徴のある機構をうまく組み合わせて，高効率化への道を進んでいる．最近，摩擦帯電方式が薄膜美観・入り込み性・均一塗着・リコート性の点で高い評価を得ている．塗料はチャージチューブ内で内壁面で摩擦するとき，完全に帯電するようになっている．このチューブとスプレーヘッドを中心とした設計によって薄膜美粧ができ上がったのである．このシステムは搬送という基本操作で塗装条件を制御できる点が注目される．その他，定量搬送装置にも優れたものがある．

（2）色替え装置

もう一つの粉体塗装の難点は色替えの困難さにあったが，塗装ブースを交換するという優れた発想により大きな前進をみせている．図4.36は，初期の2ブース形式による色替え装置から最近更に急速に改善されてきた．図4.37に示す自動色替えシステムは自動のクリーニング装置を備え，一つのシステムで約10分という短時間でも色替えができる．作業環境もよく，スプレーのように，無限の色替えができかつ塗装の回収，再使用ができるという優れたリサイクルシステムである．

4.4 コンクリートの塗装

コンクリートの塗装は，建物の外装・内装・舗装に分かれる．

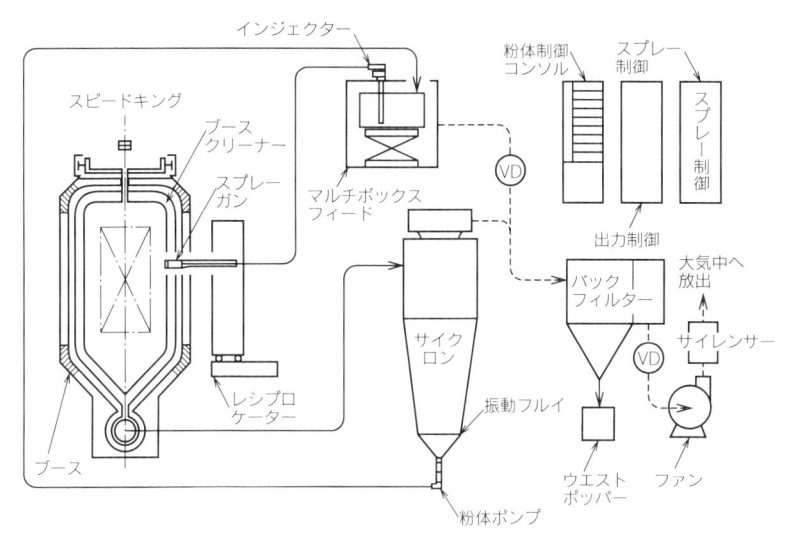

4.4 コンクリートの塗装

図 4.36 自動色替えシステムフローの一例[28]

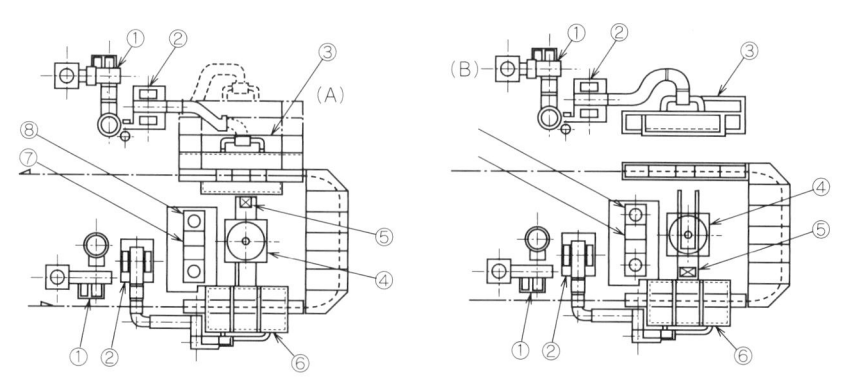

図 4.37 2 ブース形式による色替えの稼働設備例[27]

①粉体塗料回収ファン(2) ②粉体塗料回収用バッグフィルター(2) ③粉体塗装ブース(1) ④ターンテーブル(1) ⑤レシプロケーターと塗装ガン(1) ⑥粉体塗装ブース(1) ⑦粉体塗装供給装置(2) ⑧新塗料ホッパー(2)
( )内の数字は数量

4.4.1 コンクリートの性質

（1）セメントの組成と水和反応

セメントはその組成化合物の結合状態やその含有量によって，多くの種類によって分類される．しかし，一般に使用されているのは，普通，ポルトランドセメントである．主成分はカルシウムシートで，数種の化合物の混合体であり，表 4.38 に一例を示す．この組成物に水を加えると，表 4.39 のような化学反応により水和化化合物を生成する．主体はカルシウムシリケートの反応であり，CaO-SiO_2-H_2O 系化合物と水酸化カルシウムが生成する．

（2）セメント硬化体の構造

水は水和・硬化反応をつかさどるだけでなく，スラリー化して取り扱いやす

表 4.38 普通ポルトランドセメントの組成[29]

化学物質名	3 CaOS	略称	組成(%)
tricalcium silicate	$3\,CaO\cdot SiO_2$	C_3S	65
dicalcium silicate	$2\,CaO\cdot SiO_2$	C_2S	8
tricalcium alminate	$3\,CaO\cdot Al_2O_3$	C_3A	14
tricalcium alminate fenic	$4\,CaO\cdot Al_2O_3\cdot Fe_2O_3$	C_4AF	9
その他	—		4

表 4.39 セメントの水和反応（硬化）[29]

$$2(3\,CaO\cdot SiO_2)+6\,H_2O \rightarrow 3\,CaO\cdot 2\,SiO_2\cdot 3\,H_2O+3\,Ca(OH)_2 \quad (1)$$

$$2(2\,CaO\cdot SiO_2)+4\,H_2O \rightarrow 3\,CaO\cdot 2\,SiO_2\cdot 3\,H_2O+Ca(OH)_2 \quad (2)$$

$$3\,CaO\cdot Al_2O_3+6\,H_2O \rightarrow 3\,CaO\cdot Al_2O_3\cdot 6\,H_2O \quad (3)$$

$$4\,CaO\cdot Al_2O_3\cdot Fe_2O_3+2\,Ca(OH)_2+10\,H_2O \rightarrow 3\,CaO\cdot Al_2O_3\cdot 6\,H_2O+3\,CaO\cdot Fe_2O_3\cdot 6\,H_2O \quad (4)$$

4.4 コンクリートの塗装

くする媒体として働く．水とセメントの反応によるセメント硬化体は水と空げき（隙）が多い．

① 水と結合した直後は空げきはキャピラリー水と呼ぶ水で満たされる．
② 水との水和反応では，セメント質量の25％が化学的に結合する．
③ その他に15％の水がゲル水として結合している．ゲル水は外気の湿度の状態で増減する．ゲル水が蒸発するとゲル空げきが残り，容積的には25％にもなる．
④ そのほかにキャピラリー水の蒸発した跡もキャピラリー空げきとして残るし，気泡による空げきも存在する．

（3） コンクリート及びモルタルの硬化

セメントと水の混合物に，骨材を加えて，モルタル・コンクリートを造る．一例を表4.40に示す．表4.39の反応式によって水和反応が進むにつれコンクリートの強度が増大する．これが養生期間が必要である理由である．セメントの強度を支配する因子は多いが，重要なのは骨材/セメント比，水/セメント比（W/C），養生及び材齢である．これらの関係を図4.38～図4.40に示す．図4.40のように，養生条件で強度が大きく異なる．窯業系無機建材の製造工程で，水を加圧・加熱しながら加えているのは，強度アップと養生期間の合理化を狙ったものである．

表4.40 モルタル・コンクリートの組成の一例[29]

名　　称	組　　成	組　成　比
モルタル	セメント/砂	1/2～1/3
コンクリート	セメント/砂/砂利	1/2/4～1/3/6

備考1．水は除外されている．
　　2．砂とは直径5mm以下の細骨材，砂利は直径5mm以上の粗骨材．

（4） 硬化時の体積収縮

コンクリートは時間が経つと，水和反応によって強度が上がるが，水の蒸発によって体積収縮が起こり，水和反応によって約8％の体積が減ずる．また，キャピラリー水の蒸発によっても収縮する．W/Cの大きいほど，骨材/セメント比の小さいほど収縮率は大きくなる．

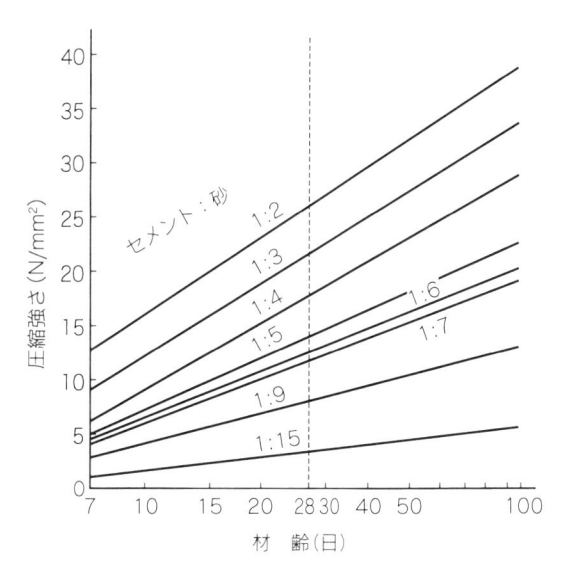

図 4.38 セメント：砂比とコンクリートの圧縮強さ[29]

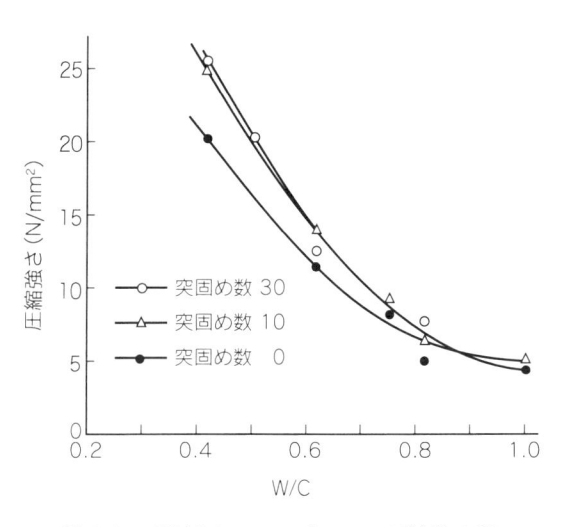

図 4.39 W/C とコンクリートの圧縮強さ[29]

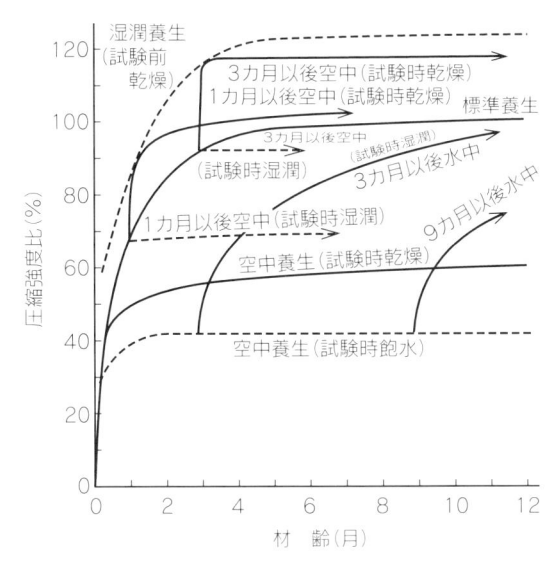

図4.40 養生条件とコンクリートの圧縮強さ[29]

4.4.2 コンクリート用塗料・塗装の必要条件

前述のように，コンクリートは空げきが多く，水分の出入りが多く，体積収縮は大であり小クラックも起こる．また，$CaO\text{-}SiO_2\text{-}H_2O$系化合物と水酸化カルシウムが主成分であるため，水と炭酸ガスが浸入すると$CaCO_3$となり，中性化し強度が弱体化する．

塗膜はこれを保護するため，
① 炭酸ガスやSO_xを浸入させないガスバリヤ性
② 雨水の浸入を防ぐ防水性が必要である．しかし水蒸気の出入を防げない
③ 水分コントロール性機能をもっていなければならない．更に，体積収縮の際生じる小クラックに追随できる
④ 弾性機能・かびや藻の繁殖を防ぐ
⑤ 防かび性，防藻性などの保護機能が必要である

そのうえ，タイル調などの

- ⑥ 立体感やいろいろな模様を作り出す
- ⑦ 高意匠性
- ⑧ その美観を保つ高耐候性
- ⑨ 低汚染性

が必須な条件になる．塗装時には養生期間が必要であるし，空げきに浸透してコンクリート表面の接着強度を向上させるシーラー塗装も必須工程である．更に外装の塗り替えなどの屋外塗装では，環境対応と作業効率を両立させる塗装方式が要求される．

4.4.3 コンクリートの外装

（1） 低汚染・高耐候・防水性塗料と塗装系

建物についてのJISはA 6909（建築用仕上塗材）とA 6021（建築用塗膜防水材）の優れた塗料が多くある．その中でも，最も多いのが単層弾性塗材と複層弾性塗材である．

これらの塗装仕様の一例を，それぞれ表4.41，表4.42に示す．そのうち後者のシーラー→高弾性塗材→高弾性ふっ素樹脂塗料の塗装について少し述べる．

表4.41 単層弾性仕上げ塗料の塗装仕様（例）[30]

工　程	塗料名	作　業　内　容	希　釈	標準塗布量 kg/m² （例）	乾燥時間 20℃（例）
1. 素地調整	――	ウエス・はけなどで下地の汚れを除去する			
2. 下塗り	弾性シーラー	スプレー又ははけ・ローラで塗布する	専用シンナー 0〜10％	0.10〜0.15	2時間以上
3. 基層塗	単層弾性塗料	モルタルガン（口径6〜8 mm）で吹付けする	水 5〜10％	0.8〜1.2	5時間以上
4. 模様層塗り	単層弾性塗料	モルタルガン（口径6〜8 mm）で吹付けする	水 0〜5％	0.8〜1.0	最終養生 24時間以上

4.4 コンクリートの塗装

表 4.42 複層弾性仕上げ塗料の塗装仕様（例）[30]

工程	塗料名	作業内容	希釈	標準塗布量 kg/m² (例)	乾燥時間 20°C (例)
1. コンクリートの乾燥	——	夏2週間以上冬3週間以上含水率10％以下 pH 9.5 以下で施工	——	——	——
2. 素地調整	——	ウエス・はけなどで下地の汚れを除去	——	——	——
3. 下塗り	弾性シーラー	スプレー又ははけ・ローラで塗布する	専用シンナー 0～10％	0.10～0.15	2時間以上
4. 下吹き (主材)	弾性ベース	モルタルガン（口径6～8mm）で吹付けする	水 5～10％	1.20～1.50	12時間以上 7日以内
5. 模様吹き (主材)	弾性ベース	モルタルガン（口径6～8mm）で吹付けする	水 0～5％	0.80～1.20	24時間以上 7日以内
6. ローラ押さえ	——	押さえローラに塗料用シンナー又は灯油をつけて凸部を押さえる（模様,吹き後,乾燥状態を確認しながら押さえる）			
7. 上塗り 1層目 (上塗材)	弾性ふっ素 ウレタン	①弾性ふっ素, ウレタンの場合は, まず仕様に従い, 主剤と硬化剤を混合する シンナー希釈率 ローラはけ率 0～10％ スプレー 20～50％	それぞれのシンナー	弾性ふっ素 ウレタン 0.16～0.25	12時間以上 7日以内
8. 上塗り 2層目 (上塗材)	アクリル	②アクリルの場合 シンナー希釈率 ローラ適量 シンナー 30～70％	それぞれのシンナー	アクリル 0.3～0.4	—

高弾性塗材はアクリルゴム系エマルションなどを主体とし，$-30℃\sim+60℃$ の広範囲の環境温度が変化しても，十分な伸張性が出て，コンクリートのクラックに追従するように設計されている。上塗りも十分な伸びを有する軟質ふっ素樹脂系，軟質アクリルウレタン系が使用されている。更に，最近は低汚染形機能を加えている。低汚染形は雨筋汚れ対策形塗料ともいわれ，塗膜表面を親水性にしかつ帯電性を強くして，ごみ・煤煙などの汚れがつきにくいようにしている。

（2） 塗り替えについて

建築塗装市場における塗り替え塗装は多くなっている。施工場所の事前調査から，下地処理の一部について述べる。図4.41に示すように，塗り替え時には施工現場の環境・被塗物の状態・特に塗膜及びコンクリートの劣化状態をよく調査する必要がある。その調査により，下地をどこまで修理するか，塗装仕様・塗膜保証上の問題点・塗装工事の作業量・段取り・人員配置などの具体策が出る。結果を表4.43のようにまとめ，必ず写真を正確に撮っておくことが必要である。塗装後，何らかのクレームが生じても，原因と結果が明確になり，品質保証の高度化につながる。

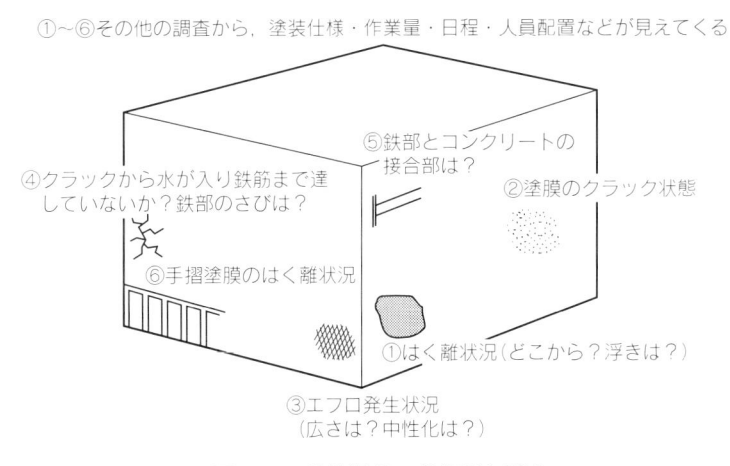

図4.41　塗装場所の事前調査例[30]

4.4 コンクリートの塗装

表 4.43 外装の塗装前の調査表の一例[30]

	調査項目	調査結果	処置・対策
1. 塗膜の劣化状況	1)変退色 2)チョーキング 3)クラック 4)浮き 5)はく離 6)エフロ	1)全面 2)全面 3)全面に小クラック 4)20%程度 5)20%程度 6)一部に発生 ＊3)〜6)は別途図面に記入 ＊写真参照	ア．全面を高圧洗浄(14.7〜24.5 MPa)後，十分に乾燥． イ．浮き・はく離部の塗膜をスクレーパー，サンダーなどで除去． ウ．タイル・スタッコなどの面で弾性仕上げ材を塗装する箇所は，補修塗膜との密着性を良くするためケレンを行う． エ．エフロをケレンにより除去．
2. コンクリート・モルタルの状況	1)0.5 mm以下のクラック(漏水のおそれのある部分)	1)10%程度 ＊別途図面参照 ＊写真参照	1)①Vカット ②ポリウレタン系シーリング材を充てん後，中性化防止剤入りポリマーセメントモルタル塗布． ③硬化後，ポリマーセメント下地調整材塗布．
	2)0.5 mm以上のクラック	2)10%程度 ＊(同上)	2)低粘度エポキシ樹脂を低圧注入．
	はく離，はく落	A〜F各箇所 ＊(同上)	①A〜F各部及びはく離のおそれのある部分，その周辺をハンマーでたたいて，もろい部分を完全に除去． ②鉄筋のさびケレンで除去し，エポキシ系さび止塗料を塗布． ③乾燥後，中性化防止入りポリマーセメントモルタルを塗布．
	鉄筋露出，バクレツ	X，Y，Zの3箇所 ＊(同上)	①周辺部のコンクリートのもろい部分を除去． ②鉄筋のさびは，エポキシ系防せい塗料をていねいに塗装． ③もろいコンクリートを除去した部分(①)に，補強のため浸透固着強化材を塗装． ④そこに中性化防止材入りポリマーセメントを充てん． ⑤硬化後，ポリマーセメント下地調整材を塗布．

(3) 下地処理

(a) 高圧洗浄 高圧洗浄がコンクリートの脱脂洗浄の一般的な方法となった．要は洗浄効率を上げるには，高圧洗浄が最も効果的であるからである．洗浄機も吐出圧が 7～19.6 MPa，吐出量も 5～18 l/min と多種多様である．30～80℃の温洗浄水が吐き出すタイプもあり，また水蒸気の出るタイプもある．死膜の塗膜はがしやチョーキングした塗膜の洗浄には有効である．

使い方は，洗浄面に対して，45°の角度で噴射する．ノズル先端から洗浄面までの距離は 30 cm 前後，あまり速く動かさないのが効率を上げるコツである．

(b) その他の処理方法 強く付着している旧塗膜や発せい部は，ディスクサンダ・スクレーバ・ワイヤブラシなどで処理する．それぞれ特徴があり，最近は高出力のディスクサンダが多く使われている．

(c) 亀裂やクラックの補修 クラックの補修については，大きめの場合はシーリング材によるが，非常に手間がかかる．小さなクラック（幅 0.5 mm くらい）には，高圧エポキシ樹脂注入法が用いられる．クラック部に 20～30 cm おきに，エポキシ樹脂の注入口をあける．ここに注入管を入れ，図 4.42 に示すように手動ポンプで高粘度エポキシ樹脂を注入する．エポキシ樹脂は付着性の悪いすき間に入り込み，そこで硬化するので付着性もよくなり，クラックも補修される．

0.5 mm 以下のクラックの補修については，まずクラック部にシーラーを塗装するのがコツである．こうすると，クラック部に注入した低粘度エポキシが表面にしみ出してこない．この方法は，高圧がかからないので，低圧注入法と呼ばれる．

（4）塗装方法について

建物の塗り替えや補修には足場を用いる．固定足場は最近は組立式のよいものが出ている．この足場の上に，塗料や塗装システムや研磨機などを置いて塗装する．移動足場はゴンドラが軌道上を移動する．もちろん，ゴンドラ上には，作業者や塗装用器一式が取りそろえられている．現在では固定足場の方が多い．この足場ごと建物全体を防護ネットで覆い，塗料ミストが外部に飛散しないよ

4.4 コンクリートの塗装

1) クラック周辺の旧塗膜を除去する．

(モルタル) / クラック / 旧塗膜 / (コンクリート) / 接着性悪化でスキマ発生

2) エポキシ樹脂注入孔をあける．

3) 手動ポンプでエポキシ樹脂を高圧注入する．

4) エポキシ樹脂が内部で硬化する．

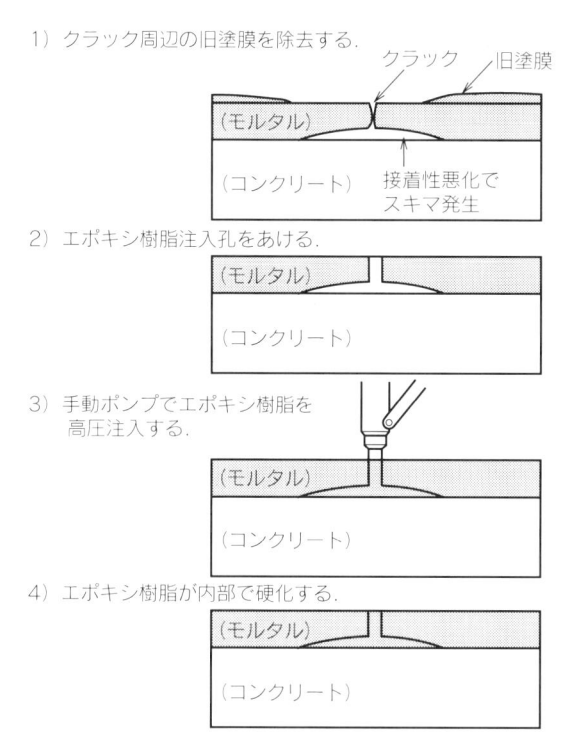

図 4.42 高圧エポキシ樹脂注入法[30]

うにする．防護ネットはプラスチック製の網で，ミストを通さないように工夫されている．

塗装機は一般にはエアレススプレー・モルタルガン・圧送ローラを用いている．最近，吐出量 $7 \sim 8\ l/min$ の圧送ローラが開発され，1時間 $100 \sim 150\ m^2$ の塗装速度で塗装できるようになった．マスキングなどの養生が少なくてすみ，作業効率を上げている．

（5） 打ち放しコンクリートの塗装

打ち放しコンクリートは，建築設計者の最も好む仕上げの一つである．しかし，コンクリート素材は何も塗装しなければ，前述のように耐久性は非常に弱いものである．炭酸ガスと水で中性化し，強度がなくなってしまう．しかし塗

装すると，空気層がクリヤ層に充てんされ，散乱光がその層に吸収され黒っぽい濡れ色になる．はっ水剤をコンクリートの砂・セメント粒の表面に接着させ，防水機能を果たしながら空気層を残すようにする．すると光散乱量が多くなり，コンクリートの白っぽさが保たれる．はっ水剤として，コロイダルシリカ・シランカップリング剤などを用いれば，接着機能と空気層が残る．これがこの塗装のメカニズムである．クリヤとして，高耐候性のふっ素樹脂・シリコーン樹脂を用いた仕上げシステム及び仕様例を表4.44，表4.45に示す．

表4.44 ふっ素樹脂クリヤ仕上げシステム (例)[30]

工程	機能
はっ水処理	・外部からの水の浸入の防止 ・コンクリート内のまわり水による濡れ色の発生防止
下塗り	・水の浸透量，光散乱量のコントロール（＝濡れ色の防止）
中塗り	・ふっ素樹脂で耐久性を良くしてコンクリートの劣化を防止する （カラークリヤやパール仕上げは，この工程で行う）
上塗り	・つや消しのふっ素樹脂クリヤで耐久性を上げると同時に，コンクリートの風合いを生かす

表4.45 シリコーンクリヤ仕上げ施工仕様 (例)[30]

工程	使用はっ水剤・塗料及びシンナー希釈率	使用量 (kg/m²)	塗装間隔 (時間)	塗り回数
1．はっ水剤処理	1．はっ水剤（シンナー希釈せず）	0.1	—	2
	2．はっ水剤（シンナー希釈せず）	0.1	6	
2．上塗り	シリコーンクリヤ主剤 シリコーンクリヤ硬化剤 シンナー	0.08〜0.1	3	1〜2
3．上塗り	シリコーンクリヤ主剤 シリコーンクリヤ硬化剤 カラーベース シンナー	0.08〜0.1	3	1

4.4.4 コンクリート建物の内装

外部の塗装に対して，内装は塗装からビニルクロスに切り換わっている．理由は臭いがなく，仕事がきれいで速いなどいろいろある．塗料は後述の高意匠塗装が巻き返しを図っているが，なかなか難しい．

その中で，成功を収めているのが，"貼り替え"より"塗り替え"を狙ったビニルクロス塗り替え塗料である．ビニルクロスも年月が経つと，汚れが目立ち，かびなども発生し，可塑剤の移行などで見苦しくなる．これをビニルクロスで貼り替えようとすると種々の問題を生じる．ウレタンディパージョンなどを用いた水系塗料は，ビニルクロスとの付着性も良く，可塑剤の移行も防止する．

4.4.5 コンクリートの舗装

コンクリートの床は，ほこり防止のため塗装するのが一般的になった．色を壁の色や陳列商品を引き立たせるように色彩調節したカラーにするとか，工場の作業効率を上げるような軽快色に仕上げるなどの新展開が進んでいる．更に，厚塗り形エポキシや弾性形ウレタンが出現するにつれ，厚塗りで滑り止め性の仕上げも増え，多機能化へと展開している．新しい動向を次に集約した．

① 色彩：ますます鮮映化が進む．CG（コンピュータグラフィック）との組合せによる景観と合致性のPRは非常に効果を上げている．

② 樹脂：厚塗り・弾性機能など変性が豊富にできるタイプが多い．水系への転換は急．

③ 意匠，硅石から御影石など天然石調へ，カラーサンドなど新材料豊富．

④ 機能化・かび・藻防止・抗菌型・帯電防止によるごみ付着防止，No_x防止など多彩化．

現在主に使用されている樹脂の性能・用途別を表 4.46 に示す．床塗装には，平滑工法とノンスリップ工法がある．ノンスリップ工法では，中塗り後，直ちに硅砂を手散布するか，特殊ガンで吹き付ける．硅砂は中塗りにもぐり込む．上塗りは硅砂がはく離せず，かつ，滑り止めの効果が出るように膜厚を調整しながら塗るのがコツである．表 4.47 に状態別の素地調整法を示す．

表 4.46 床塗料の樹脂の分類と性能及び用途

	塗料の状態	溶剤系			無溶剤系(ノンソル)		水系	
	一液か二液	一液	二液		二液		一液	二液
	樹脂の種類	酢ビアクリル	エポキシ	ウレタン	エポキシ	ウレタン	アクリルエマルション	エポキシ
性能	乾燥	早い	樹脂硬化剤の種類により早いものから遅いものまであるが、一般に遅い。				早い	遅い
	膜厚	普通	厚い	普通	非常に厚い		普通	厚い
	耐摩耗性	○	◎	◎	◎	◎	○	◎
	耐化学薬品性	○	◎	○	◎	◎	○	◎
	弾性					◎		
用途	工場・倉庫 一般	○	○	○	○	○	○	○
	工場・倉庫 クリーンルームなど精密工場	△	○	○	○	○	△	○
	工場・倉庫 薬品類使用	―	○	○	○	○	―	○
	病院・学校 一般の部屋	○	○	○	○	○	○	○
	病院・学校 厨房・食堂	―	○	○	○	○	―	○
	病院・学校 研究室	―	○	○	○	○	―	○
	マンションオフィス 一般	○	○	○	○	○	○	○
	マンションオフィス 機械室など(要耐薬品性)	―	○	○	○	○	―	○

表 4.47 素地調整(下地処理)方法

		油濁面	微生物汚染面	温湖面	高密度コンクリート面
1.清掃		ほこり・付着を完全に除去			
		油濁した付着物はワイヤブラシ、ディスクサンダーで除去	かび発生付着物はワイヤブラシ、ディスクサンダーで除去後、かび除去剤で細菌処理		

4.4 コンクリートの塗装

表 4.47 （続き）

	油濁面	微生物汚染面	温湖面	高密度コンクリート面
2. 洗　　浄	油を溶かすクリーナーで浸み込んでいる油を抽出，洗浄	──	──	
3. 表面研磨	ワイヤブラシやサンダーで表面研磨	──		油面クリーナーを塗布しながらサンダーで表面研磨
4. 水洗乾燥	表面を水洗後，バキュームモップなどで水分を除去．よく乾燥させる．	同左	同左	同左
5. プライマーあるいはシーラー塗装	コンクリート，モルタルの表面のもろい部分を強くするため，シーラー，プライマーをはけ又はローラでよく塗装する．	同左	同左	同左

4.4.6　プレハブ住宅の塗装

当初は住宅建築後塗装というケースも多かったが，現在は環境規制やコスト面から，工場で塗装した建材を現地で組み立てる方式に転換している．

建材は屋根材・外壁材・内壁材・床材・構造材・住宅設備機器に分かれる．

外壁材もモルタル壁・ALC・金属サイディングなど種類が多いが，最も多く使用されているのは，無機窯業系建材である．この建材工場における塗装ラインを図 4.43 に示す．シーラー工程が 2 回なのは，エフロー防止と付着力強化のためである．

次いでサイジング・短コバ・長コバ・ストライブなどを塗装後，1 回目の上塗りを塗装し乾燥する．サテン模様などの砂仕上げ模様を作るときは，上塗りの乾かないうちに砂を散布する．一般に上塗りは 3 回くらい塗装する．プレハブ工場での生産はほとんど水系塗料である．

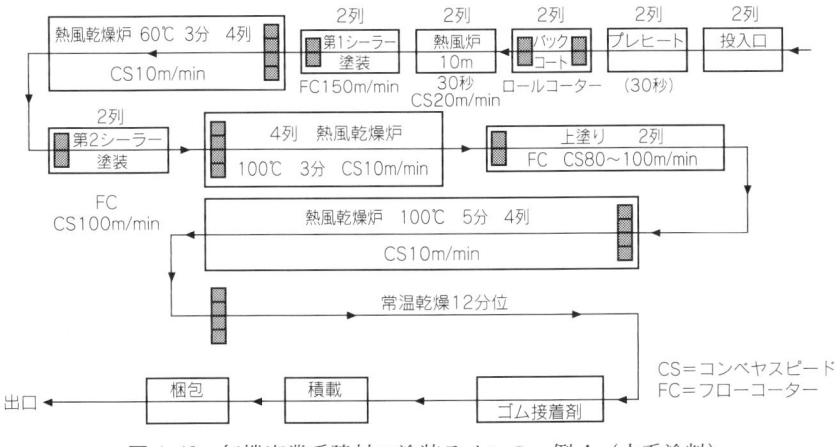

図 4.43　無機窯業系建材の塗装ラインの一例 A（水系塗料）

　大量の塗料を用いる建材の塗装ラインでは，消防法上，溶剤形塗料の使用は困難である．また無機窯業系建材では，幾分透湿性が必要であり，水系塗料は溶剤系より透湿性は優れている．図 4.44 もコバ塗装を含めた塗装ラインである．この図からわかるように，基材が 2 列のところと 4 列のところがある．2 列では，コンベヤスピード(CS)が 20 m/min であり，4 列では，半分の 10 m/min の CS である．合板や建材では，このように部所ごとに CS を変えることができる．フローコーターのように，CS を上げなければならないときには，100～150 m/min と 5～10 倍速くすることもできるし，乾燥時間を十分にとりたいときには，遅くすることができる．

4.5　木材の塗装

　木材は非常に複雑な構造をもち，多孔質な不均一構造体である．この構造が塗装を難しくしているのである．反面，木材独特の木理・肌合い・色・模様など木材の美しさの源もこの複雑構造である．木材の塗装とは，木本来の自然の美しさを引き出すとともに，不均一構造の弱さ，すなわち，汚れ・クラック・

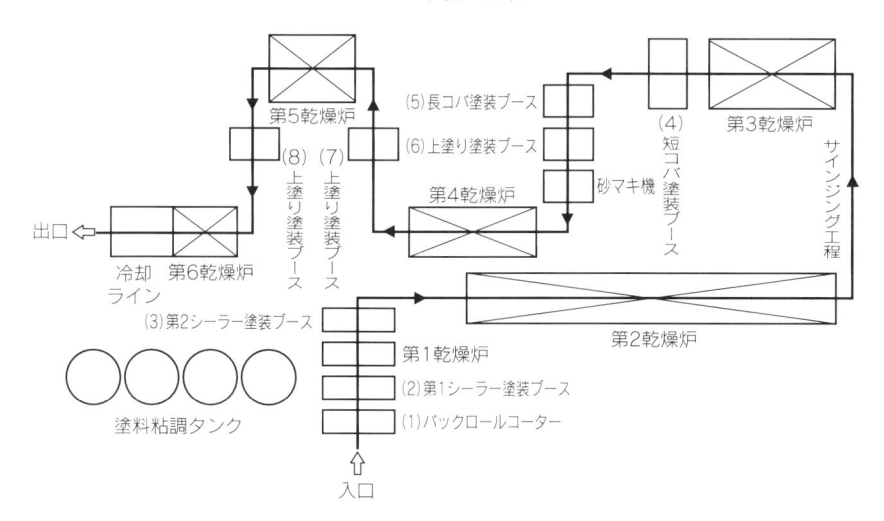

図 4.44　建築外装素材の塗装ライン（一例）B（水系塗料）[31]

はがれ・傷つきやすさなどを防ぐことである．

4.5.1　木材の膨張収縮性と塗膜の関係

　熱による塗装材の膨張収縮によって塗膜内に応力を発生することは，ほとんどない．しかし，木材は親水性でその上の塗膜は透湿しやすい．それによって，木材と塗膜との間に膨潤収縮率の差を生じ，内部応力を発生し，割れや付着力低下を生じる．表 4.48 に化学成分を示す．木材中の水分には，結合水（吸着水）と自由水（遊離水）の 2 種がある．結合水はセルローズやヘミセロースの−OH，−O，−COOH に吸着している．この結合水の吸・脱着が細胞壁の膨潤収縮を起こすと考えられている．

　図 4.45 に樹幹の構造を示す．加工時の木取りの方法によって板目，まさ目と呼ばれる木目ができる．また成長が不規則な木材をひき板にすると，もくと呼ばれる特有な模様が現れる．

　木材は表 4.49 に示すように針葉樹と広葉樹に分かれる．針葉樹の代表はスギ・ヒノキで，垂直に真っすぐ成長し組織も広葉樹より単純である．ヤニの多

い樹種には，塗装時にふき取り工程が必要である（表 4.50 参照）．

図 4.45 に示すように，木材には導管がある．ブナは 40～100 μm，マカンバは 70～120 μm と導管径は小さいが，ケヤキ 200～400 μm，ヤチダモ 250～400 μm と大きい．したがって，塗装仕様はこの導管の深さを生かして塗装する場合と，これを充てんして鏡面仕上げをする場合とに分かれる．前者をオープンポア仕上げ，後述をクローズポア仕上げといい，その中間をセミオープン仕上げという．

塗装時の含水率と使用時の含水率の差は小さいほどよい．また含水率の低い

表 4.48 細胞壁を構成する化学成分の量的割合（%）[32]

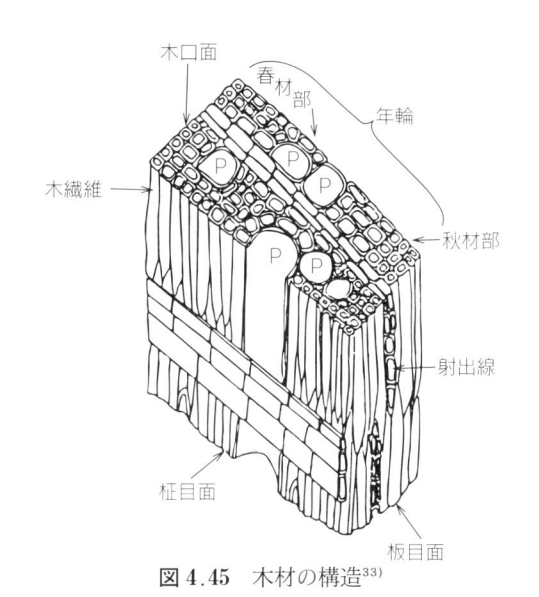

	セルロース	ヘミセルロース		リグニン	樹　脂	灰　分
		キシラン	グルコマンナン			
針葉樹(ソフトウッド)	40～50	6～10	5～10	27～30	2～5	0.2～0.5
広葉樹(ハードウッド)	45～50	15～20	0～	20～25	2～	0.5

図 4.45 木材の構造[33]

4.5 木材の塗装

ほど塗膜の仕上がりが良く，塗装時のトラブルも少ない．日本での木材の標準含水率は9～12％であるので，これより2～3％少ない7～9％が塗装に適する．

　木材の塗装は木目，もくなどの美しさを引き出すためのクリヤ仕上げがほとんどである．MDFなどの合板ではエナメル仕上げが多い．その各工程の目的，内容などを表4.51に示す．基本的には，ステイン→シーラー→サンジングシー

表4.49　木材の分類系統[32]

木材
├─ 針葉樹(スギ,ヒノキ,ベイツガ,スプルースなど)
│　　組織：単純,仮道管,木柔細胞,樹脂溝などをもつ
│　　成育地：温帯—寒帯,気候の影響を強く受ける
│　　木目：明りょうで早材,晩材間で比重の差が大きい
│
└─ 広葉樹(ナラ,カバ,ケヤキ,ラワンなど)
　　　組織：木繊維,道管,射出線,木柔組織などをもつ
　　　成育地：世界中広く分布,広葉樹の半分は熱帯に成育(代表がラワン)
　　　木目：熱帯の木は年輪がない．温帯,寒帯の木は年輪がある
　　　管孔の配列で分類する
　　├─環孔材(年輪の初めに著しく大径の道管が年輪に沿って存在する．セン，クリ,キリ,タモ,シオジ,ナラ,ケヤキ)
　　├─散孔材(年輪全体に道管径,配列が一様．ラワン,日本産材の約60％が属する)
　　├─半環孔材(オニグルミ,ブラックウォルナット)
　　├─放射孔材(道管が放射状に配列．アカガシ,シラカシ,ビンタンゴール)
　　└─紋様孔材(道管の配列が紋様をなす．シルキーオーク)

表4.50　ヤニが問題となる樹種[32]

産　地	針葉樹の種類
日本産	カラマツ，アカマツ，トドマツ
北洋産	ダフリカカラマツ，トドマツ
北米産	ダグラスファー，シトカスプルース
南洋産	アピトン，クルイン，アガチス

表 4.51 木材塗装の工程，目的内容など

工程	工程の目的・内容など	備考
寸法安定化 割れ及び狂い防止	木材中の親水基の水素を水分子と結合しない基に置換することである． アセチル化などで，木材が乾燥時でも細胞壁を膨潤した状態に保つ（かさ効果）ことである．一般にPEG（ポリエチレングリコール）を使用し，屋外に使用する場合には，雨水による溶脱を防ぐため，反応性のポリエチレングリコールメタクリレートがよく使われる．	Mn 1000〜1500のものを，25〜30％の水溶液にして，木材に浸透させる．PEG20〜30％を含む処理木材は乾燥しても，収縮が少ない．
漂白	最近は，木素材の色のばらつきが非常に多い．ステインをしても，その差が目立つ．木・素材の色を均一にして，仕上がり後の色のブレをなくするために行うことが多い．また，染み抜きにも用いる．	過酸化物 H_2O_2 など
素地研磨	1) 木素断面を平滑にする． 2) 切断面のケバなどの除去． 素地研磨のとき使用する研磨紙の番手と，導管径の間には関係がある．導管径が200〜400 µmのヤマダモ，ミズナラ，ケヤキは150〜180番，70〜120 µmのマカンバは180番，小さい導管径（40〜100 µm）では240〜280番がよいというデータもある．	木材の形状に応じた，自動研磨をしている工場が多い．
ステイン（着色）	染料着色　1 NGRステイン：ケトン・エステル・アルコール・芳香系の強力な混合溶剤で染料を溶解したステイン着色力は大なるがムラが出やすい．樹脂を少し添加可． 2 オイルステイン：ミネラルスピリット，テレビン油など溶解力の弱い溶剤で染料を溶かす．油性樹脂添加． 3 水性ステイン：水系染料を溶解したもの　水系樹脂を少し添加	木素材の色ブレが多いので，着色力の大きい染料タイプより，着色力の少ない顔料タイプが好まれている．また水素のように浸透力の少ないタイプも使われるようになってきた．

4.5 木材の塗装

ラー→上塗りクリヤの工程であるが，木材素材の不均一さ・鏡面仕上げなどの要求仕上げ条件によって塗装工程が増減する．

表 4.51 （続き）

工　程	工程の目的・内容など	備　考
ステイン （着　色）	顔料着色 → 1の強力溶剤を用いたもの，2の弱い溶剤を用いたもの，3の水素と三種ある．それぞれに適合した樹脂を用い顔料を分散している．	
シーラー 下　塗　り	1. 木材表面のもろい層に浸透して，硬化し，表面層を強化する．この工程により，木材と上の塗膜との付着は，非常によくなる． 2. ヤニの多い木材の，にじみを防止する． 3. 着色を安定化する．ステインとともに用いステインの着色を制御するケースもある．	一般にはウレタン系が多いハイソリッド化のため変性エポキシとイソシアネートの組合せもある．
ウッドフィラー 目　止　め	1. 木材の導管を埋めて，平滑にする． 2. フィラー中に着色剤を入れて，着色を補色することもある． 3. 全体の塗り円敷を少なくする． 4. 木目を鮮明にする．	体質顔料＋バインダー 体質顔料が多い
サンジングシーラー中塗り	1. 塗膜の整面工程・研磨して平滑にすることによって，上塗りのレベリング性を向上させる． 2. 鏡面仕上げのときには，この工程に厚膜型のポリエステルやUV塗料を用いる厚膜化． 3. 目止め工程の目やせ補充．	ジンクステアレート（研磨性向上剤）＋各樹脂系バインダー 床用などの用途には耐摩耗剤を加える．
カラークリヤ 中間着色剤	1. ステインの着色層とカラークリヤ層の組合せにより，仕上がりに立体感を与える． 2. 素材の色ブレなどの欠点を目立たなくさせる．	染料又は顔料（粒径 $0.02\,\mu m$ くらい）＋各バインダー

表 4.51 （続き）

工　程	工程の目的・内容など	備　考
クリヤ上塗り	1．美観，特に意匠性と木材感を与える． 2．つや消し，半つや，七分つや，つやありなど各つやのグレードがある． 3．機能性を付け加えるときもある． 4．エナメル使用の場合もあるが非常に少ない． 5．床用にはカーボランダム等の耐摩耗剤を加えている．	つや消し剤（無水けい酸など）＋各種バインダー　つや消し剤には耐摩耗性を上げるため，PE・PPふっ素などのプラスチックビーズを併用している．樹脂の相溶性を使っているタイプもある．
研磨　ポリッシングコンパウンド，ワックス	1．ごみ取り，平滑性を上げる．最近は塗りっぱなし，磨きなしの方向に進んでいる（いわゆるごみゼロ運動） 2．ごみの頭取りには#3000以上のペーパーを用いることもある．	超微粒子 極細目，細目，中目

　また樹脂面からみれば，硝化綿ラッカー・アクリルラッカー・アミノアルキド・ポリウレタン，不飽和ポリエステル・UV塗料・チークオイルと種類は多い．これは目的に応じて，1種類の樹脂だけの仕様も組合せ仕様も選択できるという自由度が広いということを表している．

　各樹脂の造作物は，ラッカー床用は厚塗りで量産化が必要なためUV塗料，鏡面仕上げはシーラーはウレタン，サンジングシーラーは厚塗りを要するためポリエステル，クリヤは強じん性をもたせるためウレタンという組合せ，またハードコートにはUV塗料というような塗装仕様は目的・素材に応じて数多くできる．表4.52，表4.53にそれぞれ生地塗りの鏡面仕上げとオープンポア仕上げの塗装仕様の一例を示す．また図4.46に床用合板の塗装ライン，図4.47に木工専用の塗装工場の一例を示す．

表 4.52 生地塗り鏡面仕上げ

工程	塗料	塗布方法	塗布量	乾燥条件
素材着色	フィラー入りワイピングステイン	はけ塗り→ふき取り	4〜8 g/R²	常温 30 min 以上
下塗り	ウレタンカラーシーラー	スプレー	7〜8 g/R²	常温 2 h 又はセッティング 30 min 50°C×30 min
ブツ払い	#400			
中塗り①	ポリエステルサンディングシーラー	スプレー	40 g/R² (250 µm)	常温 30 min
中塗り②	ポリエステルサンディングシーラー	スプレー	40 g/R² (250 µm)	常温 16 h 以上 ＋I.R.L. 5 min 150 V 距離 30〜40 cm 表面温度 70〜80°C
研摩	#400→#600			
上塗り	UVハードコートクリヤ	スプレー	6〜8 g/R² (20〜30 µm)	セッティング 　　　I.R.L. 5 min 硬化　UV 80 W/cm 　　　1灯 コンベヤ 1 m/min クーリング 常温 5 min

備考　素材：ナラ材

4. 塗料設計と塗料の使い方

表4.53 生地塗りオープンポア仕上げ

工程	塗料	塗布方法	塗布量	乾燥条件
素材着色	ワイピングステイン	はけ塗り →ふき取り	4〜8 g/R²	常温 30 min 以上
下塗り	ウレタンカラーシーラー	スプレー	7〜8 g/R²	常温 2 h 又はセッティング 30 min 50℃×30 min
ブツ払い 中塗り	#400 ウレタンサンディングシーラー	スプレー	8〜10 g/R²	常温 16 h 以上 又はセッティング 30 min 50℃〜120 min
研磨	#400 →#600			
上塗り	UVハードコート マット	スプレー	6〜8 g/R² (20 μm)	セッティング 　　　　I.R.L. 5 min 硬化　UV 80 W/cm 　　　　1 灯 コンベヤ　1 m/min クーリング 常温 5 min

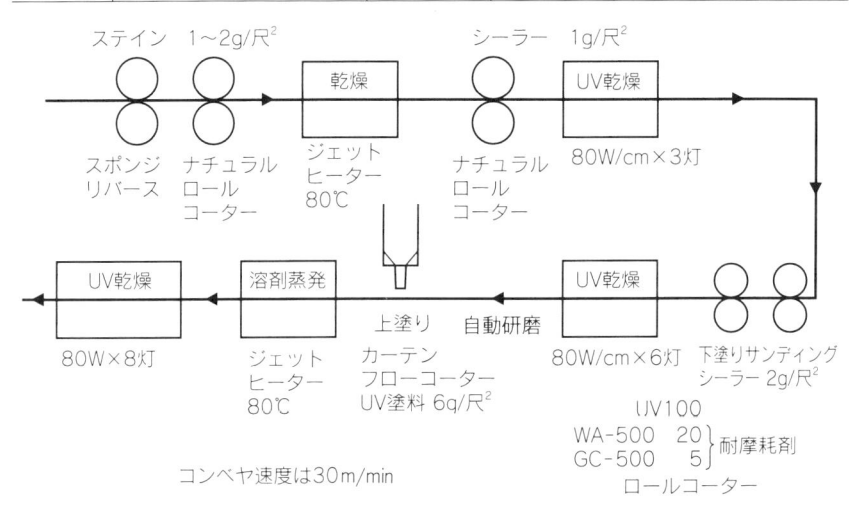

図4.46 床用合板の塗装ライン[12]

4.6 その他の塗装　　　　　　　　　　　　　　　　　　　　　　　　　255

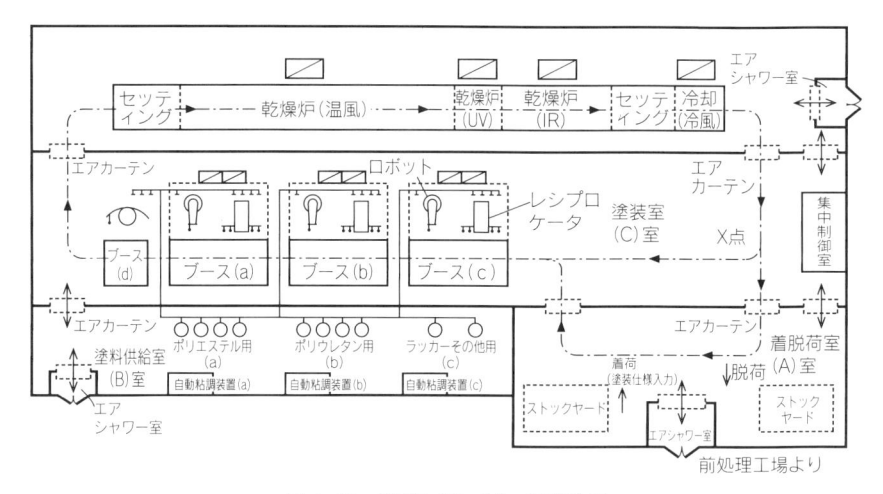

図 4.47　塗装工場（木工専用）[34]

4.6　その他の塗装

4.6.1　プラスチックの塗装
（1）プラスチック素材に適合する塗料を選択する場合の三つの条件

（a）プラスチックを塗装する場合には，表 4.54 に示すようにプラスチック素材の耐熱度・耐溶剤性・素材と塗料との付着性の三点を考えて，塗料を選択するのがよい．

耐熱度は塗料を乾燥させる場合，どれだけの温度をかけられるかの尺度になる．自動車用に用いられている焼付け塗料ではSMC（シートモールディングコンパウンド）以外にはない．ただ実際には，SMC＋焼付けというケースは非常に少ない．ほとんどが 2 液形ウレタンによる 60℃乾燥である．

（b）耐溶剤性とは，プラスチックには溶剤に溶解したり，クラックを生じたりするタイプとしないタイプがあるので，塗料選択に工夫を要する．弱い代表はテレビキャビネットに用いているポリスチレン（PS）であり，キシレンのような芳香層炭化水素に侵される．したがって，PS用アクリルラッカーは表

4.55 に示すように，芳香族炭化水素の少ないか，ゼロの溶剤組成にすることである．アルコール類の多い方が PS を侵さないが，塗料中の樹脂の溶解力が必要なので，ケトン・エステル類やグリコールエーテル類でバランスをとる．また，

表 4.54 プラスチック素材と使用塗料と溶剤との関係

1. 耐熱度	PS	ABS	PP	PC/ABS	R-RIM PU 繊維強化 RIM ウレタン	PPO 変性ポリフェニレンオキサイド	PC ポリカーボネート	RIM Nylon RIM Nylon PC PBT	PA ポリアセテート PBT ポリブチレンテレフタレート	SMC シートモールデングコンパランド
(プラスチックの耐熱度に従ってウレタンか焼付塗料の適否が決められる．)	ポリスチレン	AS (テレビキャビネットなど)		ポリカーボネート/ABS						

	50°C	80°C	90°C	100°C	110°C	120°C	130°C	140°C	150°C
← 使用塗料 (上塗)		アクリルラッカー		アクリルウレタン				メラミンアルキド メラミンアクリル	

2. 耐溶剤									
芳香族	×	○	○	―	PC/ABS のみ PC 以外	○			○
アルコールエステル	○	○	○	―					
ミネラルスピリット	―			○					

3. 付着性 (付着性の悪い塗料にはプライマー必要)									
ウレタン	○	○	×	×	○	○	×	○	○
アクリルラッカー	○	○	―	×	―	―	―	―	焼付も可
特殊プライマー	―		塩素化パラフィン+アクリル	○		○			

プラスチック素材がポリカーボネート(PC)やPC/ABCのように溶剤に弱い場合には，PC/ABS用プライマーを塗り，次にW/Wでアクリルウレタンを塗る．このポイントは下塗りで上塗りの強溶剤を遮断するということである．

表4.55 一般のアクリルラッカーとPS用アクリルラッカーの溶剤組成の差

溶剤の種類 \ 塗料の種類	一般のアクリルラッカーの溶剤組成 A	ポリスチレン(PS)用アクリルラッカーの溶剤組成 B	ポリスチレン(PS)用アクリルラッカーの溶剤組成 C
芳香属炭化水素	55	10	—
アルコール類	7	20	15
ケトンエステル類	33	50	50
グリコールエーテル類	5	20	35
計	100	100	100

(c) 付着性とはポリプロピレン (PP) やポリエチレン (PE) のように，一般の塗料とは付着しないケースである．PPに接着するPP用プライマーを塗り，次にW/Wでアクリルウレタンを塗装すればよい．この方法はPP用バンパーで広く用いられている．PP用プライマーの樹脂は，塩素化ポリオレフィンとアクリルの組合せが多いが，更によい樹脂も市場に出てきた．

(2) **プラスチック塗装の最近の話題**

ウレタン塗料のような2液重合形塗料は工場のラインでは2液混合形塗装機を用いている．しかし，乾燥に60℃×30〜50分の乾燥ラインが必要である．この乾燥を第3級アミンのような触媒を用いて，短時間で硬化させようとしたのがVapo Creシステムである．最初は主剤のポリオールと硬化剤のイソシアネートを混合塗装後，アミンのブースに入れるVPCシステムで先行したが，表面層のみ硬化するとアミンが塗膜の奥まで浸透しにくくなり内部硬化しないという欠点があった．現在は主剤とアミンを混合したものと，硬化剤を2液ガンで塗装することにより，塗膜全体が硬化するVICシステムが開発され，市場での評価はよい．

樹脂の成型と塗装を同時に行うインモールドコーティング法がある．SMCを成形機に入れ，加圧成形する．ある程度成形後，成形機をあけSMCと成形機の間にすき間を作る．ここに複数の注入口よりインモールドコーティングが注入される．その後加熱する．この加熱でSMCもインモールドコーティングも同時に完全硬化する．同塗料に導電性カーボンブラックを入れておけば，その後の静電塗装が容易になる．

4.6.2 工芸塗装，高意匠形塗装

工芸塗装のうち高意匠形塗装について述べる．図4.48に示すように，最近の高意匠形塗料，塗装の進歩は目覚ましいものがある．表4.56に，スエード調・ベルベット調，レザートーン・露玉模様，石目調，多彩模様，梨地模様，乱糸調などの作り方・内容を記した．

特にスエード調は文房具から自動車の内装，更に屋外にも進展する方向にある．石目調も住宅の内外装，舗装へと静かな広がりをみせている．

1. 天然たん白質コラーゲン繊維を微粒化したプロテインパウダーやポリマービーズ型のスエード調が伸びる．
   (1) 自動車内装にも　(2) ブックカバー，家電　(3) インテリア用品　(4) 釣り具，ラケット

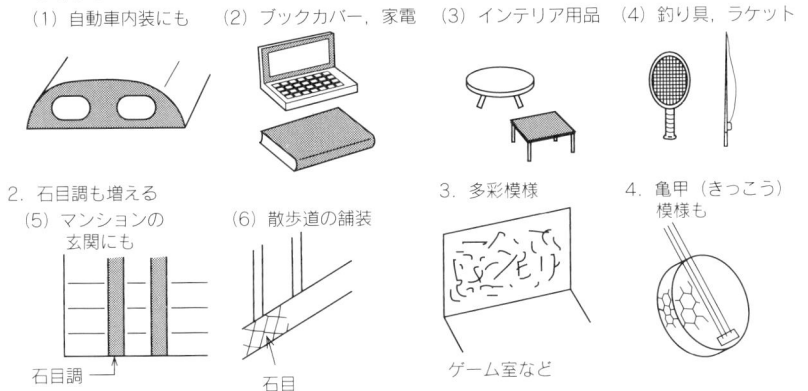

2. 石目調も増える
   (5) マンションの玄関にも　(6) 散歩道の舗装　　3. 多彩模様　　4. 亀甲（きっこう）模様も

図4.48　高意匠塗装

4.6 その他の塗装

表 4.56 最近の高意匠塗料

大 分 類	塗料・塗装の名称	内　容
1　金属粉やパールその他の新顔料を加えたもの．これらのタイプの建築用への応用は，タイル仕上げ以外には少ないが，多彩仕上げや石目調，乱糸調などとの組合せにより，新しい模様が期待される	1) メタリック	(省略)
	2) マイカリック	(省略)
	3) パール カラーパール アージェンタムマイカ	(省略)
	4) MIO （マイカシャス・オキサイド）	(省略)
	5) オパールカラー （マイクロチタン）	(省略)
	6) カラーフレーク	(省略)
	7) キャンディートーン	(省略)
	8) ハンマートーン	(省略)
2　特殊な骨材，樹脂粒子などを加えたもの	1) スエード調 ベルベット調	視覚と感触の両方を兼ね備えた塗料として，最近市場で注目を浴びている塗料．塗料中へ，ウレタン，アクリル，ふっ素，PVC,ポリオレフィン系の弾性樹脂粒子（ビーズ）を加えることにより，独特のつや消し模様をつくり，触れたとき柔らかい感じを与える．ウレタン系のビーズを用いると柔らかいベルベット調になる．バインダーにも柔らかい樹脂を用いると，ベルベット調が強調される． 更に，天然蛋白質コラーゲン繊維を超微粒化したプロテインパウダーと，柔軟なウレタン樹脂の組合せで，しっとりして温かさのあるつや消し塗料が市場に出てきた．コラーゲンは人間の皮膚と同じもので，吸湿性や静電防止効果があるので，室内装飾の一つの道具となろう．

表 4.56 (続き)

大分類		塗料・塗装の名称		内　容
2	特殊な骨材，樹脂粒子などを加えたもの	1)	スエード調ベルベット調	ビーズの大きいものを用いるとケバ立ち感の出たスエード調になる．顔料，塗料で着色した弾性樹脂粒子によりこうした塗膜が得られる．着色塗料中へ透明な弾性樹脂粒子を加えてもスエード調が得られるが，弾性感，ソフト感が少し少なくなる．これらの塗料はソフト感とかケバ立ち感が特徴だが，つや消し塗料であることにも違いない．非常に汚れにくくキズつきにくいという利点をあわせて，防汚型つや消し塗料の一種でもあるといえる．問題点は，一般の内装に使用するには，高コストであるということ．解消にはビーズのコスト抑制への選択と，少ない量で最大の効果を上げる使い方とを考える必要がある．
		2)	レザートーン露玉塗料	アクリルウレタン塗料に，樹脂粉末や体質顔料を加え，レザー調の凹凸のある塗膜を形成させる．塗装法は，まずベースコートを塗り，セッティング後同塗料を少し粘度を高くし，吹付圧を 0.1 MPa くらいに下げてバラ吹きをする．このときのガン口径，粘度，吹付け圧，吐出量によって，凹凸模様が調節できる．ベースの色とバラ吹き(露玉)の色調を変えることによりツートーン仕上げになる．ベースコートとバラ吹きとの間隔が早すぎると凹凸がうまく出ない場合がある．軽く促進乾燥後バラ吹きをすると，模様がよく出る．
		3)	石目模様	2)のやり方で白，グレー，黒の石に似た模様に仕上がる方法や，色相の異なる着色マイカや人工着色砂を使用して，天然石模様を仕上げる方法などがある．

4.6 その他の塗装

表 4.56 (続き)

大分類	塗料・塗装の名称	内容
2 特殊な骨材，樹脂粒子などを加えたもの	4) 多彩模様	基本的には，2), 3)の方法だが，やり方にいくつかの方法がある． イ) ベース塗装後，色相の異なった塗料を数回塗り重ねて，多彩模様を仕上げる．このとき，つやを変化させると深みが出る． ロ) 塗料中に着色した合成樹脂粉末を数種分散させ，1回の塗装で多彩模様を仕上げる塗料や互いに溶け合うことのない2種の樹脂を組合せ，塗装後，多彩模様をつくる塗料がある． ハ) 一色の着色塗料で，乾燥後部分ポリッシュすることで色差を生じさせる．
	5) 梨地模様	ポリオレフィンやポリアミドなどの合成樹脂ビーズや，ガラスビーズや無機質材を数パーセント加えて，梨地模様を仕上げる．
	7) 乱糸調模様	糸目調などといわれているが，ちょっと見た目では大理石に似た模様になる． 白又は少し着色した下地塗膜の上に，濃いグレーの色相のものを乱糸ガンを用いて糸状に吹付けすると，大理石調の模様ができる．最近は，塗料を改良して一般のスプレーガンでも乱糸ができるようになった．
	8) 蛍光塗料	蛍光塗料を用いて蛍光色を出したもの．最近，改良が進み，蛍光性は少し少なくなるが耐候性がよい，というものも市販されている．
	9) 蛍光体塗料	蛍光体を用いた塗料．太陽光ではあまり発色しないが，照明の光源の光の波長により，蛍光体が発色し模様を出す．

表 4.56 (続き)

大分類	塗料・塗装の名称	内容
3 塗膜の収縮を応用したもの	1) 亀甲模様塗料	上図のような亀甲模様を生じる．初め大きな亀甲模様を生じ，次にその中に細かい亀甲模様を生じる．
	2) チヂミ塗料	表面の硬化が進み，遅れて内部が硬化することで，塗膜がうねりを生じる．この山と谷の間隔をコントロールすることによりチヂミの状態を変えることができる．
4 その他	漆調塗料	塗料として究極の目的である漆調を，多くの工程をかけずに仕上げる塗料．

4.6.3 機能性塗料・塗装

美観・保護の分野を固めながら，新分野への挑戦をしつつある塗料・塗装業界の努力が機能性の分野で成果を現しつつある．図 4.49 に示すような話題が，各分野で高い評価を得ている．表 4.57 に生体関連・機械的・電気電子的に分けて，内容・効果の一部を示す．

4.6.4 マーキングフィルム

マーキングフィルムが急速に伸びてきた．手軽にいろいろな場所に貼れ，非常にカラフルで複雑な模様ができる等，今後広範な分野で浸透していくであろう．

マーキングフィルムの作り方は，今まで蓄積された塗装の方法である．調色も塗料と同じで，塗装もロールコータ・フローコータ・霧化形塗装であるし，

4.6 その他の塗装

(1) NO$_x$分解型塗料

防護壁
高速道路

ラジカル発生型酸化チタン＋無機塗料

(2) 信号機や電子計算機の配線の継線を防ぐ

配線
ナラマイシン＝ネズミの忌避物質
ネズミが逃げ出す

ナラマイシンのマイクロカプセル化塗料が塗装されている．

(3) 車の内装に疲労回復塗装してスッキリ回復

内装，αピネンのマイクロカプセル化塗料

(4) 病室も抗菌性塗料の塗装で安全

MRSA
一般ブドウ球菌，緑濃菌に効力大

銀をゼオライト，アパタイト，シリカゲル，ガラスなどに固着

(5) 悪臭のない部屋も消臭塗料でバッチリ

酵素＋酵素補助剤を含む塗料

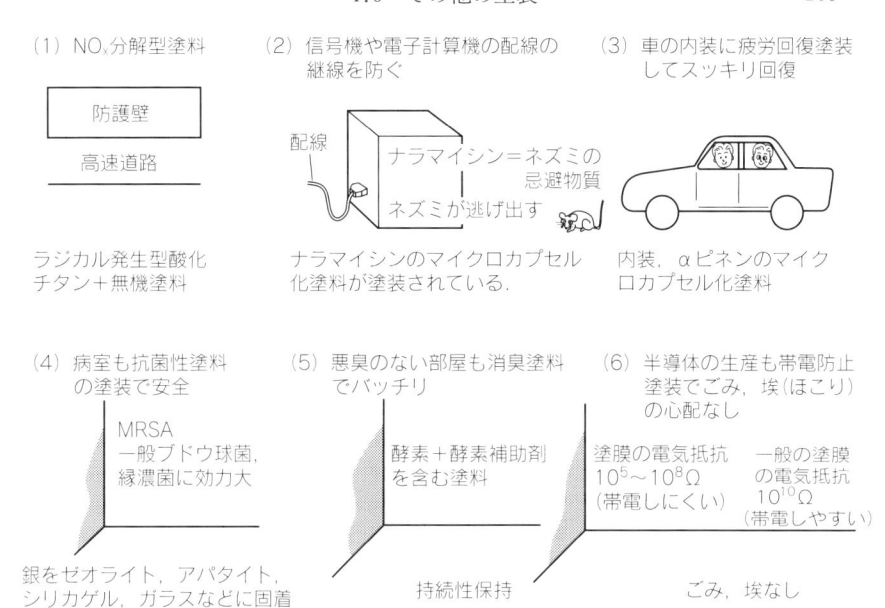

持続性保持

(6) 半導体の生産も帯電防止塗装でごみ，埃(ほこり)の心配なし

塗膜の電気抵抗 $10^5 \sim 10^8 \Omega$ (帯電しにくい)

一般の塗膜の電気抵抗 $10^{10} \Omega$ (帯電しやすい)

ごみ，埃なし

図 4.49 機能性塗料・塗装の成果

表 4.57 機能性塗料・塗装の内容・効果[35]

	機 能 性	機能性の効果，内容など
生体関連機能性	1.消臭性	旧来，物理吸着・化学吸着で消臭，持続性に限界．最近，酵素及び酸素補助剤を含む塗料開発．酵素の触媒作用により消臭の持続性を保持．また塗膜すれば表面積が非常に大きくなる．
	2.防かび性	防かび剤をビニル，アクリル樹脂に数％混入し溶出をコントロールして効果を持続，防かび剤は尿素系・イミダゾール素・有機ハロゲン系・有機窒素イオン系ヨード系がある．ここに含まれる官能基が，酵素蛋白質中の SH, OH, NH 基などと結合し酸素を不活性にするための効果がある．かび胞子に作用せず，菌子の成長過程を疎害する．人体への安全性重要，LD$_{50}$1000 mg/kg以上を用いる．また，最近，ラジカル発生形チタン・銀・銅品も出ている．

表 4.57 （続き）

機能性		機能性の効果，内容など
生体関連機能性	3. 防藻性	尿素系・有機窒素硫黄系の薬剤が用いられる．
	4. 抗菌性	MRSA（メチシリン耐性黄色ブドウ球菌）による院内感染防止．黄色ブドウ球菌は病理作用はそれほど大きくないが，薬剤耐性を得やすい微生物である．この菌が，近年異変の度を加え，強力な耐性菌となった． 抗菌剤は防かび防藻剤の項で述べた有機系を研究中．しかし無機系の銀系が主流，ゼオライト・アパタイト・シリカゲル・ガラスなどに銀を固着させたものが多い．銀の作用① Ag^+ が酵素(SH基など)と反応し不活性にする．② Ag^+ によって活性酸素が生成され，これが酵素を不活性にする． これらは菌体の細胞壁にのみ作用するので，細胞壁のない人間には安全であり，かつ細胞核には作用しないので耐性菌を作らない．効力不足の場合，有機系の溶出タイプが併用される．
	5. 養藻性	海藻の生成を促進する．海藻用の養分を溶出させる．塗膜から溶出する養分は微量であるが，塗膜の近傍(100 μm 以)では養分は充足されている．海藻の稚幼体の生育促進に効果がある．現在，食用海藻の養殖に用いられ，漁礁への利用が検討されている．
機械的機能性	6. 潤滑性	1. 金層冷間塑性加工用の潤滑性向上 　ふっ素樹脂系の一液性処理剤 　　4ふっ化形，3・4ふっ化形，3・4ふっ化高分子ポリマー形， 　　3ふっ化ポリマー形，4ふっ化水素 2. 摺動部品用潤滑性 　CaF と BaF の共融混合体と Ag を固体潤滑剤にしたもの
	7. 制振性	歴青質系・エポキシ系・ビニル系・ウレタン系が一般 繊維状やマイカの鱗片状材料併用
	8. ハードコーティング	①オルガノポリシロキサン系　②多官能アクリレート系 ③アミノ樹脂系　④ウレタン系
電気・電子的機能性	9. 導電性	体積固有抵抗率　$10^{-3}\Omega\cdot cm$ Ag・Ni・Cu・Ag めっき Cu
	10. 半導電性	$10^{12}\Omega\cdot cm$ 以下 カーボン，グラファイト，Zn 酸化物，インジュウム酸化物，チタン酸化物，すず酸化物，Ni フレーク，シロキサン 各種界面活性剤

乾燥も熱も UV 照射も可能である．工場内で作れるので複雑な模様もやり方を考えれば簡単である．要はフィルム上に塗装していくだけである．

　現場で塗装することが難しくなっている現在，早急に対応をすべきテーマである．

引用・参考文献

1) 櫻庭壽彦（1995）：わかりやすい塗装の心得 12 ケ条(第 3 回)，水系塗料の脱脂なしディッピング塗装，塗装技術，Vol. 34, No. 6, p. 154-160
2) 櫻庭壽彦（1992）：こんなケースにはこんな塗料・塗装設計が必要，塗装技術，Vol. 31, No. 10, 増刊, p. 72-74
3) 櫻庭壽彦（1993）：塗装技術の課題にスポットを当ててみよう，環境対応塗料の使い方，HVLP ガン，凝沈リサイクル，塗装技術，Vol. 32, No. 4, p. 81-84
4) 櫻庭壽彦（1987）：ハイテク時代を読む塗料・塗装のシステム化，霧化型塗装，塗装技術，Vol. 26, No. 1, p. 183-187
5) 櫻庭壽彦（1986）：ハイテク時代を読む塗料・塗装のシステム化，カーテンフローコーター，ロールコーター，塗装技術，Vol. 25, No. 5, p. 141-145
6) 櫻庭壽彦（1986）：ハイテク時代を読む塗料・塗装のシステム化，ディッピング塗装，塗装技術，Vol. 25, No. 7, p. 159-163
7) 櫻庭壽彦（1986）：ハイテク時代を読む塗料・塗装のシステム化，シャワーコーター，電着塗装，塗装技術，Vol. 25, No.9, p. 137-140
8) 髙橋俊郎（1975, 1976）：浸漬塗装の理論，工業塗装，No. 15-18
9) 長岡治朗（1993）：電着塗装，色材，Vol. 66, No. 7, p. 424-433
10) 劍持雄治（1979）：ロボット塗装，塗装技術，Vol. 18, No. 11, 増刊, p. 169-174
11) 櫻庭壽彦（1995）：わかり易い塗装の心得（第 4 回），ブースの仕組み，ゴミ零塗装，塗装技術，Vol. 34, No. 7, p. 155-162
12) 櫻庭壽彦（1995）：わかり易い塗装の心得（第 8 回），UV 塗料・塗装の仕組み，塗装技術，Vol. 34, No. 12, p. 141-148
13) 土木学会，本四連絡橋，鋼上部構造研究小委，塗装分科会（1974）：本四連絡橋の防錆塗装
14) 小原久（1999）：マグネシウム合金の適用分野と需要動向，塗装技術，Vol. 38, No. 2, p. 53-61
15) 小原久（2000）：マグネシウム合金の表面処理と塗装実用ガイド，マグネシウム成型材の応用と将来性，塗装技術，Vol. 39, No. 2, p. 57-64
16) 中津川勲（2000）：マグネシウム合金の表面処理と塗装実用ガイド，マグネシウム合金の成型法とその特性，チクソモールディング法，塗装技術，Vol. 39, No. 2, p. 76-80
17) 宇野忠志（2000）：マグネシウム合金の表面処理と塗装実用ガイド，表面処理加工における安全対策，塗装技術，Vol. 39, No. 2, p. 65-75
18) 齋藤美良（1999）：マグネシウム合金表面処理の実際と工程例の要点，塗装技術，Vol. 38, No. 2, p. 75-80

19) 児波晃一（2000）：マグネシウム合金の表面処理と塗装実用ガイド，表面処理剤の効率的な適用事例，塗装技術，Vol. 39, No. 2, p. 86-91
20) 八代國治（1992）：前処理技術とこれを選ぶ場合の基本的な着眼点，塗装技術，Vol. 31, No. 10, 増刊，p. 161-168
21) 青木洋二（1994）：ブラスト機器・装置の最新動向と課題，塗装技術，Vol. 33, No. 12, p. 59-64
22) 竹田仁（1995）：ブラスト加工技術と塗膜剥離事例，塗装技術，Vol. 34, No. 9, p. 69-74
23) ボデーリペアー技術研修所：下地作業コース講義テキスト，車体修理技術振興会，ボデーリペアー技術研修所
24) 櫻庭壽彦（1996）：自動車補修塗料の現状と新動向，塗装技術，Vol. 35, No. 12, p. 74-80
25) 平井靖男（1993）：最近の船舶塗装の現状と合理化への指針，塗装技術，Vol. 32, No. 3, p. 86-93
26) 西山正美，鈴木孝成（1993）：最近の鉄道車輛の塗装について，色材，Vol. 66, No. 4, p. 221-230
27) 窪田正（1978）：最近の粉体塗装装置について，塗装技術，Vol. 19, No. 5, p. 85-103
28) 岡本康成，中村哲（1996）：小ロット・多色対応型粉体塗装設備・ACCシステム，塗装技術，Vol. 35, No. 9, p. 62-66
29) 室井宗一（1957）：コンクリートの組成性質，建築塗料の組成性能，建築塗料における高分子ラテックスの応用，朝倉書店
30) 酒井義弘（櫻庭壽彦）（1995）：最近の建築用塗料の仕組み，組成，性能，塗装法すべて，当世建築塗料事情，リペアテック出版
31) 櫻庭壽彦（1995）：押し付け型・浸漬・流し塗り型塗装のすみ分けの明確化，塗装技術，Vol. 34, No. 12, p. 141-148
32) 川村二郎（1980）：木材の構造，組成及びその塗装法，色材，Vol. 53, No. 6, p. 353-361
33) 相沢正：木材の組成，構造，塗装法，木材の塗装
34) 木材塗装研究会（色材協会，木材加工技術協会）（1992）：塗装と塗装，Vol. 4, No. 491
35) 伊藤征四郎，中山博之，花村一紀，鳥羽山満，板野俊明，櫻庭壽彦（1996）：機能性セミナーテキスト，京都府中小企業総合センター
36) 樋口和夫（1995）：コンピュータ機器へのマグネシウムの利用，'95マグネシウムマニュアル，p. 111-127

5. 塗料・塗装の安全環境管理

5.1 はじめに

　塗料は被塗物の美化及び保護の目的で使用され，その分野は建築物・橋梁・自動車・家電製品など広範囲に及んでいる．塗料は，一般に，①顔料，②油・樹脂ワニス，③溶剤，④その他の添加剤といった原料から構成されており，これらの各種原料の選択・組合せによって，いろいろな性能が付与される．原料の中には，塗料の流動性や被塗物に平滑な塗膜を与えるための助剤として使用される有機溶剤，金属の防せいのために用いる鉛・クロム化合物など，引火危険や安全衛生上その取扱いに注意を払わなければならないものが多い．また塗料は半製品であって，その必要性能は塗装によって塗膜化されて初めて目的を果たすことになるため，使用条件によっては大気汚染及び臭気問題，使用後の産業廃棄物・廃水処理などに関連し，環境負荷物質として環境上の規制を受けるものもある．このように塗料の取扱い及び塗装に関しては，安全・環境の法規制対応も含めた労働作業環境における安全衛生管理や環境汚染防止に十分な対策を実施することが大切である．

5.2 塗料・塗装に関する法規制

5.2.1 関連法規などの概要

　塗料の構成成分は先述したように多様であるため，関係法規も多岐にわたっているが，大別すると次のように区分される．

①　火災・危険予防
②　作業者に対する健康障害防止
③　環境汚染防止

これらの目的を果たすために，それぞれの所管官庁で定められている各種法令の遵守が必要となってくる．塗料・塗装に関係する主な法令を表5.1及び表5.2に示す．

表5.1 安全衛生関係 (2002年7月1日現在)

所轄	法規等の名称	制定
総務省	消防法・消防法施行令・消防法施行規則	1948年7月24日(法律)
	危険物の規制に関する政令・規則	1959年9月26日
	危険物の試験及び性状に関する省令	1989年2月17日
	危険物の規制に関する政令別表第1及び同令別表第2の自治省令で定める物質及び数量を定める省令	1989年2月17日
	危険物の規制に関する技術上の基準を定める告示	1974年5月1日
	火災予防条例準則	1961年11月23日
厚生労働省	労働安全衛生法（安衛法）・施行令（安衛令）・施行規則（安衛則）	1972年6月8日(法律)
	有機溶剤中毒予防規則（有機則）	1960年10月12日
	特定化学物質等障害予防規則（特化則）	1972年9月30日
	鉛中毒予防規則（鉛則）	1972年9月30日
	酸素欠乏症防止規則（酸欠則）	1972年9月30日
	粉じん障害防止規則（粉じん則）	1979年4月25日
	ボイラー及び圧力容器安全規則（ボイラー則）	1974年9月30日
	事務所安全衛生基準規則（事務所則）	1972年9月30日
	じん肺法・施行規則（じん肺則）	1960年3月31日(法律)
	作業環境測定法・法施行令・施行規則	1975年5月1日(法律)
	毒物及び劇物取締法（毒劇法）・毒物及び劇物取締法施行令（毒劇施行令）・施行規則	1950年12月28日(法律)
	毒物及び劇物指定令（毒劇指定令）	1965年1月4日
	麻薬及び向精神薬取締法・法施行令・施行規則	1953年3月17日(法律)
経済産業省	化学物質の審査製造に関する法律（化審法）・施行令・施行規則	1973年10月16日(法律)
	新規化学物質の製造又は輸入に係る届出等に関する省令	1974年4月15日
	家庭用品品質表示法・施行令・施行規則	1962年5月4日(法律)
	製造物責任法（PL法）・施行令・施行規則*	1995年7月1日(法律)
	建築基準法・施行令・施行規則	1950年(法律)

5.2 塗料・塗装に関する法規制　　269

表 5.1　（続き）

所轄	法 規 等 の 名 称	制　　定
国土交通省	海洋汚染及び海上災害の防止に関する法律（海洋汚染防止法）	1970年12月25日（法律）
	船舶安全法・施行令・施行規則	1933年3月15日（法律）
	危険物船舶輸送及び貯蔵規則	1957年8月20日

備考　主に法律の制定年月日のみ記載した．政令・規則の制定年月日・改正年月日，都道府県条例は省略した．

注　＊は "塗料の選び方・使い方（改訂第2版）"（1998）以降に制定された法律・政令・施行規則．

表 5.2　環境保全関係 (2002年7月1日現在)

分類	法 規 等 の 名 称	制　　定
全般	環境基本法	1993年11月19日（法律）
	循環型社会形成基本法＊	2000年6月7日（法律）
地球環境	地球温暖化対策の推進に関する法律・施行令・施行規則＊	1998年10月9日（法律）
	特定物質の規制等によるオゾン層保護に関する法律（オゾン層保護法）・施行令・施行規則	1988年5月20日（法律）
	特定製品に係るフロン類の回収及び破壊の実施の確保等に関する法律（フロン回収法）＊	2001年6月22日（法律）
大気	大気汚染防止法・施行令・施行規則	1968年6月10日（法律）
	大気汚染に係る環境基準	1973年5月8日
	悪臭防止法・施行令・施行規則	1971年6月1日（法律）
水質	水質汚濁防止法・施行令・施行規則	1971年12月28日（法律）
	排水基準を定める総理府令	1971年6月21日
	水質汚濁防止法に係る環境基準	1971年12月28日
	化学的酸素要求量についての総量規制基準に係る業種区分ごとの範囲	1996年3月26日
	瀬戸内海環境保全特別措置法・施行令・施行規則	1973年10月2日（法律）
	下水道法・施行令・施行規則	1958年4月24日（法律）
廃棄物	廃棄物の処理清掃に関する法律（廃棄物処理法）・施行令・施行規則	1970年12月25日（法律）
	金属等を含む産業廃棄物に係る判定基準を定める省令	1973年2月17日
	ポリ塩化ビフェニル廃棄物の適正な処理の推進に関する特別措置法（PCB特別措置法）・施行令・施行規則＊	2001年6月22日（法律）

表5.2 （続き）

分類	法規等の名称	制定
騒音	騒音規制法・施行令・施行規則	1968年6月10日（法律）
	特定建設作業に伴なって発生する騒音の規制に関する基準	1968年11月27日
	特定工場等において発生する騒音の規制基準	1968年11月27日
振動	振動規制法・施行令・施行規則	1976年6月10日（法律）
	特定工場等において発生する振動の規制基準	1976年11月10日
省エネ	エネルギー使用の合理化に関する法律（省エネ法）・施行令・施行規則	1979年6月22日（法律）
化学物質	特定化学物質の排出量等の把握及び管理の促進に関する法律（PRTR法）・施行令・施行規則*	1999年7月13日（法律）
	ダイオキシン類対策特別措置法（ダイオキシン法）・施行令・施行規則*	1999年7月16日（法律）
	化審法・施行令・施行規則	1973年10月16日（法律）
土壌	土壌汚染対策法*	2002年5月29日（法律）
組織	特定工場における公害防止組織に関する法律・施行令・施行規則	1971年6月10日（法律）
リサイクル	容器包装リサイクル法施行令・施行規則*	1995年6月16日（法律）
	資源有効利用促進法（リサイクル法）施行令・施行規則	1991年4月26日（法律）
	建設工事リサイクル法・施行令・施行規則*	2000年5月31日（法律）
工場立地	工場立地法・施行令・施行規則	1959年3月20日（法律）
	工場立地に関する準則	1998年1月31日
その他	国等による環境物品等の調達推進等に関する法律（グリーン購入法）・施行令・施行規則*	2000年5月31日（法律）

備考 主に法律の制定年月日のみ記載した．政令・規則の制定年月日・改正年月日，都道府県条例は省略した．

注 *は"塗料の選び方・使い方（改訂第2版）"（1998）以降に制定された法律・政令・施行規則．

5.2.2 関連法規などの各論

塗料・塗装関連法規の中で，特に関係の深いものについて，その主旨などを次に述べる．

（1）消防法

火災から国民の生命・財産を守ることを目的としている．塗料の大部分は引

火性液体であって危険物に該当し，消防法の適用を受ける．危険物に関する規制の詳細は，危険物の規制に関する政令・省令として区分して規制されている．

（2） **労働安全衛生法**（安衛法）

労働者の災害防止及び健康障害防止を目的とし，その規定内容は広範囲に渡っている．したがって，作業活動や取り扱う有害物質ごとに省令の規制がある．

（3） **作業環境測定法**

有害物の長期暴露による労働者の健康障害を防止するため，作業場内の作業環境濃度，測定方法並びに測定結果に基づく評価と対応が定められている．

（4） **毒物及び劇物取締法**（毒劇法）

毒物及び劇物について，保健衛生上の見地から必要な取締りを行うことを目的としている．本法は安衛法と異なり，その対象は国民全体である．

（5） **環境汚染防止関係の法規**

昭和42(1967)年8月に公害対策基本法が制定され，公害防止についての基本理念を明らかにし，次いで大気汚染防止法，騒音防止法，水質汚濁防止法，悪臭防止法などの個別の法規制が行われてきた．その後，個別の法規制だけでは環境保全が十分に維持できないことから，地球規模での考えを組み入れた環境基本法が平成5(1993)年に制定された．さらに，循環型社会形成を目的として，循環型社会形成法が平成12(2000)年6月に制定され，この法律を補完する法規制として，各種のリサイクル関連法規，グリーン購入法の制定や，廃棄物処理法などが大幅に改正された．また，地域環境保全を目的としたダイオキシン対策特別措置法やPRTR法，過去の負の遺産対策としてのPCB特別措置法やフロン回収法，地球環境保全を目的とした省エネ法，地球温暖化対策推進法，オゾン層保護法などが相次いで制定された．さらに，都道府県においても，従前の公害防止条例を改正し，生活環境保全や地球環境保全を目的とした地域特性にあわせた独自の環境保全条例を制定している（大阪府，東京都，埼玉県等）．

5.3 安全衛生管理

塗料は品種によって異なるが，一般に，原料として有機溶剤，各種の危険性のある化学物質が使用されているため，

① 引火する危険がある．
② 吸入・接触などにより人体に有害作用をもたらすものが多く，塗料取扱い時にこれらの予防を確実に行うためには，危険有害性の認識と作業場の管理，作業者への指導・管理，設備機器の保守点検と適正貯蔵など日常の安全衛生管理が大切である．

5.3.1 作業場所の管理

塗料は，大部分が危険物・有害物なので，これらを取り扱う作業場所では，次の事項を十分に管理することが大切である．

（1） 排気設備の設置と稼動

塗料取扱い場所や塗装作業は，作業者の健康を確保すること，並びに作業場所が危険（爆発）雰囲気濃度を形成しないように通風のよい場所で行うことが前提である．通風のよくない作業場所では全体換気装置若しくは局所排気設備を作業前，作業中に稼動させなければならない．有機則や特化則に該当する塗料の取扱いや塗装作業においては，全体換気装置若しくは局所排気設備の設置が定められている．

（2） 作業場所の危険雰囲気（危険場所）

労働省産業安全研究所編"ユーザーのための工場防爆電気設備ガイド"は，爆発性雰囲気が存在する場所（危険場所）の区分を危険度の高い方から，0種場所，1種場所，2種場所の三つに分けている．塗料等を取り扱う作業場所の危険場所の種別及び範囲を決定し，次項で述べる着火源の管理に役立てること．

（3） 着火源（火気）の管理

（a） 電気設備

① 塗料等を取り扱う作業場所（危険場所）は，スイッチ，コンセント，モ

ータ，照明設備等の電気設備はすべて防爆仕様（防爆電気機器，防爆電気配線）とする．特に，電気設備を改造するときは，事前に防爆仕様を確認する．

② 手動電動工具，扇風機などの非防爆型の移動用電気機器を危険場所に持ち込まない．また，スイッチ，コンセントなどの接続部を危険場所から離しておく．

（b） 静電気　塗料等の取扱い，塗装作業における静電気発生（帯電）が生じやすい作業は，次のようなものがある．

① 容器から塗料等を取り出す（移し替える）とき．
② タンクや容器の中で塗料等をかくはん（攪拌）するとき．
③ はけ等で容器の内部を洗浄するとき．
④ サンド・ペーパー，ブラシ等で研磨するとき．
⑤ 密着しているフィルム，テープをはがしたり，プラスチックシートを摩擦，急激にはがすとき．
⑥ スプレー塗装するとき．

前述のように，塗料等の危険物は一般に引火点があるので，静電気の放電によって着火の危険がある．静電気災害防止の基本は，静電気発生の抑制と帯電（蓄積）防止の2点であり，以下に要点を述べる．

1） 静電気発生の抑制

① 塗料等を容器に移し替えるときは，飛まつ（沫）が生じないようにする．
② 容器内壁を溶剤で洗浄するときは，溶剤を器壁に沿わせて行う．この場合，トルエン等の帯電性の高い洗浄溶剤を単独で使用することを極力避ける．
③ 設備・容器等の中へ，塗料等を配管で仕込むときの配管内の流速を1m/s以下に制限する．流速制限の方法としては，ポンプ吐出能力の小さいタイプを選定する，配管の口径を太くする，緩和パイプを取り付けるなどがある．

2） 帯電（蓄積）の防止

① 接地を行う：静電気災害原因の大半は，絶縁した金属類（容器，器具，設備機器等）に帯電した静電気が放電し，溶剤蒸気に引火して火災・爆発となったものである．対策の基本は金属類への確実な接地（アース）である．

② 接地設備の管理：接地線が断線していたり，接地端子が破損・緩んでいたり，接続器具の締付け力が弱まっていたり等，これらの接地用用具の機能が不十分のために，静電気災害となった事例は多い．接地設備の保守点検要領と点検基準を作成し，保守管理を確実に行うことが重要である．

③ 移動用機器・容器の接地方法に関する留意点：接地線の取り付けは作業（運転）を開始する前に行い，接地線の取り外しは作業（運転）を終了後，数分経過後に行うのが良い．

　〈注意〉　作業開始後に接地線が外れたり，又は接地線を取り付けることを忘れたことに気が付いたときは，あわてて接地線を取り付けると放電火花が発生して危険である．作業を一時，中止して（スイッチ停止）から数分経過後に，接地線を取り付ける．

3）　**作業場所の加湿を行う**：作業場所に加湿器を設置したり，作業床面に散水を行い，作業場所の相対湿度を60％以上にする（特に，乾燥期）．

4）　**人体の帯電防止を行う**：作業者は，帯電防止作業服（上着，ズボン），帯電防止安全靴を着用する．なお，靴の中に絶縁性の高い敷革を入れたり，厚手の化学繊維性の靴下2枚重ね着用や，靴底に塗料が付着したり，作業床面が絶縁性の高い塗料で塗装されている場合も同様に人体の帯電が生じるので好ましくない．また，作業床面の漏洩抵抗が$10^8 \Omega$以下を維持するように管理する．

5）　**遮へいを行う**：帯電物体の近くに遮へい用の接地導体を置くと，帯電物体の電位の低下及び着火危険に結び付く放電が防止される．遮へい導体としては，金属板，金網，金属線，金属テープ，金属箔，導電性繊維若しくは導電性材料でできた使用した布・紙・フィルムなどを使用する．

6）　**導電性材料を使用する**：導電性材料で作られた製品（帯電防止用品）を

使用する．キャスタ，ホース，シート，テープ，マット，作業服，手袋等多数が市販されている．

7) **除電器を設置する**：除電器は，帯電物体の近くの空気をイオン化して帯電電荷を除去する装置である．除電器には，電圧印加式，自己放電式，放射線式などがある．除電器の選定に当たっては，設置場所の着火危険性，設置場所の温度・湿度等環境条件，対象となる帯電物体の種類・取扱い状況・帯電状況等について検討することが必要である．

(c) **衝撃・摩擦** 塗装作業並びに塗料，溶剤等の取扱いにおいて，衝撃火花・摩擦熱が着火源になった発火事故例がある．次のような安全対策が必要である．

① グラインダ作業場所の付近に，塗料，溶剤等の危険物を置かない．また，これらの危険物のある所でのグラインダ作業を禁止する措置を講じる．

② 鋼製工具を使用せず，非発火性の銅・ベリリウム合金の工具を使用する．銅・ベリリウム合金工具は，通称，防爆工具若しくは安全工具ともいわれている．この工具は，非発火性能を向上させるために，銅の中に2～3%のベリリウムが含まれている．ハンマ，レンチ類（パイプレンチ，モンキーレンチ，ドラム口金レンチ），スパナ等がJISで定められている［JIS M 7615（防爆用ベリリウム銅合金工具類）］．

③ 排風機ファンの羽根部と接触するケーシングの部分を銅板で被覆したり，可搬式かくはん機の軸と金属容器蓋開口部が接触する部分を銅板で被覆する．

④ 設備機器等の回転軸の偏心や，ベルトのスリップ等の定期点検を行う．

(d) **自然発火** 自然発火とは，"ほかから何らの火源を与えないで，物質が空気中で常温において，発火温度よりもはるかに低い温度で自然に発火し，その熱が長期間に蓄積されて，ついに発火点に達し，燃焼に至る現象"と定義されている．塗装作業，塗料等の取扱いに関係のある自然発火は，主に酸素吸収による発熱である．

1）自然発火性物質の代表例と発火事故例

① 不飽和脂肪酸を含む動植物油のしみたぼろ布（ウエス）：段ボール箱にボイル油のしみたウエスを倉庫内に放置したところ，数時間後に発火した．

② フタル酸樹脂塗料・アルキド樹脂塗料等の酸化重合型合成樹脂塗料の塗料かす・ダスト，ポリエステル樹脂塗料の硬化剤（反応促進剤としてナフテン酸塩を含むもの）が付着したウエス：塗装ブース及び排気ダクト内部に付着した塗料かす（フタル酸樹脂塗料）をごみ袋に入れて放置したところ，発火した．

③ 溶剤排気ガス洗浄装置の活性炭：活性炭吸着装置で高濃度ケトン系溶剤を含む排気ガスの処理を行ったところ，同装置から発煙が生じた．

2）自然発火防止対策

① 塗装ブースの内壁，排気ダクト，フィルタに付着した塗料かすを定期的に（必要なら毎日）除去し，内部に水を入れたふた付きの所定の金属製の容器に入れ，終業後速やかに作業場屋外に出す（油のしみたウエスも同様な処置をする．）．なお，塗料かすの除去作業には，前述の非発火性の工具を使用する．

② 塗料かすを除去しやすいように，塗装ブース内壁にプラスチックフィルム（帯電防止処理品）を貼ったり，排気ダクトに清掃用の扉・開口部を設ける．

③ 塗装ブースの乾式フィルタ材には不燃性のグラスウールなどを用いる．

④ 乾燥炉の熱風や輻射熱が堆積した塗料かすに当たらないように注意する．

⑤ 取り扱う塗料の発火性についての情報（MSDS）を収集する．

⑥ 活性炭吸着装置については，次の対策が必要である．

・温度上昇監視・検知装置，消火装置，破裂板，フレーム・アレスター等の安全設備（装置）を設置する．

・発火温度の低い活性炭を選定する．

・爆発限界内の排気ガスを活性炭吸着装置に送り込まない．

（e）高温表面・輻射熱 出火の原因となりやすい火気の種類として，石

油・電気ストーブ，蒸気配管・ヘッダー，電気機器・機械設備の過熱，乾燥設備，煙突・煙道の過熱，日光その他光線によってガラス等がレンズ効果を持った場合などがある．塗装作業，並びに塗料，溶剤等の取扱いにおいて，次のような安全対策が必要である．

① ストーブ，蒸気配管・ヘッダーの近くに塗料，溶剤等の引火性液体を置かない．また，これらの物の上に紙類，ウエス等の可燃物を置かない．
〈注意〉 木材の発火温度は400～450℃であるが，蒸気配管・ヘッダーの近くに置き，長期過熱により炭化された木材の発火温度は250℃まで下がり，発火しやすくなる．

② 乾燥設備については，内部・外部の不燃化，ファンによる排気ダクト設置，温度調整装置，爆発放散口，ガス警報装置，燃料自動停止装置などの安全装置を，乾燥設備の種類・規模に応じて適切に設置する．

③ 太陽光線が入るガラス窓の近くに，塗料，溶剤等の引火性液体を置かない．

(f) **裸火** 出火の原因となりやすい火気の種類として，作業に直接関係のある火気には溶接・溶断の火花，作業に直接関係のない火気にはタバコ，マッチ，ライター，暖房器具などがある．次のような安全対策が必要である．

① 塗装場所等へのタバコ，マッチ，ライター，暖房器具の持ち込みを禁止する．禁煙区域の明示，喫煙場所の指定を行う．

② 溶接・溶断の飛散火花及び金属溶融片は最高2 000℃に達するうえに，その飛散距離は十数メートルにも及び，しかも可燃物に着火する能力を持っている．溶接・溶断作業の実施にあたっては，"工事の火気管理"の留意点を守る．

③ 工事の火気管理……塗装作業場における設備工事が不適切なために，火災になった事例は多い．社内で実施する工事及び外部の業者による工事の際に火気を使用するときは，関係部門での事前協議，工事前（火気使用前）準備，工事完了（火気使用後）の確認が重要である．

(4) **作業環境の測定**

有機溶剤，有機溶剤を含む塗料，クロム酸化合物含有塗料，コールタール含有塗料，ポリウレタン塗料を取り扱ったり，屋内で塗装作業を行う場合は，労働安全衛生法第22条及び第65条に基づき6か月に1回，作業環境測定法に基づく作業環境測定基準に従って，作業環境測定士(若しくは作業環境測定機関)によって作業環境測定を行い，測定結果を所定の様式に記録しなければならない（3年間保存が必要）．また，測定結果の評価は，作業環境評価基準に従って，作業環境の状態を第1管理区分，第2管理区分，第3管理区分の三つに評価する．第1管理区分の場合は，現状の管理の継続的維持に努めるが，第2管理区分，第3管理区分となった場合は，施設，設備，作業工程，作業方法の点検を行い，作業環境を改善するため必要な措置を講じなければならない（第3管理区分の場合は，有効な呼吸用保護具の使用，健康診断等の措置も必要．）．

(5) 床の清掃及び廃ウエスなどの処理

塗料類をこぼしたままにしておくことは，火災危険の予防及び環境衛生保持上好ましくないので，すぐにふき取って清潔にしておく．また，ふき取るために使用したウエス，酸化重合型塗料のしみた廃ウエスなどは，自然発火防止のためにふた付きの水入り金属製容器に格納する［5.3.1項(3)(d)参照］．

(6) 廃缶の処理

有機溶剤を含有している塗料の使用済み空容器は，その内部に有機溶剤がたまっているおそれがあるので，火災危険及び有機溶剤中毒防止のため，必ずふたをするなど密閉しておく．

5.3.2 作業者の指導・管理

塗装作業・工事を行うときには，たとえ作業者が2，3人であっても，法規に基づき，次の事項を遵守する．

(1) 作業主任者の選任

危険有害作業を行う作業者を監督指揮するため，法定の技能講習終了者から，取扱い作業の内容によって，次例のような作業主任者を選任する．

　　例1：有機溶剤などを取り扱うとき……有機溶剤作業主任者

例2：含鉛塗料のかき落とし作業をするとき……鉛作業主任者

例3：特定化学物質を取り扱うとき……特定化学物質等作業主任者

例4：一定規模の乾燥設備で物の加熱乾燥作業をするとき……乾燥設備作業主任者

例5：タンク内などで塗装を行うとき……酸素欠乏危険作業主任者

また，これらの作業主任者の職務内容を職場に掲示する．職務内容は安衛法で定められており，共通的には，次の事項である．

① 作業者が塗料により汚染され，又はこれらを吸引しないような作業方法を決定し，作業を指揮する．
② 排気装置などを点検する．
③ 保護具などの使用状況の監視と点検を行う．

（2） **教育・訓練**

塗料による危害を防止するための知識を，製品安全データシート（MSDS）などにより教育し，災害が発生したときの処置などの訓練を定期的に実施する．

主な教育内容は，次のとおり．

① 塗料の一般特性（引火性・静電気・有害性など）と取扱い上の注意
② 保護具の必要性とその正しい着用方法・管理の方法
③ 中毒などの災害発生時の応急措置
④ 消火器の使用方法
⑤ 安全な処理・処分，廃棄の方法
⑥ 必要に応じて"高所作業の安全対策"，"酸欠危険と対策"など

（3） **服　装**

服装は作業に適した軽装とし，常に清潔なものを着用するよう指導する．塗料が著しく付着した服装は，衛生上好ましくない．また，作業服・安全靴は静電気による危険防止のために，帯電防止製品を着用する．なお，ポケットに刃物・マッチ・ライターなどの着火源を入れてはいけない（携帯電話も持込みを制限する．）．

（4） **労働衛生保護具の使用**

常時塗料を取り扱うときは保護マスク・保護手袋などを着用する．また，保護具は作業者個人専用とし，常時，有効かつ清潔に保持しなければならない．

（a） 有機ガス用防毒マスク　局所排気装置が設置できないとき，又は屋外で吹き付け塗装を行うときに使用する．使用に当たっては，次の点に留意する（詳細は，労働安全衛生法・行政通達，並びにメーカ・カタログを参照する．）．

① 酸素濃度18％以上の場所で使用する．
② 面体（本体）及び吸収缶とも，国家検定合格品を使用する．
③ 作業場所の有機溶剤ガス濃度に適した型式の防毒マスクを選定する．
④ 添付されている使用時間記録カードへの記録と，破過曲線図を比較して有効時間が十分残っていることを使用前に確認する．
⑤ 面体接顔部がよく顔面に密着し，面体と顔面のすき間から吸気が漏れないものを選ぶ．このために，作業者ごとに陰圧法などによるフィットテストを行う．また，面体と顔面との間にタオルなどを当てて使用してはならない．
⑥ 使用前に，吸収缶，排気弁などの点検を行う．
⑦ 使用中に少しでもガスの臭いがしたり，息苦しくなったときは直ちに作業を中止して，新しい吸収缶と交換する．予備の吸収缶を常時備えておく．
⑧ 作業後は，吸収缶を放置しないこと．吸収缶は，吸湿，ガスの吸着により能力が低下するので，使用後は清潔なプラスチックシートに巻き付けて冷暗所に保管する．また，使用時間をカード等に記録しておくことも有効である．

（b） 防じんマスク　塗膜のはく離作業・下地処理作業など粉じんが発生する場合は，防じんマスクを使用する．使用に当たって，次の点に留意する（詳細は，労働安全衛生法・行政通達，並びにメーカ・カタログを参照する．）．

① 酸素濃度18％以上の場所で使用する．
② 国家検定合格品を使用する．粉じん補集効率が高い，吸・排気抵抗が低い，吸気抵抗上昇率が低い，軽い，視野が広い，顔面への密着性が良

いものを選定する．
③ 面体接顔部の顔面への密着性については，(a)⑤に同じ．
④ 使用前に，排気弁の気密性，ろ過材の状態などの点検を行う．
⑤ 使用後，ろ過材に付着している粉じんを払い落とすときは，軽くたたく．
⑥ ろ過材の変形・収縮，息苦しさや目詰まりが生じた場合は交換する．
⑦ 使用後，手入れを行い，乾燥した状態で冷暗所に保管する．
⑧ 使い捨て防じんマスクは，表示されている使用時間限度に達した場合，及び使用時間限度以内であっても著しい型くずれが認められた場合は廃棄する．

(c) **送気マスク** 行動範囲は限られるが，有害性の高い物質を取り扱う場合で，例えばタンク内塗装作業のように，一定の場所での長時間作業に適している．送気マスクには，自然の大気を空気源とするホース・マスクと，圧縮空気を空気源とするエアライン・マスクがある．ホース・マスクの使用に当たっては，空気取り入れ口の空気が，酸素欠乏，有毒ガス，悪臭，ほこり等がないことを事前，実施中に確認することが必要である．

(d) **保護眼鏡** 塗膜のはく離作業・下地処理作業など粉じんが発生する場合は，保護眼鏡を使用する．視野が広く，透明なプラスチック製のものがよい．

(e) **保護手袋** 有機溶剤などが手にしみ込まないよう不浸透性のものを使用する．使用前に保護手袋に穴があいていないかどうか定期的に点検する．

(5) **健康管理**

塗料取扱い・塗装作業で，次の法規に指定されている業務に常時従事する場合は，一般健康診断のほかに特殊健康診断を受診しなければならない（雇い入れ時，並びに6か月に1回）．

① 有機溶剤等取扱い者（有機則第29条）：特定の有機溶剤によっては，尿中代謝物検査（トルエン，キシレン等），肝機能検査（トリクロロエチレン等），貧血検査（セロソルブ系溶剤等）がある．
② 特定化学物質取扱い者（特化則第39条）：検診項目は対象物質ごとに

異なる．
③ 鉛含有塗料のはく離作業に携わる者（鉛則第53条）：（略）
④ エポキシ樹脂硬化剤の取扱い者（労働基準局長通達）：作業の開始前・終了後に，手など皮膚の露出部のかぶれなどを調べる．

5.3.3 設備機器の保守点検と危険・有害品の貯蔵
（1） 設備機器の保守点検
① 設置してある装置及び使用する機器については，日常点検・定期点検を励行し，装置・機器などの保守不備を防止する．塗装作業に用いられる設備・機器は，労働災害，火災・爆発，公害原因となる構造であってはならない．
② 塗装設備・機器に組み込まれている各種の安全防災装置などが，常に正常に機能するように定期的に点検し，点検記録を残しておく．なお，安全環境の各種の法令にチェックリストが定められている場合には，これに従うこと．

（2） 危険物の貯蔵
消防法，危険物政令により，指定数量の1/5以上の危険物を貯蔵するときは，法規に適合した貯蔵所に格納する．

（3） 毒・劇物の貯蔵
毒・劇物該当塗料を貯蔵するときは，毒劇法に基づき，鍵のかかる場所へ格納する．

5.3.4 危険物・有害物表示など
危険有害性のあるものについては，法規に基づき，名称・区分・含有成分・注意事項など，それぞれ明示すべき事項が定められている．したがって，注意が必要な塗料については，製品容器に表示がしてあるので，必ずその内容をよく読んで取り扱うこと．なお，主な法規に基づく表示は次のとおりである．
① 危険物表示（消防法第16条）……（表5.3参照）

5.3 安全衛生管理

表 5.3 表示例：○○○プライマー

品　名	○○○プライマー			
火気厳禁	第1石油類	医薬用外劇物		□　□
	合成樹脂エナメル塗料	クロム酸亜鉛 2.2%含有		kg
	危険等級Ⅱ	○○会社	住所	

警告	1. 引火性の液体です　　2. 有機溶剤中毒のおそれがあります　　3. 健康に有害な物質を含有しています	引火性あり　　　　　有害性あり

名称	合成樹脂塗料	有機溶剤区分	第3種有機溶剤等
成　分	トルエン	イソプロピルアルコール	クロム酸亜鉛
含有量	10～20%	30～40%	1～5%

注意事項	吸入すると中毒を起こすおそれがありますから，取り扱いには下記の注意事項を守って下さい． 1. 火気のない局所排気を設けた場所で使用して下さい． 2. 容器から出し入れするときはこぼれないようにして下さい．こぼれたときは砂等を散布したのち処理して下さい． 3. 取り扱い中は皮膚に触れないようにして下さい．必要に応じて有機ガス用防毒マスク，送気マスク，保護手袋等を着用して下さい． 4. 取り扱い後は手洗い，うがいを十分に行って下さい． 5. 作業衣に付着したときは汚れを良く落としてください． 6. 一定の場所を定めて貯蔵して下さい．
緊急時及び応急措置	（記載略）
廃棄方法	廃棄するときは，産業廃棄物として処理して下さい．
表示者	○○会社　　住所

備考　表示者・社名など，重複するときはどちらかを省略してよい．

② 有害物表示（安衛法第 57 条，労働省通達 S 51.5.23 基発 477 号）……（表 5.3 参照）
③ 毒劇物表示（毒劇法第 12 条）……（表 5.3 参照）
④ 家庭用品品質表示（家庭用品品質表示法第 3 条）……（略）
⑤ 化審法表示（化審法第 28 条）……（略）

〈注意〉 日本塗料工業会では，"ラベル・カタログ等のための警告表示ガイドブック"を作成し，各社はこれに基づく表示を行っている．

5.3.5 製品安全データシート（以下，MSDS という．）

有害・危険防止のためには，取り扱う化学物質の性状を良く知ることが大切である．労働安全衛生法（第 57 条の 2），PRTR 法（第 14 条），毒劇法（第 40 条の 9）では，各法規に該当する危険・有害性を有する化学物質（製品）の取引に関して，製造業者・販売業者は製品の危険有害性に関する情報（MSDS）を使用者（ユーザ）に提供しなければならない．製造業者，販売店などから MSDS の提供を受けた者は，取り扱う作業者にも MSDS の内容を教育指導する義務がある．

また，安衛法では作業者がいつでも参照できるように，現場に常備するように定められている．なお，MSDS の記載内容は法規によって若干異なるが，主に次の項目である．

① 製造者情報（会社名，住所，連絡先，作成者など）
② 製品の特性（製品名，製品説明など）
③ 物質の特定（成分及び含有量など）
④ 危険有害性の分類（分類の名称など）
⑤ 応急措置
⑥ 火災時の措置
⑦ 漏洩時の措置
⑧ 取扱い及び保管上の注意
⑨ 暴露及び保護防止措置

⑩　製品の物理的・化学的性質
⑪　危険性情報（安定性・反応性）
⑫　有害性情報
⑬　環境影響情報
⑭　廃棄上の注意
⑮　輸送上の注意
⑯　適用法令
⑰　その他（引用文献など）

5.4　塗料の構成成分と有害性・危険性の程度

個々の成分によって危険・有害性はあったりなかったり，またあってもその程度には差があるなど一律ではないが，総括的に述べると次のとおりである．

5.4.1　顔　料
顔料の中には，特化則や鉛則の適用を受けるものもある．有害性のあるものとして，防せい用に使用される鉛化合物，クロム化合物があげられる．塗料に使用された場合は顔料表面を展色材が被覆した状態になるため，顔料の有害性は緩和される．しかしながら，現在，世界的に鉛及びクロム化合物の規制が強化され，被塗物によってはこれらの物質を含有した塗料の使用を禁止している．

5.4.2　樹脂など
①　ほとんどの樹脂は高分子化合物又はその混合物であり，有害性は少ない．ただし，樹脂中に未反応（例えば，塩化ビニルモノマー）が残留している場合にはそのモノマーは揮発性を有するので障害を起こす危険性もある．
②　天然樹脂は有害性は非常に弱い．
③　コールタール・ピッチは加熱した蒸気状態のものを連続的に吸引した場合は，発がんのおそれがある．ただし，塗料に使った場合は，塗料又はそ

の揮発物質に触れると，人体の露出部分に皮膚障害を起こす以外，他の症状はあまり知られていない．

5.4.3 有 機 溶 剤

① 一般に有機溶剤は引火点が低く発火しやすい．また揮発性を有し，人が吸引すると中毒を起こしやすい．有機則対象として54種類の物質が定められている．有機溶剤を第1種有機溶剤(7種類)，第2種有機溶剤(40種類)，第3種有機溶剤(7種類)の3区分に分けている(塗料用には，第1種有機溶剤はほとんど使用されていない．)．なお，有機溶剤そのものと有機溶剤を質量比で5％を超えて含む混合物を取り扱う作業は有機溶剤等といい，有機則が適用される．

② 数年前から，家屋の新築や改築後の室内で，居住者から頭痛，はきけ，めまい等の不快を訴えることが多くなった(シックハウス問題)．原因物質は，接着剤や塗料の中に含まれている特定の化学物質であることが判明し，2001年7月，厚生労働省はシックハウス原因物質(揮発性有機化合物)として11物質の室内濃度指針値を定めた．塗料に関係のある物質は，次の5物質である．

　　ホルムアルデヒド (0.08 ppm)，トルエン (0.07 ppm)，キシレン (0.20 ppm)，エチルベンゼン (0.88 ppm)，スチレン (0.88 ppm)

なお，国土交通省も同様に，近々，室内濃度指針値を設定する予定である．

5.4.4 その他の添加剤

流れ止め・乾燥剤などは塗料性能を向上させるために少量使用される．ごく一部を除き有害性は少なく，特にこの添加剤による障害はあまり認められていない．過去，化審法の特定化学物質である船体用に使用された有機すず化合物は，現在，国内では使用が禁止されている．

5.5 塗料の危険・有害性と注意事項

5.5.1 主として有機溶剤を使用した塗料
（1） 危険性
一般に，水系塗料の一部，溶剤型塗料及び有機溶剤・シンナー類の大部分は，消防法，危険物政令に基づく危険物分類で第4類（引火性液体）に分類されている．第4類危険物には次のような危険性がある．なお，水系塗料の一部，溶剤型塗料及び有機溶剤・シンナー類で，引火点が65℃未満の場合は，労働安全衛生法施行令の危険物分類で"引火性のもの"に分類されており，危険性は同様である．

（a） 引火性・爆発性・発煙性 （表5.4参照）
① 一般に引火性である．引火点が常温（20℃）未満のものは，蒸発量が多く特に危険である．（例：アセトン，トルエン，酢酸エチル等）
② 危険物蒸気と空気の濃度が一定の割合（約1～10 vol%）に達したとき，着火源があれば燃焼（爆発）する．燃焼下限濃度の低いものほど［例：トルエン（1.2 vol%），酢酸エチル（2.0 vol%）］，また燃焼（爆発）範囲（下限と上限濃度の間）の広いものほど危険である．［例：メタノール（5.5～44 vol%）］

表5.4 主な有機溶剤の物性値

名　称	沸点 °C	引火点 °C	発火点 °C	最小着火エネルギー（mJ）	爆発限界濃度（vol%）		蒸気比重	導電率（S/m）
					下限	上限		
アセトン	56.3	<−20	465	1.15	2.1	13.0	2.00	4.9×10^{-7}
酢酸エチル	76.3	−4	426	0.46	2.0	1.5	3.04	$<1 \times 10^{-7}$
キシレン	139	25	527		1.1	7.0	3.65	$\times 10^{-15}$
トルエン	110	4	480	0.25	1.2	7.1	3.18	1×10^{-12}
メタノール	64.5	11	385	0.14	5.5	44	1.1	1.5×10^{-7}

③　一般に炭水素系のものが使用されているので燃えると黒煙を発生し，火災発生の場合，視界が悪くなるので発火場所の発見が難しく消火を困難にする．

（b）　**溶剤蒸気の滞留性**　溶剤蒸気は空気よりも重く（蒸気比重が1よりも大きい），低い所に流れてくぼみなどに滞留しやすい．したがって，溶剤蒸気発生場所から離れていても引火する危険がある．特に無風状態のときは注意が必要である．

（c）　**静電気の発生**（静電気帯電性）　塗料，有機溶剤・シンナーなどは，流動，かくはん等によって静電気が発生する．特に，トルエン，キシレンなどの導電率が $10^{-8} S/m$ 以下（体積固有抵抗が $10^{10} \Omega\cdot cm$ 以上）の液体は，流動などによって静電気が発生しやすい．

（d）　**その他の危険性**

①　一般に液体比重が1より小さく水よりも軽い．また，アルコール類などの一部を除いて水に溶けにくい．流出した場合，水の表面に薄く広がり（液表面積の拡大），火災になった場合には火面が非常に大きくなり消火が困難となる．

②　塗料原料として使用される動植物油類は，発火点が非常に高く，通常の状態では発火することはないが，乾性油等がウエス（布）にしみ込んでいる場合には，発生する熱が蓄積して常温でも発火することがある．

（2）　**有害性**（吸入毒性など）

ほとんどの溶剤は人体に有害であり，接触すれば皮膚・粘膜を刺激し，その蒸気を吸入（経気道侵入）すれば中毒を起こす．特に高濃度の溶剤の蒸気を吸入すると頭痛・めまい・吐き気を生じ，ひどいときには一時的に意識を失うことがある．また低濃度であっても長時間連続的に吸入すると，消化器官や血液・神経機能などに影響を与えることもある．

5.5.2　特別な注意が必要な塗料，構成成分など

（1）　重金属（鉛，亜鉛）含有塗料

5.5 塗料の危険・有害性と注意事項

鉛含有塗料又はジンクリッチプライマー塗装した鉄材の溶接・溶断時には，金属ヒューム（鉛，亜鉛）が発生する．これらの作業を行うときは，呼吸用保護具の着用と十分な換気が必要である．

（2） クロム酸化合物含有塗料

クロム酸系顔料（クロム酸亜鉛，クロム酸鉛，クロム酸ストロンチウム）含有塗料をスプレー塗装する場合は，必ず防毒マスクを着用する．

（3） コールタール含有塗料

タールエポキシ系塗料など，コールタールを含有している塗料は，皮膚に付着するとかぶれたり，吸入すると健康障害を起こすおそれがある．必ず保護マスク（防毒マスク），保護手袋を着用し，取扱いには十分注意しなければならない．万一付着した場合は，直ちに石けんを用いて十分に洗い流す．また，取扱い作業場には局所排気装置の設置が必要である．

（4） エポキシ硬化剤

2液型エポキシ塗料の硬化剤は，ポリアミン類を含んだものがほとんどで，刺激臭を呈する．硬化剤及び硬化剤を加えた塗料を取り扱うとき，皮膚に付着するとかぶれたり，蒸気を吸入すると健康障害を起こすおそれがあるので，保護手袋や防毒マスクを着用する．

（5） ポリウレタン塗料

多液型ポリウレタン塗料の硬化剤にはイソシアネート類が使用されるので，次のことを注意する．

① 十分換気できる場所で塗装する．
② 皮膚に付着するとかぶれることがあるので，保護手袋を使用する．
③ 遊離のイソシアネートを吸入すると呼吸器に害があるので，防毒マスクを着用して作業をする．

（6） 金属粉（亜鉛末）

2液型のジンクリッチプライマーの亜鉛末は，消防法第2類に定められている金属粉に該当し，亜鉛と水が反応して発熱し，自然発火することがある．容器は必ず密栓して水の混入を防止することが必要．万一，発火したときは，水

を使わず乾いた砂をかけることが有効な消火方法である．

(7) ポリエステルパテ

ポリエステルパテの硬化剤（過酸化物）と促進剤（ナフテン酸コバルト）を直接混合すると発火・爆発することがある．必ず，別々にパテ（基材）に加えること．なお，ポリエステルパテ中には揮発性のスチレンが含まれているので，通風の良い所又は十分な換気ができる場所作業をする．

(8) スプレーダスト

ドライブースで塗料を塗装すると，スプレーダストがブース内に付着し堆積する．清掃を怠ると塗料の種類（酸化重合型塗料）によっては自然発火することがある．定期的に点検・清掃を行うことが必要である．

(9) リムーバー（塗料はく離剤）

リムーバーが皮膚に付着すると，強い刺激があり火傷状になる．取り扱うときは不浸透性の保護手袋や，眼に飛まつが入らないよう保護眼鏡を使用する．

5.5.3 許容濃度（TLV）

労働者が有害物質に暴露される場合に，当該物質の空気中濃度がこの数値以下であれば，ほとんどすべての労働者に健康上の悪い影響が見られないと判断される濃度を，許容濃度といわれ，ACGIH（米国産業衛生監督官会議）及び日本産業衛生学会から毎年，許容濃度が勧告されている．

(1) 許容濃度の種類

① 時間荷重平均値（TLV-TWA）：1日8時間，週40時間程度の平常作業で有害物質に繰り返し暴露されたとしても，ほとんどすべての作業者に健康障害を招くことがないと考えられる気中濃度の時間荷重平均値を示す．

② 短時間暴露限界値（TLV-STEL）：15分間以内の暴露で，暴露間隔が1時間以上，1日4回以下，しかも毎日の暴露がTLV-TWA以下であれば，作業者に刺激，慢性又は不可逆的な組織変化等の作用を及ぼさないと考えられる気中有害物質の濃度限界値を示す．

③ 上限値（TLV-C）：瞬間的にでも超えてはならない気中有害物質濃度の

値.

(2) 利用上の注意事項

人の有害物質への感受性は個人ごとに異なるので，この値以下でも，不快，既存の健康異常の悪化，あるいは職業病の発生を防止できない場合がありうる．また，許容濃度は作業者の健康障害を防止するための指標として用いるべきであって，安全と危険の境界を示すものではない．

(3) ACGIH の許容濃度の例

塗料の取扱い及び塗装作業に関係する主な有機溶剤の許容濃度（ppm）を次に示す．

① トルエン：TWA (50)，STEL (−)
② キシレン：TWA (100)，STEL (150)
③ 酢酸エチル：TWA (400)，STEL (−)
④ メチルエチルケトン：TWA (200)，STEL (300)

(4) 混合有害物質

2種類以上の有害物質が混在する場合は，ここの物質の作用のほか，一般的に混在物質が相加的に作用する．混合有害物質の相加的作用は次式によって評価し，許容濃度を T，実際の気中濃度を C として，$\Sigma(Cn/Tn) \geqq 1$ の場合は環境中の有害物質が許容濃度を超えていると評価する．

5.5.4 救急措置

塗装作業時，有機溶剤の吸入による急性中毒・接触による皮膚のかぶれなど思わぬ事故に遭う場合がある．そのときは現場から遠ざけ，直ちに医師の手当を受けさせることが鉄則であるが，医師の手当を受けるまでの間，症状又は災害の部位により，衣服をゆるめて通風の良い場所に寝かす，大量の水で接触部位を洗浄するなどの応急手当をしておくことも必要である．

5.6 環境汚染防止

5.6.1 環境汚染防止に係る法規制動向

環境汚染防止については地域特性があるので，前述したように国の法律以外に各自治体が実情を加味して環境関係の条例を制定している．したがって，立地している自治体の条例規制の適用を受けるので，一律には論じられないが，塗料取扱い若しくは塗装業務のうえで，特に関係の深い環境規制を次に述べる．

（1） 大気汚染防止

塗料の製造や塗装時に使用される揮発性有機溶剤（VOC）は，塗膜を形成するには必須のものであるが，塗膜成分としては利用されず，その多くは大気中に放出されている．大気中に放出されると自動車排気ガスの窒素酸化物とともに光化学スモッグの原因とされている．1940年代，ロスアンゼルスでの光化学大気汚染に端を発して，各国でも炭化水素規制が行われるようになった．アメリカのEPA（環境保護庁）では塗装対象（例えば，自動車）ごとに用いる塗料のVOC（Volatile Organic Compounds，揮発性有機化学物質）の量を規制している．現在，大気汚染防止法による規制物質は，ばい煙（SO_x，NO_x，ばいじん等），粉じん，特定物質，自動車排気ガスである．しかし，同法では光化学オキシダントに係わる環境基準は設定されているが，VOCやHC（Hydro-Carbon，炭化水素）の環境基準や固定発生源等からの排出基準は規定されていない．また，HCやVOCを定義して直接規制する法律はない．ただ，環境に係る法規制の一部若しくは地方条例によってHCやVOC該当物質を規制している．

（2） ダイオキシン類排出防止

廃棄物焼却に伴うダイオキシン類の排出を削減するため，廃棄物処理法施行令・施行規則が改正され，平成11（1999）年12月1日から施行された．この内容は，ダイオキシン類削減の観点から焼却施設の構造・維持管理基準を見直すほか，小規模施設に対する規制強化のために許可対象範囲の見直し（構造・維持管理基準の適用対象施設の拡大）である．産業廃棄物焼却施設を設置してい

る工場は，構造・維持管理基準を遵守しなければならない．

(3) 臭　気

① 悪臭苦情の中には有機溶剤臭に起因するものが多く，悪臭防止法に規制されている特定悪臭物質はトルエン他21物質（施行令第1条）である．事業所の所在地が規制地域に指定されていれば，各都道府県ごとに規制基準（敷地境界線濃度，排出口ガス流量，排出水濃度）の適用を受ける．また，この規制基準だけでは不十分の場合は，臭覚測定により規制（条例や指導要綱など）している都道府県市町村もある（神奈川県，大阪市など）．なお，悪臭防止法では事業所における臭気の測定や届出義務はない．

② 塗料製造時と塗装時では発生する臭気の質が若干異なる．製造時の臭気は大量に仕込まれた有機溶剤や樹脂中に残存するある種のモノマーに起因し，塗装時は塗膜化過程，特に焼付け乾燥では加熱工程に発生するこげ臭による苦情である．こげ臭の中には塗料中に配合されている樹脂の分解ガスも含まれ，真の原因が特定しにくいため，その対策が困難な場合もある．また，最近は前述のシックハウス問題に対して塗料設計からの検討が行われている．

③ 臭気問題は多分に感覚的であり，規制の有無にかかわらず，近隣から苦情があったときは速やかな対応を行い，社会問題にまで発展させないことが肝要．

(4) 水質汚濁防止

水溶性塗料以外は直接的な水質汚濁は起きないが，留意すべき点は塗装時のスプレーかすや廃塗料に起因する水質汚濁である．塗料の種類によっては，その廃水が，水質汚濁防止法施行令第2条に定める有害物質（例えば，鉛，六価のクロム化合物），第3条に定める生物化学的酸素要求濃度（BOD）や化学的酸素要求濃度（COD）が規制値以上になるものもある．したがって，塗料取扱い時には塗料残や塗装時のスプレーかすが排水とともに，直接外部に排出しないように排水処理施設で処理を行う．また，同法第2条に定める特定施設を設置した場合は設置届を行うとともに，排出水の基準値遵守状況を把握するために

規定項目の水質測定を実施し，その測定結果を保存する．

（5） 産業廃棄物

産業廃棄物は排出者責任で処理することが，廃棄物処理法で定められている．産業廃棄物の自己処理は難しいので，信用のある法的許可業者（収集運搬，中間処理，最終処分）に処理を委託することが大切である．処理を法的許可業者に委託するときは，次の事項を遵守する．

① 法定で定められた内容の委託契約を締結し，その契約書には各業者の許可書を添付する．なお，契約書は5年間保存する．

② 処理を委託するときには，産業廃棄物の種類，数量，処理業者の名称等を正確に記載した管理票（通称，マニフェストという．）（直行用は7枚綴り）を発行し，各業者からの返送された処理終了のマニフェストを5年間保管する．

処理終了のマニフェストが業者から返送されなかったときは，所定期間内に所轄官庁に届出なければならない．

③ 1年間に発行したマニフェスト発行状況を所轄官庁に届け出る．

④ 多量排出事業所は，処理計画届出と処理実績報告届が義務付けられている．（産業廃棄物は1000トン/年，特別管理廃棄物は50トン/年）

（6） PCB廃棄物の適正な処理

ポリ塩化ビフェニル（PCB）は難燃・不燃で，電気絶縁性や熱安定性が高いという特性から，熱媒体やトランス及びコンデンサ用の絶縁油など幅広い用途に使用されてきたが，カネミ油症事件をきっかけに昭和49（1974）年に製造・使用が中止され，1974年には各企業に適正保管が義務付けられた．

その後，全国では保管中のPCB使用電気機器が不明・紛失となったことを受け，保管事業者に対し保管状況等の届出，一定期間内の適正処理などに向けた"PCB特別措置法"が平成13（2001）年6月に制定された．該当の各企業は，工場・事業所ごとにPCB廃棄物の保管状況を2001年8月31日までに届出を完了した．今後，毎年6月30日までに同届出を行うとともに，2016年までにPCB廃棄物の処理を完了しなければならない．

5.6 環境汚染防止

（7） **PRTR**（特定化学物質の排出量等の把握及び管理）

① PRTR（環境汚染物質排出・移動登録，Pollutant Release and Transfer Register）とは，人の健康や生態系に有害なおそれがある化学物質について，環境（大気・水質・土壌）への排出や移動（廃棄物）したりする量を，事業者が自ら把握して行政に報告し，これを行政が登録簿として整備公表することによって，環境リスクの把握や軽減を図るための制度である．1999年7月にPRTR法が制定され，2002年6月30日までに適用を受ける工場・事業所ごとに排出量，移動量の届出が行われた．

② PRTRのメリットは，地域住民が隣接する工場などから排出される化学物質の種類や量を知ることができること，行政がPRTRのデータから環境政策立案のための基礎情報が得られること，企業が自社の工場から排出される化学物質の種類と量を知り環境リスクの基礎資料をすることができることである．

③ 適用対象事業所は，ほぼすべての製造業（現場にて塗装を行う事業者は対象外）で，第1種指定化学物質（対象化学物質1％以上含有）の年間取扱い量が1t以上(特定第1種指定化学物質：0.5t以上)，また，全従業員数が本社等も含めて21人以上である．

（8） **土壌汚染防止**

土壌が有害物に汚染されると，その汚染された土壌を直接摂取したり，汚染された土壌から有害物質が溶け出した地下水を飲用すること等により人の健康に影響を及ぼすことがある．こうした土壌汚染はこれまで明らかになることが少なかったが，近年，企業の工場跡地等の再開発に伴い，重金属，揮発性有機化合物等による土壌汚染が顕在化している．特に最近における汚染事例の件数が高い水準で推移している．こういった土壌汚染の事例による社会的要請が強まり，2002年5月29日に"土壌汚染対策法"が公布された．

法の主な内容は，以下のとおりである．

① 使用が廃止された有害物質使用特定施設に係る工場・事業所の跡地の調査

② 土壌汚染による健康被害の防止措置（汚染の除去等の措置命令・除去に要した費用の請求，土地の形質変更の届出及び計画変更命令など）

今後，政令・規則で詳細が判明するが，十分に注力していかなければない．

5.6.2 汚染防止対策

大気汚染防止，水質汚濁防止の対応策として次があげられる．

（1） 塗料の品種転換

代替塗料としては，粉体塗料，水溶性樹脂系塗料，ハイソリッド型塗料等があげられるが，これらの塗料はかなりの進歩はみたものの，いずれも単独で現行の溶剤型塗料に完全に代替することは難しい状況である．

（a） 粉体塗料 溶剤を全く使用していないため，火災危険がない．また，HC対策・臭気対策として期待できるうえ，同一色であれば塗料残を回収してリサイクルできる利点がある．しかし，現実には次の問題があり，粉体塗料としての生産量は伸びているが，塗料全体に占める比率はまだ低い．

① 塗料の仕上がりが期待品質にまだ達していない．
② 色替え，自由な調色が困難である（多品種少量生産に向いていない．）．
③ 従来の塗料生産設備が使えず新設を必要とし，設備当たりの生産性が低い．
④ 安全衛生確保のため粉じん対策を確実に実施する必要がある．

（b） 水溶性系樹脂塗料 水を溶剤又は分散媒とする塗料で，有機溶剤の使用はほとんどないか，あるいはあっても使用量はわずかであるため，VOC（臭気）削減，火災防止，労働衛生上有用な塗料であるが，次のような問題があり，伸びの度合いが低い．

① 高級仕上げを要する分野では塗装環境（温・湿度）のコントロールが必要．
② 使用可能な溶剤が限定のため，塗膜性能が水準に達していないものが多い．

③ 樹脂を水溶化するために少量のアミン添加が必要であり，これに伴う臭気が若干発生する．ちなみに，現在，最も多く使用されている水溶性系樹脂塗料は電着塗料である．水系塗料は溶剤削減効果が大きく，多色化に対応しやすいことで自動車上塗りを中心に今後展開が進むとされている．

（c） **ハイソリッド形塗料**　炭化水素を溶剤及び希釈剤として含むが，その含有比率が低く，塗装時の固形分がおよそ70％前後で設計・使用される．塗装設備はおおむね従来のものが使用できる．昭和50年代に採用されてきたが，最近では新規採用塗装工場が少ない．

（2）**設備・装置による対応**

環境汚染原因の中でもHC及び臭気については，原因物質の共通性があり，その設備で対応も若干相違はあっても大綱は同じであるので，ここでは一括して取扱い，HC対策及び臭気対策及び水質汚濁防止対策について述べる．

（a）**HC対策及び臭気対策**

① 設備・装置的には，臭気対策の中に包含されるので，ここでは臭気処理法について述べる．

　　・直接燃焼法……臭気物質を650〜800℃で燃焼分解する．
　　・触媒酸化法……白金・バナジウム・マンガンなどの触媒を使用して300〜350℃で燃焼分解する．
　　・吸着法……活性炭などで溶剤を吸着させる．
　　・生物脱臭法……土壌層や活性汚泥層で補足した微生物作用で分解させる．
　　・吸収法……水又は酸・アルカリ溶液などによって排ガス中の吸収しやすい物質を吸収する．

② 臭気成分や発生源施設・発生場所・発生の定常性有無などによって処理設備の効果が異なるので，処理設備を作るときは次の事前調査が必要である．

　　・基本的な考え方として次の項目を十分に検討する．

高濃度系と低濃度系とを分けたダクトワーク，塗装ブース排ガスと焼却炉排ガスを分けたダクトワーク，発生源施設の密閉化と効率的局所排気の実施，メンテナンス，ランニングコスト，安全衛生環境対策，関係法規の調査など

・排ガス処理設備の選定・設置の条件として次の項目を十分に検討する．排ガス発生源工程，排ガス性状の把握（排ガス組成と組成の物理的・化学的性質，排ガス濃度，排ガス風量，排ガス静圧，排ガス温度，ダスト種類・性状・量），ユーティリティ（電源，蒸気，燃料，冷却水，圧縮空気），設置スペース（位置，必要面積）など．

（b） 水質汚濁防止対策 工場廃水中にも有害物質が含有される場合が多いので，必ず廃水処理を行い排水基準値未満にしてから排水する（定期的な水質測定が必要）．どのような廃水処理設備を設置するかは，廃水の成分・性質・量などと規制基準値を考慮して選定することは大切である．廃水処理設備としては，中和・還元法，凝集沈殿法（汚泥脱水装置含む），生物処理法（活性汚泥法），活性炭吸着法などがあり，単独若しくはこれらの組合せにより最適な処理方法を選択する．なお，廃水処理設備の中で，法定で一定規模以上は事前の設置届が必要である．

5.7 む す び

最近，化学物質による健康障害や，地域・地球環境汚染についての関心が非常に高まっている．塗料は各種の化学物質により構成されており，安全環境確保上，適正な取扱いと管理が非常に重要である．国内の各企業は工場・事業所における環境活動を更に積極的に進めるために，ISO 14001（環境マネジメントシステム）の認証登録を進めている．また，安全衛生の更なる活発化のために厚生労働省の指針"安全衛生マネジメントシステム"も同様に展開している企業が増加してきた．

本章では紙面の都合もあり，ごく全般的・概括的な注意事項について述べた

が，実際に取り扱う場合は，使用塗料の MSDS や商品説明書をよく読んで，その塗料の取扱いをよく理解し，特性に合った安全環境管理の法規対応も含め実施することが大切である．

参 考 文 献

1) 消防関係法規集，2002 年度版，近代消防社
2) 労働調査会：安衛法便覧（平成 14 年度版）
3) 環境法令研究会：環境六法（平成 14 年版），中央法規出版
4) 環境省ホームページ（http://www.env.go.jp/）
5) 労働省産業安全研究所（1994）：ユーザーのための工場防爆電気設備ガイド，産業安全技術協会
6) 労働省産業安全研究所（1988）：静電気安全指針，産業安全技術協会
7) 山本和子（1998）：JIS 使い方シリーズ 塗料の選び方・使い方，改訂 2 版, p. 243-263, 日本規格協会
8) 角田哲夫（1996）：塗装ハンドブック，朝倉書店, p. 250-266
9) 原邦彦ほか（2001）：ACGIH（2001 年）有害物質許容濃度，労働科学研究所
10) 日本塗料工業会編（1999）：ラベル・カタログ等のための警告表示ガイドブック

6. 塗料と塗装の評価試験

6.1 塗料と塗装の評価試験の現状

6.1.1 塗料・塗装の試験法の特徴

塗装の目的を十分に果たすには，最も適切な塗料を選び，その塗料が期待されている性能をもっているかどうかを調べ，また塗装した後で，塗膜あるいは(何回か塗り重ねたものであれば)塗膜層が期待された性状，性能をもっているかを調べておく必要がある．また，塗装後相当長期間を経た塗膜については，それがどの程度劣化したか，期待された性能を保っているかを調べ，その後のメンテナンスの資料とすることも必要である．ところが，塗料・塗膜の実用性能の内容は多くの物性が複雑に関係していることが多いので，独特の試験法・評価法が少なくない．塗料・塗装の実用試験方法の特徴としては次のようなことがあげられる．

① 塗料・塗装の長い経験から考え出された，実用状態のミニアチュールのような試験方法がある．そしてそれはそれで理解しやすいが，スケール効果を考慮していないことが少なくない．その結果，過度に厳しくなったり，あるいは逆に甘くて無意味なことがないとは言えない．

② 塗料・塗膜の評価には単純な計測では表しきれなかったり，計測方法が未開発だったりするために，官能検査で評価することも少なくない．官能検査は，結果のばらつきとか，定量的な比較が困難である等の問題がある一方，複雑で計測の困難な事象でも評価でき，高価な機器を必要としないという利点もある．官能検査によって評価する場合は，評価に当たるパネルを十分に訓練するとか，判定に当たっては統計的な解析を行うとかいうような配慮が必要である．

③ 一方，機器を用いて計測した結果はいかにも定量的にみえるが，その

結果の不確かさを把握しておかないと正確な判定はできない．塗料の試験において統計的な検討が十分でないために，多くの手間・時間・費用が費やされているにもかかわらず，正しくない結論に陥っている例が少なくないことはAppleman[1]が指摘しているとおりである．

④ また，塗料の試験の中には同じ呼び方でも内容が違うものもある．例えば硬度・付着性などの試験法はいくつもあるし，そしてそれぞれ違った内容についての評価である．それらの結果は互いに相関関係が確認されていることはまれである．だから一つの試験法によって試験した結果からは，他の方法による結果がどうであるかは推定できない．作業性と呼ばれる性質などはその内容が極めて多岐にわたっているので，あらかじめよく打ち合わせて定義づけをしておかないと，話がかみ合わなくなってしまう．

6.1.2 塗料試験法の分類

前節で記したように，塗料は極めて多様な性能を要求されるので，試験しなければならない項目も多岐にわたる．その試験は全項目行う必要は全くなく，塗料の使用目的に応じて，必要な項目だけを選んで行えばよい．現在行われている試験とそのごくあらましは次のとおりである．[この項ではJIS K 5600シリーズ（塗料一般試験方法）に採用されている項目をあげておく．]

（1） **塗料の性状に関して**

① **容器の中での状態**　均一であるか，容易に均一になるか，皮張り(skinning)はないかをチェックする．

② **透明性**　シンナーやクリヤーの場合，透明で濁りがないかどうかをチェックする．

③ **色数**　シンナーなど透明な液体の着色の程度を調べる．JISではガードナー法（塩化白金酸カリウム―鉄コバルト溶液による．）を用いている．ヘリゲワニス比色計（着色ガラスフィルタと比較する．）も用いられる．

6.1 塗料と塗装の評価試験の現状

④ **粘度** 塗料の流動性は作業性，塗膜形成に重大な影響のある重要な性質である．塗料の中には非ニュートン流動を示すものもあるし，塗付けに際しては高いずり速度での挙動が，また，平担化に際しては低いずり速度での挙動が仕上がり状態を支配するなど，複雑である．実用的にはISOカップ・フォードカップ・泡粘度計・ストーマー粘度計・ブルックフィールド型粘度計などが用いられている．

⑤ **密度** 浮きばかり，比重カップなどで測定する．

⑥ **分散度** 粒ゲージで顔料中の粗大粒子の大きさを見る．

⑦ **ポットライフ** 反応性多成分形塗料の混合後，使用可能時間の試験である．

(2) 塗料の貯蔵安定性に関して

室温，低温，高温で貯蔵した場合，変質，凝集，ゲル化などがないかどうか調べる．

(3) 塗料の塗膜形成機能に関して

① **塗装作業性** 困難なく塗装できるかどうか調べる．

② **塗り面積** 一定量の塗料で，所定の面積を仕上げられるかどうかを調べる．

③ **乾燥性** 塗付けしてから規定の条件の下で一定の時間後の塗膜の乾燥，硬化の状態を調べる．

④ **上塗り適合性** ⎫
⑤ **重ね塗り適合性** ⎬ 塗り重ねによって不都合が生じないかどうか調べる．

(4) 塗膜の視覚特性に関して

① **塗膜の外観** 目視によって外観が正常であるかどうか調べる．

② **隠ぺい率** 塗膜が下地の色を覆い隠す性能を，黒と白の素地の上の塗膜の視感反射率の比［（黒地の部分の反射率）/（白地の部分の反射率）％］で表す．

③ **隠ぺい力** 黒と白の素地の上の塗膜の色差で評価する．

④ **色** 計測による場合と目視によって標準の試料と比較する場合とがあ

⑤ **光沢** 一般には60度鏡面光沢度が用いられるが,高光沢の試料の場合には20度鏡面光沢を用いることもある．

(5) 塗膜の力学的及び化学的抵抗性に関して

① **耐屈曲性** 金属（ブリキ）に塗った試験片を一定の曲率で折り曲げて,塗膜のき裂,はく離などがないかどうか調べる．

② **エリクセン値**(耐カッピング性) 金属に塗った試験片の背面から鋼球を押し出し,一定の押出しで塗膜にき裂,はく離などがないかどうか調べる．

③ **耐衝撃性** 塗膜の上面又は裏面に一定の高さからおもりを落とし,その衝撃によって塗面に割れ,はく離などが起きないかどうか調べる．

④ **鉛筆引っかき値** 塗膜に鉛筆を押しあてて線を引き,塗膜表面に跡が残るとか素地に達する傷がつくとかの変化を観察し,塗膜に変化が残らないような鉛筆の硬度記号を塗膜の硬さとする．

⑤ **付着性** 塗膜と素地の間の付着力を正確に測定することは大変困難である．JIS K 5600には碁盤目法（クロスカットテスト）,Xカットテープ法及びプルオフ法が記してある．

⑥ **遊離塗膜の引張特性** 遊離塗膜について静的引張試験を行う．

⑦ **耐摩耗性** 従来はテーバー式摩耗試験機による試験が用いられていたが,平面往復型の摩耗試験機も開発されている．

⑧ **耐洗浄性** 主としてエマルション塗料の塗膜の上を石けん溶液で湿し,一定の荷重をかけたはけで一定の速度で一定の回数こすって,変化がないかどうか調べる．

⑨ **不粘着性** 塗面にガーゼを置き,その上に一定の荷重をかけ,一定時間おいて,塗膜表面についた布目のあととガーゼの粘着の程度を調べる．

⑩ **塗膜の加熱安定性** 試験片を一定時間,一定の温度に保って変化がないかどうか調べる．

⑪ **耐液性** 水・酸・アルカリ・電解質などの溶液・揮発油などの中に試

験片を一定時間浸して，それによる塗膜の変質があるかどうかを調べる．
(6) **塗膜の長期耐久性に関して**
① **耐塩水噴霧性**　ソルトスプレーテストである．塩化ナトリウム溶液を霧状に噴霧してその雰囲気中に試験片をおく．試験片にはあらかじめカッターナイフなどで素地に達する傷をつけておく．一定時間後，取り出して塗膜面のふくれ・さびやカット部からのふくれ・さびの進行の状態などを評価する．

塩水噴霧試験の結果と，実用条件での塗膜の防食性能との相関関係については塗膜の種類などによって必ずしも十分とはいえないが，防食性を知る目安としては広く用いられている．

② **耐湿性**　塗膜に結露させて変化の有無を試験する．
③ **サイクルテスト**　高温と低温を一定の周期で繰り返し作用させる耐冷熱繰り返し性・湿潤・浸せき・高温・低温を一定の周期で繰り返し作用させる耐湿潤冷熱繰り返し性，更にこれに促進耐候性試験機による光劣化を組み込むなどいろいろな条件が提案されている．JIS K 5621（一般用さび止めペイント）には耐複合サイクル防食性としてこの試験が採用されている．

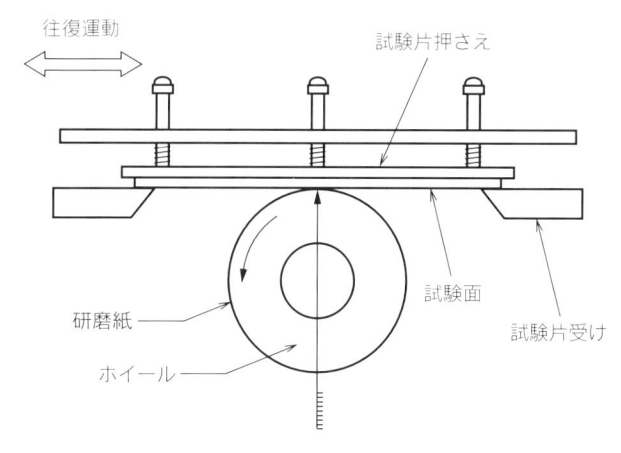

図6.1　平面往復型摩耗試験機の概念図

④ **耐光性** カーボンアークあるいは水銀ランプで照射する．
⑤ **促進耐候性**
⑥ **耐候性** ⑤と⑥は大きな問題なので6.2.3項に記す．

以上がJISに記されている塗料試験方法の概念である．ただし，特定の塗料規格にだけ記されていて，一般試験方法には記載されていないような方法や，成分分析については上記にはあげなかったし，その装置・操作などの詳細は省略した．個々の塗料試験方法についてもっと詳しく知りたい方はJIS K 5600シリーズや章末の参考文献3)，4)を参照されたい．

6.2 国際規格とJIS

前節では規格の代表といった意味でJISにとりあげられている試験方法について解説した．規格には，

- 個々のユーザが自社での購買などのために設定した規格（例えば，防衛庁規格，各種公団の規格など）
- 企業団体などが関係商品について設定する団体規格（例えば，日本塗料工業会規格）
- 各国が制定した国家規格（日本：JIS，ドイツ：DIN，イギリス：BSなど）
- より広い地域を対象とする規格（例えば，ヨーロッパ規格CEN）
- グローバルな規格（ISO）

がある．

6.2.1 JIS

JISは1929年頃からの長い歴史があり，日本における塗料技術の指針としての役割を果たしてきた．今日のJISには当時の先輩の方々が日本の気候風土に立って，しかも業界の現状も考慮しつつ，品質の保証を図った苦心が反映している．

6.2 国際規格とJIS

塗料関係のJISにはJIS K 5600シリーズ（塗料一般試験方法），K 5601シリーズ（塗料成分試験方法）などの試験方法関係の規格と，K 5516（合成樹脂調合ペイント）など数十件の各種塗料の規格がある（巻末の参考3. 参照）．またJIS A 6909（建築用仕上塗材）などの建築関係の規格があげられる．

現在の市場構造の変化から，JISに強く依存しているのは官公庁及びそれに準ずる工事関係，建築等の分野で，それ以外の分野ではJISを下敷としながらそれだけではない規格によっていることも多い．特に自動車・電機・建材等の工業用の分野では独自の規格を用いている例が多い．

JISは以前からISOと整合するように留意していたが，平成7（1995）年以降，特に整合重視した改正が行われ，試験方法規格，塗料規格ともに改正された．

6.2.2 ISO

ISO（国際標準化機構）は"物資及びサービスの国際交換を容易にし，知的・科学的・技術的及び経済的活動分野において，国際間の協力を助長するために世界的に規格の審議制定を図る．"ことを目的とする．塗料関係の規格はTC 35（ペイント及びワニス）という技術委員会で提案・立案・審議が行われる．ISOでは塗料の原料についての規格はあるが，塗料の規格はない．塗料試験方法の規格である．

TC 35関係の規格は4冊のハンドブックになっていて日本規格協会から入手できる．また，塗料関係のISO規格の名称は，"JISハンドブック塗料"の"参考"に記載してある．

6.2.3 JISとISOの主な相違

JISとISOは提案・立案・審議・決定の各段階でそのコンセプトやシステムが違っているが，それは一応おくとして，ここでは規格に現れた主な違いを述べる．

（1）試験の標準条件

試験を行う場所の温度，湿度について JIS K 5400 では 20℃，65％を採用していたが，ISO では 23℃，50％である．日本では 1990 年の JIS K 5400 改正以前は 20℃，73％を採用していた．それを ISO との整合を図って ISO 554：1976 (Standard atmospheres for conditioning and/or testing—Specifications) の Certain fields に適用される 20℃，65％としたのであった．しかし，TC35 関係の，すなわち塗料試験方法の規格では原則は 23℃，50％となっているので，JIS K 5600 シリーズでは，23℃，50％に改めた．しかし，たいていの場合，当事者間で同意されていれば他の条件でもよいということになっている．

（2） **暴露試験の角度** JIS K 5400 では"試験片の試験面を正南の上方に向け，水平面との角度がその場所の緯度よりも約 5 度小さく[1]，……

注[1] 関東地方，近畿地方などでは約 30 度とする．"

となっていたが，ISO では基本は，45 度である．ただし当事者間で協議が整えば他の角度でもよい．他の分野（例えば，プラスチック）の ISO では目的に応じてもっと広い選択ができるようになっている．

（3） **促進耐候性試験**

JIS K 5400 ではサンシャインカーボンアーク式とキセノンアーク式の二つが記してあるが，キセノンについてはランプや運転条件についての詳細な規定がなかった．JIS K 5600 シリーズでは ISO と同じくキセノンを採用した．

耐候性試験は直接暴露試験［この用語は JIS D 0205（自動車部品の耐候性試験方法）による．］が基準となるが，直接暴露試験も劣化要因の状態，強度などは，暴露地，毎年の天候によって異なり，管理，再現，換算はできない．試験の結果が出るまでに長期を要する，という問題をもっている．

そこで再現性の向上と試験期間の短縮をねらって開発されたものが，促進耐候性試験である．耐候劣化は多数のそして複雑な連鎖反応の結果であるから，劣化要因強度を強くすれば劣化反応の素反応のバランスは変化し，直接暴露とは劣化の様相が違ったものになる．促進耐候性試験は直接暴露の促進ではないということ，したがってこの方法での何時間あるいは与えられたエネルギーが何ジュールでそれが直接暴露の何年に当たるというようなことは特定の塗料の，

特定の性状については求められたとしても，それが他の塗料，他の性状にもあてはめられるものではないということを認識しておくべきである．

参考文献

1) Appleman, B. R.：Survey of accelerated test methods for anti-corrosive coating performance, Federation of societies for coatings technology, Sept. 1990
2) 日本塗料検査協会塗料試験方法研究会編（1992）：塗料試験方法 No. 3（防食性試験方法）
3) J. V. Koleske, ed.（1995）：Paint and Coating Testing Manual, ASTM
4) 雇用促進事業団職業能力開発大学校研修研究センター編（1996）：塗料試験法，雇用問題研究会
5) 南誠佑（1986）：わが国における塗料規格の変遷，塗装と塗料，No. 408, 31

参考1. 原子量表（1999）

($A_r(^{12}C)=12$に対する相対値。但し、^{12}Cは核及び電子が基底状態にある中性原子であり、$A_r(E)$はEの原子量を表す。)
多くの元素の原子量値は一定ではなく、物質の起源や処理の仕方に依存する。原子量 $A_r(E)$ とその不確かさ（カッコ内の数字で、有効数字の最後の桁に対応する）は地球起源で天然に存在する物質中の元素に適用される。この表の脚注には、個々の元素に起こりうるもので、原子量に付随する不確かさを越える可能性のある変動の様式が示されている。原子番号110から112まで及び114, 116, 118の元素名は暫定的なものである。

元素名	元素記号	原子記号	原子量	脚注
アインスタイニウム*	Es	99		
亜　　　　　　鉛	Zn	30	65.39(2)	
アクチニウム*	Ac	89		
アスタチン*	At	85		
アメリシウム*	Am	95		
アルゴン	Ar	18	39.948(1)	g r
アルミニウム	Al	13	26.981538(2)	
アンチモン	Sb	51	121.760(1)	g
硫　　　　　　黄	S	16	32.065(5)	g r
イッテルビウム	Yb	70	173.04(3)	g
イットリウム	Y	39	88.90585(2)	
イリジウム	Ir	77	192.217(3)	
インジウム	In	49	114.818(3)	
ウラン*	U	92	238.0289(1)	g m
ウンウンウニウム*	Uuu	111		
ウンウンニリウム*	Uun	110		
ウンウンビウム*	Uub	112		
エルビウム	Er	68	167.259(3)	g
塩　　　　　　素	Cl	17	35.453(9)	m
オスミウム	Os	76	190.23(3)	g
カドミウム	Cd	48	112.411(8)	g
ガドリニウム	Gd	64	157.25(3)	g
カリウム	K	19	39.0983(1)	
ガリウム	Ga	31	69.723(1)	
カリホルニウム*	Cf	98		
カルシウム	Ca	20	40.078(4)	g
キセノン	Xe	54	131.293(2)	g m
キュリウム*	Cm	96		
金	Au	79	196.96655(2)	
銀	Ag	47	107.8682(2)	g
クリプトン	Kr	36	83.80(1)	g m
クロム	Cr	24	51.9961(6)	
ケイ素	Si	14	28.0855(3)	r
ゲルマニウム	Ge	32	72.64(2)	
コバルト	Co	27	58.933200(9)	
サマリウム	Sm	62	150.36(3)	g
酸　　　　　　素	O	8	15.9994(3)	g r
ジスプロシウム	Dy	66	162.50(3)	g
シーボーギウム*	Sg	106		
臭　　　　　　素	Br	35	79.904(1)	
ジルコニウム	Zr	40	91.224(2)	g
水　　　　　　銀	Hg	80	200.59(2)	
水　　　　　　素	H	1	1.00794(7)	g m r
スカンジウム	Sc	21	44.955910(8)	
スズ	Sn	50	118.710(7)	g
ストロンチウム	Sr	38	87.62(1)	g r
セシウム	Cs	55	132.90545(2)	
セリウム	Ce	58	140.116(1)	g
セレン	Se	34	78.96(3)	
タリウム	Tl	81	204.3833(2)	
タングステン	W	74	183.84(1)	
炭　　　　　　素	C	6	12.0107(8)	g r
タンタル	Ta	73	180.9479(1)	
チタン	Ti	22	47.867(1)	
窒　　　　　　素	N	7	14.00674(2)	g r
ツリウム	Tm	69	168.93421(2)	
テクネチウム*	Tc	43		

元素名	元素記号	原子番号	原子量	脚注
鉄	Fe	26	55.845(2)	
テルビウム	Tb	65	158.92534(2)	
テルル	Te	52	127.60(3)	g
銅	Cu	29	63.546(3)	r
ドブニウム*	Db	105		
トリウム*	Th	90	232.0381(1)	g
ナトリウム	Na	11	22.989770(2)	
鉛	Pb	82	207.2(1)	g r
ニオブ	Nb	41	92.90638(2)	
ニッケル	Ni	28	58.6934(2)	
ネオジム	Nd	60	144.24(3)	g
ネオン	Ne	10	20.1797(6)	g m
ネプツニウム*	Np	93		
ノーベリウム*	No	102		
バークリウム*	Bk	97		
白金	Pt	78	195.078(2)	
ハッシウム*	Hs	108		
バナジウム	V	23	50.9415(1)	
ハフニウム	Hf	72	178.49(2)	
パラジウム	Pd	46	106.42(1)	g
バリウム	Ba	56	137.327(7)	
ビスマス	Bi	83	208.98038(2)	
ヒ素	As	33	74.92160(2)	
フェルミウム*	Fm	100		
フッ素	F	9	18.9984032(5)	
プラセオジム	Pr	59	140.90765(2)	
フランシウム*	Fr	87		
プルトニウム*	Pu	94		
プロトアクチニウム*	Pa	91	231.03588(2)	
プロメチウム*	Pm	61		
ヘリウム	He	2	4.002602(2)	g r
ベリリウム	Be	4	9.012182(3)	
ホウ素	B	5	10.811(7)	g m r
ボーリウム*	Bh	107		
ホルミウム	Ho	67	164.93032(2)	
ポロニウム*	Po	84		
マイトネリウム*	Mp	109		
マグネシウム	Mg	12	24.3050(6)	
マンガン	Mn	25	54.938049(9)	
メンデレビウム*	Md	101		
モリブデン	Mo	42	95.94(1)	g
ユウロピウム	Eu	63	151.964(1)	g
ヨウ素	I	53	126.90447(3)	
ラザホージウム*	Rf	104		
ラジウム*	Ra	88		
ラドン*	Rn	86		
ランタン	La	57	138.9055(2)	g
リチウム	Li	3	[6.941(2)]†	g m r
リン	P	15	30.973761(2)	
ルテチウム	Lu	71	174.967(1)	
ルテニウム	Ru	44	101.07(2)	g
ルビジウム	Rb	37	85.4678(3)	g
レニウム	Re	75	186.207(1)	
ロジウム	Rh	45	102.90550(2)	
ローレンシウム*	Lr	103		

* ：安定同位体のない元素。

† ：市販品中のリチウム化合物のリチウムの原子量は 6.939 から 6.996 の幅をもつ。より正確な原子量が必要な場合は，個々の物質について測定する必要がある。

g ：当該元素の同位体組成が正常な物質が示す変動幅を越えるような地質学的試料が知られている。そのような試料中では当該元素の原子量とこの表の値との差が，表記の不確かさを越えることがある。

m ：不詳な，あるいは不適切な同位体分別を受けたために同位体組成が変動した物質が市販品中に見いだされることがある。そのため当該元素の原子量が表記の値とかなり異なることがある。

r ：通常の地球上の物質の同位体組成に変動があるために表記の原子量より精度の良い値を与えることができない。表中の原子量は通常の物質すべてに適用されるものとする。

参考2. 主なSI単位への換算率表

（太線で囲んである単位がSIによる単位である。）

力

	N	dyn	kgf
	1	1×10^5	1.01972×10^{-1}
	1×10^{-5}	1	1.01972×10^{-6}
	9.80665	9.80665×10^5	1

粘度

	Pa·s	cP	P
	1	1×10^3	1×10
	1×10^{-3}	1	1×10^{-2}
	1×10^{-1}	1×10^2	1

注　$1 P = 1 dyn \cdot s/cm^2 = 1 g/cm \cdot s$,
　　$1 Pa \cdot s = 1 N \cdot s/m^2$, $1 cP = 1 mPa \cdot s$

応力

	Pa又はN/m²	MPa又はN/mm²	kgf/mm²	kgf/cm²
	1	1×10^{-6}	1.01972×10^{-7}	1.01972×10^{-5}
	1×10^6	1	1.01972×10^{-1}	1.01972×10
	9.80665×10^6	9.80665	1	1×10^2
	9.80665×10^4	9.80665×10^{-2}	1×10^{-2}	1

動粘度

	m²/s	cSt	St
	1	1×10^6	1×10^4
	1×10^{-6}	1	1×10^{-2}
	1×10^{-4}	1×10^2	1

注　$1 St = 1 cm^2/s$, $1 cSt = 1 mm^2/s$

注　$1 Pa = 1 N/m^2$, $1 MPa = 1 N/mm^2$

圧力

	Pa	kPa	MPa	bar	kgf/cm²	atm	mmH₂O	mmHg又はTorr
	1	1×10^{-3}	1×10^{-6}	1×10^{-5}	1.01972×10^{-5}	9.86923×10^{-6}	1.01972×10^{-1}	7.50062×10^{-3}
	1×10^3	1	1×10^{-3}	1×10^{-2}	1.01972×10^{-2}	9.86923×10^{-3}	1.01972×10^2	7.50062
	1×10^6	1×10^3	1	1×10	1.01972×10	9.86923	1.01972×10^5	7.50062×10^3
	1×10^5	1×10^2	1×10^{-1}	1	1.01972	9.86923×10^{-1}	1.01972×10^4	7.50062×10^2
	9.80665×10^4	9.80665×10	9.80665×10^{-2}	9.80665×10^{-1}	1	9.67841×10^{-1}	1×10^4	7.35559×10^2
	1.01325×10^5	1.01325×10^2	1.01325×10^{-1}	1.01325	1.03323	1	1.03323×10^4	7.60000×10^2
	9.80665	9.80665×10^{-3}	9.80665×10^{-6}	9.80665×10^{-5}	1×10^{-4}	9.67841×10^{-5}	1	7.35559×10^{-2}
	1.33322×10^2	1.33322×10^{-1}	1.33322×10^{-4}	1.33322×10^{-3}	1.35951×10^{-3}	1.31579×10^{-3}	1.35951×10	1

注　$1 Pa = 1 N/m^2$

仕事・エネルギー・熱量

	J	kW·h	kgf·m	kcal
	1	2.77778×10^{-7}	1.01972×10^{-1}	2.38889×10^{-4}
	3.600×10^6	1	3.67098×10^5	8.6000×10^2
	9.80665	2.72407×10^{-6}	1	2.34270×10^{-3}
	4.18605×10^3	1.16279×10^{-3}	4.26858×10^2	1

注　$1 J = 1 W \cdot s$, $1 J = 1 N \cdot m$

熱伝導率

	W/(m·K)	kcal/(h·m·℃)
	1	8.6000×10^{-1}
	1.16279	1

熱伝達係数

	W/(m²·K)	kcal/(h·m²·℃)
	1	8.6000×10^{-1}
	1.16279	1

仕事率(工率・動力)・熱流

	W	kgf·m/s	PS	kcal/h
	1	1.01972×10^{-1}	1.35962×10^{-3}	8.6000×10^{-1}
	9.80665	1	1.33333×10^{-2}	8.43371
	7.355×10^2	7.5×10	1	6.32529×10^2
	1.16279	1.18572×10^{-1}	1.58095×10^{-3}	1

比熱

	J/(kg·K)	kcal/(kg·℃) cal/(g·℃)
	1	2.38889×10^{-4}
	4.18605×10^3	1

注　$1 W = 1 J/s$, PS: 仏馬力

参考3． 塗料 JIS（2007年9月現在）

●用語・試験方法規格

JIS K 5500：2000　塗料用語

JIS K 5600 シリーズ

JIS K 5600-1-1：1999　塗料一般試験方法―第1部：通則―第1節：試験一般（条件及び方法）

JIS K 5600-1-2：2002　塗料一般試験方法―第1部：通則―第2節：サンプリング

JIS K 5600-1-3：1999　塗料一般試験方法―第1部：通則―第3節：試験用試料の検分及び調整

JIS K 5600-1-4：2004　塗料一般試験方法―第1部：通則―第4節：試験用標準試験板

JIS K 5600-1-5：1999　塗料一般試験方法―第1部：通則―第5節：試験板の塗装（はけ塗り）

JIS K 5600-1-6：1999　塗料一般試験方法―第1部：通則―第6節：養生並びに試験の温度及び湿度

JIS K 5600-1-7：1999　塗料一般試験方法―第1部：通則―第7節：膜厚

JIS K 5600-1-8：1999　塗料一般試験方法―第1部：通則―第8節：見本品

JIS K 5600-2-1：1999　塗料一般試験方法―第2部：塗料の性状・安定性―第1節：色数（ガードナー法）

JIS K 5600-2-2：1999　塗料一般試験方法―第2部：塗料の性状・安定性―第2節：粘度

JIS K 5600-2-3：1999　塗料一般試験方法―第2部：塗料の性状・安定性―第3節：粘度（コーン・プレート粘度計法）

JIS K 5600-2-4：1999　塗料一般試験方法―第2部：塗料の性状・安定性―第4節：密度

JIS K 5600-2-5：1999　塗料一般試験方法―第2部：塗料の性状・安定性―第5節：分散度

JIS K 5600-2-6：1999　塗料一般試験方法―第2部：塗料の性状・安定性―第6節：ポットライフ

JIS K 5600-2-7：1999　塗料一般試験方法―第2部：塗料の性状・安定性―第7節：貯蔵安定性

JIS K 5600-3-1：1999　塗料一般試験方法―第3部：塗膜の形成機能―第1節：塗り面積（はけ塗り）

JIS K 5600-3-2：1999	塗料一般試験方法―第3部：塗膜の形成機能―第2節：表面乾燥性(バロチニ法)
JIS K 5600-3-3：1999	塗料一般試験方法―第3部：塗膜の形成機能―第3節：硬化乾燥性
JIS K 5600-3-4：1999	塗料一般試験方法―第3部：塗膜の形成機能―第4節：製品と被塗装面との適合性
JIS K 5600-3-5：1999	塗料一般試験方法―第3部：塗膜の形成機能―第5節：耐圧着性
JIS K 5600-3-6：1999	塗料一般試験方法―第3部：塗膜の形成機能―第6節：不粘着乾燥性
JIS K 5600-4-1：1999	塗料一般試験方法―第4部：塗膜の視覚特性―第1節：隠ぺい力(淡彩色塗料用)
JIS K 5600-4-3：1999	塗料一般試験方法―第4部：塗膜の視覚特性―第3節：色の目視比較
JIS K 5600-4-4：1999	塗料一般試験方法―第4部：塗膜の視覚特性―第4節：測色(原理)
JIS K 5600-4-5：1999	塗料一般試験方法―第4部：塗膜の視覚特性―第5節：測色(測定)
JIS K 5600-4-6：1999	塗料一般試験方法―第4部：塗膜の視覚特性―第6節：測色(色差の計算)
JIS K 5600-4-7：1999	塗料一般試験方法―第4部：塗膜の視覚特性―第7節：鏡面光沢度
JIS K 5600-5-1：1999	塗料一般試験方法―第5部：塗膜の機械的性質―第1節：耐屈曲性(円筒形マンドレル法)
JIS K 5600-5-2：1999	塗料一般試験方法―第5部：塗膜の機械的性質―第2節：耐カッピング性
JIS K 5600-5-3：1999	塗料一般試験方法―第5部：塗膜の機械的性質―第3節：耐おもり落下性
JIS K 5600-5-4：1999	塗料一般試験方法―第5部：塗膜の機械的性質―第4節：引っかき硬度(鉛筆法)
JIS K 5600-5-5：1999	塗料一般試験方法―第5部：塗膜の機械的性質―第5節：引っかき硬度(荷重針法)
JIS K 5600-5-6：1999	塗料一般試験方法―第5部：塗膜の機械的性質―第6節：付着性(クロスカット法)
JIS K 5600-5-7：1999	塗料一般試験方法―第5部：塗膜の機械的性質―第7節：付着性(プルオフ法)

JIS K 5600-5-8：1999	塗料一般試験方法―第5部：塗膜の機械的性質― 第8節：耐摩耗性(研磨紙法)	
JIS K 5600-5-9：1999	塗料一般試験方法―第5部：塗膜の機械的性質― 第9節：耐摩耗性(摩耗輪法)	
JIS K 5600-5-10：1999	塗料一般試験方法―第5部：塗膜の機械的性質― 第10節：耐摩耗性(試験片往復法)	
JIS K 5600-5-11：1999	塗料一般試験方法―第5部：塗膜の機械的性質― 第11節：耐洗浄性	
JIS K 5600-6-1：1999	塗料一般試験方法―第6部：塗膜の化学的性質― 第1節：耐液体性(一般的方法)	
JIS K 5600-6-2：1999	塗料一般試験方法―第6部：塗膜の化学的性質― 第2節：耐液体性(水浸せき法)	
JIS K 5600-6-3：1999	塗料一般試験方法―第6部：塗膜の化学的性質― 第3節：耐加熱性	
JIS K 5600-7-1：1999	塗料一般試験方法―第7部：塗膜の長期耐久性― 第1節：耐中性塩水噴霧性	
JIS K 5600-7-2：1999	塗料一般試験方法―第7部：塗膜の長期耐久性― 第2節：耐湿性(連続結露法)	
JIS K 5600-7-3：1999	塗料一般試験方法―第7部：塗膜の長期耐久性― 第3節：耐湿性(不連続結露法)	
JIS K 5600-7-4：1999	塗料一般試験方法―第7部：塗膜の長期耐久性― 第4節：耐湿潤冷熱繰返し性	
JIS K 5600-7-5：1999	塗料一般試験方法―第7部：塗膜の長期耐久性― 第5節：耐光性	
JIS K 5600-7-6：2002	塗料一般試験方法―第7部：塗膜の長期耐久性― 第6節：屋外暴露耐候性	
JIS K 5600-7-7：1999	塗料一般試験方法―第7部：塗膜の長期耐久性― 第7節：促進耐候性(キセノンランプ法)	
JIS K 5600-7-8：1999	塗料一般試験方法―第7部：塗膜の長期耐久性― 第8節：促進耐候性(紫外線蛍光ランプ法)	
JIS K 5600-7-9：2006	塗料一般試験方法―第7部：塗膜の長期耐久性― 第9節：サイクル腐食試験方法―塩水噴霧／乾燥／湿潤	
JIS K 5600-8-1：1999	塗料一般試験方法―第8部：塗膜劣化の評価― 第1節：一般的な原則と等級	
JIS K 5600-8-2：1999	塗料一般試験方法―第8部：塗膜劣化の評価― 第2節：膨れの等級	

JIS K 5600-8-3：1999	塗料一般試験方法―第8部：塗膜劣化の評価―第3節：さびの等級	
JIS K 5600-8-4：1999	塗料一般試験方法―第8部：塗膜劣化の評価―第4節：割れの等級	
JIS K 5600-8-5：1999	塗料一般試験方法―第8部：塗膜劣化の評価―第5節：はがれの等級	
JIS K 5600-8-6：1999	塗料一般試験方法―第8部：塗膜劣化の評価―第6節：白亜化の等級	
JIS K 5600-9-1：2006	塗料一般試験方法―第9部：粉体塗料―第1節：所定温度での熱硬化性粉体塗料のゲルタイムの測定方法	
JIS K 5600-9-2：2006	塗料一般試験方法―第9部：粉体塗料―第2節：傾斜式溶融フロー試験方法	
JIS K 5600-9-3：2006	塗料一般試験方法―第9部：粉体塗料―第3節：レーザ回析による粒度分布の測定方法	

JIS K 5601 シリーズ

JIS K 5601-1-1：1999	塗料成分試験方法―第1部：通則―第1節：試験一般(条件及び方法)
JIS K 5601-1-2：1999	塗料成分試験方法―第1部：通則―第2節：加熱残分
JIS K 5601-2-1：1999	塗料成分試験方法―第2部：溶剤可溶物中の成分分析―第1節：酸価(滴定法)
JIS K 5601-2-2：1999	塗料成分試験方法―第2部：溶剤可溶物中の成分分析―第2節：軟化点(環球法)
JIS K 5601-2-3：1999	塗料成分試験方法―第2部：溶剤可溶物中の成分分析―第3節：沸点範囲
JIS K 5601-2-4：1999	塗料成分試験方法―第2部：溶剤可溶物中の成分分析―第4節：アルキド樹脂
JIS K 5601-3-1：1999	塗料成分試験方法―第3部：溶剤不溶物中の成分分析―第1節：全鉛分(フレーム原子吸光分析法)
JIS K 5601-4-1：2003	塗料成分試験方法―第4部：塗膜からの放散成分分析―第1節：ホルムアルデヒド
JIS K 5601-5-1：2006	塗料成分試験方法―第5部：塗料中の揮発性有機化合物(VOC)の測定―第1節：ガスクロマトグラフ法

JIS K 0050：2005　化学分析方法通則
JIS Z 2381：2001　大気暴露試験方法通則
JIS Z 8701：1999　色の表示方法―XYZ 表色系及び $X_{10}Y_{10}Z_{10}$ 表色系

JIS Z 8720：2000　測色用標準イルミナント(標準の光)及び標準光源
JIS Z 8721：1993　色の表示方法—三属性による表示
JIS Z 8722：2000　色の測定方法—反射及び透過物体色
JIS Z 8723：2000　表面色の視感比較方法
JIS Z 8730：2002　色の表示方法—物体色の色差
JIS Z 8741：1997　鏡面光沢度—測定方法
JIS Z 8809：2000　粘度計校正用標準液

● 塗料製品規格
JIS K 5421：2000　ボイル油及び煮あまに油
JIS K 5431：2003　セラックニス類(セラックニス・白ラックニス)
JIS K 5492：2003　アルミニウムペイント
JIS K 5511：2003　油性調合ペイント
JIS K 5516：2003　合成樹脂調合ペイント
JIS K 5531：2003　ニトロセルロースラッカー
JIS K 5533：2003　ラッカー系シーラー
JIS K 5535：2003　ラッカー系下地塗料
JIS K 5538：2002　ラッカー系シンナー
JIS K 5551：2002　エポキシ樹脂塗料
JIS K 5552：2002　ジンクリッチプライマー
JIS K 5553：2002　厚膜形ジンクリッチペイント
JIS K 5554：2002　フェノール樹脂系雲母状酸化鉄塗料
JIS K 5555：2002　エポキシ樹脂雲母状酸化鉄塗料
JIS K 5562：2003　フタル酸樹脂ワニス
JIS K 5572：2003　フタル酸樹脂エナメル
JIS K 5581：2003　塩化ビニル樹脂ワニス
JIS K 5582：2003　塩化ビニル樹脂エナメル
JIS K 5583：2003　塩化ビニル樹脂プライマー
JIS K 5591：2003　油性系下地塗料
JIS K 5621：2003　一般用さび止めペイント
JIS K 5622：2002　鉛丹さび止めペイント
JIS K 5623：2002　亜酸化鉛さび止めペイント
JIS K 5624：2002　塩基性クロム酸鉛さび止めペイント
JIS K 5625：2002　シアナミド鉛さび止めペイント
JIS K 5627：2002　ジンククロメートさび止めペイント
JIS K 5628：2002　鉛丹ジンククロメートさび止めペイント

JIS K 5629：2002　鉛酸カルシウムさび止めペイント
JIS K 5633：2002　エッチングプライマー
JIS K 5639：2002　塩化ゴム系塗料
JIS K 5641：2002　カシュー樹脂塗料
JIS K 5646：2002　カシュー樹脂下地塗料
JIS K 5651：2002　アミノアルキド樹脂塗料
JIS K 5653：2003　アクリル樹脂ワニス
JIS K 5654：2003　アクリル樹脂エナメル
JIS K 5656：2003　建築用ポリウレタン樹脂塗料
JIS K 5657：2002　鋼構造物用ポリウレタン樹脂塗料
JIS K 5658：2002　建築用ふっ素樹脂塗料
JIS K 5659：2002　鋼構造物用ふっ素樹脂塗料
JIS K 5660：2003　つや有合成樹脂エマルションペイント
JIS K 5663：2003　合成樹脂エマルションペイント及びシーラー
JIS K 5664：2002　タールエポキシ樹脂塗料
JIS K 5665：2002　路面標示用塗料
JIS K 5667：2003　多彩模様塗料
JIS K 5668：2003　合成樹脂エマルション模様塗料
JIS K 5669：2003　合成樹脂エマルションパテ
JIS K 5674：2003　鉛・クロムフリーさび止めペイント
JIS K 5960：2003　家庭用屋内壁塗料
JIS K 5961：2003　家庭用屋内木床塗料
JIS K 5962：2003　家庭用木部金属部塗料
JIS K 5970：2003　建物用床塗料

●その他の塗料・塗膜関連規格
JIS K 5981：2006　合成樹脂粉体塗膜
JIS D 0202：1988　自動車部品の塗膜通則
JIS D 0205：1987　自動車部品の耐候性試験方法
JIS A 6021：2000　建築用塗膜防水材
JIS A 6909：2003　建築用仕上塗材
JIS A 6916：2000　建築用下地調整塗材
JIS G 5528：1984　ダクタイル鋳鉄管内面エポキシ樹脂粉体塗装
JIS Z 2911：2006　かび抵抗性試験方法

索　引

あ

ISO　307
アクリル樹脂エナメル　24
アクリル樹脂系粉体塗料　71
アクリル樹脂塗料　23
アクリル樹脂ワニス　24
厚付け仕上塗材　47
厚膜形重防食塗料　72
厚膜形ジンクリッチペイント　43
アニオン形電着塗料　69
アニオン電着　153
アフターコート　176
油ワニス　63
アミノアルキド樹脂エナメル　35
アミノアルキド樹脂クリヤ　35
アミノアルキド樹脂塗料　33
アルキド樹脂塗料　29
アルミニウムペイント　64
安全衛生関係法令　268
安全衛生管理　272
アンドレード・プロット　82

い

イルミナント　133
色と光沢　120
色の見方　124

う

薄付け仕上塗材　47
雲母状酸化鉄塗料　43

え

エアスプレー塗装　84
エアレススプレー　87
HVLP方式　142
エッチングプライマー　26
NC変性アクリルラッカー　24
エポキシ硬化剤　289

エポキシ樹脂雲母状酸化鉄塗料　44
エポキシ樹脂缶用塗料　38
エポキシ樹脂系粉体塗料　71
エポキシ樹脂耐薬品塗料　38
エポキシ樹脂塗料　36,37
エポキシ樹脂プライマー　38
塩化ゴム系塗料　36
塩化ビニル樹脂エナメル　26
塩化ビニル樹脂プライマー　26
塩化ビニル樹脂ワニス　26
遠赤外線乾燥機　170

お

汚染防止対策　296
温度の影響　81

か

海中防汚塗料　72
拡散係数　110
可視光線　121
カシュー樹脂エナメル　62
カシュー樹脂下地塗料　62
カシュー樹脂塗料　62
カシュー樹脂ワニス　62
化成処理　140
化成皮膜処理　209
硬さ　96
カチオン形電着塗料　69
カチオン電着　153
カッソン・プロット　80
家庭用屋内壁塗料　28
家庭用屋内木床塗料　40
ガラス状態　95
環境汚染防止関係の法規　271
環境対応形塗料　182
環境保全関係法令　269
還元反応　119
乾燥方法　166
顔料　14,285

き

生漆　61
危険物・有害物表示　282
犠牲膜による防食　114
機能性塗料・塗装　262
境界ぜい弱層（WBL）　102
鏡面光沢度　134
　　──測定方法　136
局部電池　187
許容濃度　290
近赤外線乾燥機　169
金属製品の塗装工程　218
金属の塗装　186
金属のブラスト処理　211
金属粉　289

く

クリヤラッカー　58
黒漆　61
クロミウムクロメート皮膜　201
クロム酸・樹脂複合形皮膜　202
クロム酸塩皮膜　201
クロム酸化合物含有塗料　289
クロム酸シリカ複合形皮膜　202

け

蛍光塗料　55
軽量骨材仕上塗材　48
建築用仕上塗材　46,236
建築用特殊塗料　45
建築用塗膜防水材　236
建築用ふっ素樹脂塗料　41
建築用防火塗料　46
原料の種類　17
原料の配合割合　17

こ

高意匠形塗装　258
硬化の条件　18
工芸塗装　258
鋼構造物用ふっ素樹脂塗料　41

合成樹脂エマルションパテ　28
合成樹脂エマルションペイント　28
合成樹脂エマルション模様塗料　28
合成樹脂調合ペイント　30
鋼船外板用塩化ゴム系塗料　53
鋼船外板用塩化ビニル樹脂塗料　53
鋼船外板用油性塗料　52
構造粘性　78
光沢　134
高濃度亜鉛末塗料　42
降伏値　78
コールタール含有塗料　289
ゴム状態　95
コンクリート建物の内装　243
コンクリートの塗装　230
コンクリートの舗装　243
混色　131

さ

サイクルテスト　305
彩度　131
作業環境測定法　271
作業者の指導・管理　278
作業場所の管理　272
さび止め顔料　32
さび止めペイント　31
　　──の特性　34
産業廃棄物　294
酸硬化アミノアルキド樹脂塗料　35
三属性　131

し

CIE 表色系　126
CAB 変性アクリルラッカー　24
示温塗料　74
紫外線硬化塗料　74
色差　132
色差式　132
色相環　130
刺激値直読法　125
試験の標準条件　307
JIS　306

──と ISO の主な相違　307
磁性塗料　75
自動車の塗装　218
自動車補修塗装　219
臭気　293
　　──対策　297
重金属含有塗料　288
樹脂　285
手動式研磨　216
消防法　270
シリコーン樹脂系耐熱塗料　67
シリコーン樹脂塗料　67
白ラックニス　60
ジンクリッチプライマー　42
浸せき形塗装　150

す

水質汚濁防止　293
　　──対策　298
水素ぜい性腐食　115
水溶性系樹脂塗料　296
水溶性塗料　71
透漆　61
スプレーダスト　290
スプレー塗装　84
ずり応力　77
ずり速度　77,82

せ

精製漆　60
製品安全データシート　284
セラックニス　59
　　──類　59
船舶の塗装　221
船舶用塗料　51
船舶用ビチューメンエナメル　53
船舶用ビチューメンソリューション　53
鮮明度光沢度　136

そ

促進耐候性試験　308

た

タールエポキシ樹脂塗料　37
耐塩水噴霧性　305
ダイオキシン類排出防止　292
大気汚染防止　292
耐衝撃性　99
帯電防止塗料　74
耐熱塗料　74
対比光沢度　136
耐摩耗性　99
多彩模様塗料　46
脱脂処理　140
たるみ　89
たれ　90
たわみ性　97
炭化水素（HC）対策　297

ち

チキソトロピー　79
着雪氷防止塗料　68,73
中赤外線乾燥機　169

て

ディッピング塗装　150
デッキペイント　52
鉄道車両の塗装　225
電気化学的腐食反応　106
電子線硬化塗料　74
電着塗装　152
電着塗料　68
電波吸収塗料　75

と

透過係数　111
導電性塗料　75
特殊機能性塗料　71
毒物及び劇物取締法　271
土壌汚染防止　295
塗装
　　──関連機器　157
　　──系の選択　11

――コスト　174
　　――ブース　157, 160
　　――方法　141
　　――方法装置の分類　143
　　――ロボット　156
　　――ロボットの仕様　158
塗布形表面処理　202
塗膜
　　――形成主要素　13
　　――形成助要素　14
　　――欠陥部の腐食機構　117
　　――の応力―ひずみ曲線　92
　　――の機械的性質　91
　　――の機能　106
　　――の光学的効果　120
　　――の視覚特性　303
　　――の長期耐久性　305
　　――の粘弾性　91
　　――の引張特性　91
　　――の引張特性値　94
　　――の防食機構　109
　　――の力学的及び化学的抵抗性　304
塗料
　　――・塗装と環境対応　180
　　――一般試験方法（JIS K 5600 シリーズ）　302, 314
　　――試験法の分類　302
　　――成分試験方法（JIS 5601 シリーズ）　307, 317
　　――と塗装の評価試験　301
　　――の危険性　287
　　――の性状　302
　　――の貯蔵安定性　303
　　――の塗膜形成機能　303
　　――のぬれ　102
　　――の分類　16
　　――の流動性　77

な

内部応力　103

に

煮あまに油　63
２液混合形塗装機　154
ニトロセルロースラッカー　56, 57
ニュートン流動　78

ぬ

塗り替え塗装　238

ね

熱硬化性アクリル樹脂塗料　66

の

濃度の影響　81

は

ハイソリッド形塗料　71, 297
はけ塗り　83
発光塗料　55
貼紙防止塗料　73

ひ

PRTR（特定化学物質の排出量等の把握及び管理）　295
PCB 廃棄物　294
皮革用ラッカー　58
非クロム酸塩皮膜　202
ビニル樹脂ゾル塗料　26
ビニル樹脂塗料　25
ビニル樹脂変性アクリルラッカー　25
標準イルミナント　123
標準の光　123
表面処理鋼板　186
微粒粉体形電着塗料　69

ふ

ファンデルワールス力　101
フェノール樹脂系雲母状酸化鉄塗料　44
複層仕上塗材　49
腐食形態　107
腐食抑制　113

フタル酸樹脂エナメル 30
フタル酸樹脂ワニス 30
付着性 100
付着力 104
ふっ素樹脂塗料 40
不飽和ポリエステル樹脂塗料 65
プラスチックの塗装 255
ブラスト処理 141
プレコート 176
プレハブ住宅の塗装 245
フローコーター 147
分光測色方法 125
粉体塗装 229
粉体塗料 70, 296

へ

変性エポキシ樹脂防食塗料 38
変性シリコーン樹脂塗料 68

ほ

ボイル油 63
防音塗料 73
防火材料認定材料 51
防かび塗料 72
放射線防汚塗料 74
防虫塗料 72
暴露試験の角度 308
防露塗料 73
ポリウレタン樹脂塗料 38
ポリウレタン塗料 289
ポリエステル樹脂系粉体塗料 71
ポリエステルパテ 290
ポリオール硬化形ポリウレタン樹脂塗料 40
ポリマー 95

ま

マーキングフィルム 262
マグネシウム合金 187
　──合金の表面処理 202
マンセル表色系 126, 129

む

霧化形塗装機 145
霧化形塗装方法 146
無機質系ジンクリッチ下塗り塗料 67
無機質塗料 71
無彩色 130

も

木材塗装 250, 246
木材の膨張収縮性と塗膜の関係 247
木船船底ビニル樹脂塗料 53
木船船底油性塗料 52

ゆ

有機溶剤 286
　──の物性値 287
有彩色 130
UV 硬化塗料 173
UV 塗装 171
床塗料 244
油性系下地塗料 64
油性調合ペイント 64
油性ペイント 63

よ

溶剤 15
　──濃度 163
　──の物性 162

ら

ラッカーエナメル 58
ラッカー系シーラー 58
ラッカー系下塗料 58
ラッカー系シンナー 58

り

リムーバー 290
りん酸亜鉛系皮膜処理 208
りん酸亜鉛皮膜 200
りん酸塩皮膜 200
りん酸カルシウム皮膜 201

りん酸クロム皮膜　201
りん酸ジルコニウム皮膜　202
りん酸チタニウム皮膜　202
りん酸鉄皮膜　200
りん酸マンガン皮膜　201

れ

レベリング　88

ろ

労働安全衛生法　271
労働衛生保護具の使用　279
ロールコーター　147
路面標示用塗料　54

JIS 使い方シリーズ

塗料の選び方・使い方　改訂3版

定価：本体3,200円（税別）

1980年 9月 1日	第1版第1刷発行
1986年 3月20日	改訂版第1刷発行
1998年 2月16日	改訂2版第1刷発行
2002年12月16日	改訂3版第1刷発行
2018年 7月19日	第3刷発行

権利者との
協定により
検印省略

編集委員長　植木　憲二
発　行　者　掛斐　敏夫
発　行　所　一般財団法人 日本規格協会
〒108-0073　東京都港区三田3丁目13-12 三田MTビル
　　　　　　https://www.jsa.or.jp
　　　　　　振替　00160-2-195146
印刷・製本　株式会社 平文社

© Kenji Ueki, et al., 2002　　　　　　　Printed in Japan
ISBN978-4-542-30395-9

●当会発行図書，海外規格のお求めは，下記をご利用ください．
　販売サービスチーム：(03)4231-8550
　書店販売：(03)4231-8553　注文FAX：(03)4231-8665
　JSA Webdesk : https://webdesk.jsa.or.jp/

JIS 使い方シリーズ

新版 圧力容器の構造と設計
JIS B 8265:2017 及び JIS B 8267:2015
編集委員長 小林英男
A5 判・372 ページ
定価：本体 4,600 円（税別）

レディーミクストコンクリート
[JIS A 5308:2014]－発注．製造から使用まで－
改訂 2 版
編集委員長 辻 幸和
A5 判・376 ページ
定価：本体 4,500 円（税別）

詳解 工場排水試験方法
[JIS K 0102:2013]
改訂 5 版
編集委員長 並木 博
A5 判・596 ページ
定価：本体 6,200 円（税別）

ステンレス鋼の選び方・使い方
[改訂版]
編集委員長 田中良平
A5 判・408 ページ
定価：体 4,200 円（税別）

機械製図マニュアル
[第 4 版]
桑田浩志・德岡直靜 共著
B5 判・336 ページ
定価：本体 3,300 円（税別）

化学分析の基礎と実際
編集委員長 田中龍彦
A5 判・404 ページ
定価：本体 3,800 円（税別）

改訂 JIS 法によるアスベスト含有建材の最新動向と測定法
財団法人建材試験センター 編
編集委員長 名古屋俊士
A5 判・224 ページ
定価：本体 2,500 円（税別）

接着と接着剤選択のポイント
[改訂 2 版]
編集委員長 小野昌孝
A5 判・360 ページ
定価：本体 3,800 円（税別）

最新の雷サージ防護システム設計
黒沢秀行・木島 均 編
社団法人電子情報技術産業協会
雷サージ防護システム設計委員会 著
A5 判・232 ページ 定価：本体 2,600 円（税別）

新版プラスチック材料選択のポイント
[第 2 版]
編集委員長 山口章三郎
A5 判・448 ページ
定価：本体 3,700 円（税別）

シックハウス対策に役立つ小形チャンバー法 解説
[JIS A 1901]
監修 村上周三・編集委員長 田辺新一
A5 判・182 ページ
定価：本体 1,700 円（税別）

ねじ締結体設計のポイント
[改訂版]
吉本 勇他 編著
A5 判・408 ページ
定価：本体 4,700 円（税別）

熱処理技術マニュアル
[増補改訂版]
大和久重雄 著
A5 判・310 ページ
定価：本体 2,700 円（税別）

鉄鋼材料選択のポイント
[増補改訂 2 版]
大和久重雄 著
A5 判・264 ページ
定価：本体 1,900 円（税別）

日本規格協会　　https://webdesk.jsa.or.jp/